W0415326

Ferdinand von Rüden

Die Baureihe 614

DB-Dieseltriebzüge für den Nahverkehr

EISENBAHN KURIER
VORBILD UND MODELL

EK-VERLAG

Titel: Bei schönster Herbststimmung erreicht der bestens gepflegte 614 043 aus Neuhaus (Pegnitz) kommend am 22. Oktober 2000 pünktlich den Haltepunkt Nürnberg-Erlenstegen. Seit seiner Anlieferung im Jahr 1975 gehörte dieser Triebwagen zum Nürnberger Bestand. Er war, wie alle Fahrzeuge dieser Baureihe, zuverlässig und unscheinbar im Einsatz. Für Reisende, Eisenbahner und Fotofreunde wurden die Fahrzeuge so zur alltäglichen Routine, dass ihre Nichtbeachtung vielfach zur Normalität wurde.
AUFNAHME: FERDINAND VON RÜDEN

Rücktitel: (oben) Auf der 152 km langen Verbindung zwischen Cluj-Napoca (Klausenburg) und Oradea erbringt die TFC hochwertige Interregio-Leistungen mit ehemaligen DB-Triebzügen. Am 17. April 2017 ist IR 15034 bereits auf der Rückreise in Rumäniens zweitgrößte Stadt, als der Zug rund 21 km vor seinem Ziel in den Bahnhof Gârbău (Gorbau/Siebenbürgen) einfährt. Hinter der Einheit 76-1404-3 + 59-1403-1 + 76-1403-5 verbirgt sich die frühere Bundesbahn- Vorserien-Garnitur 614 004 + 914 002 + 614 003. Neben der ausladenden NVR-Nummer an der Fahrzeugfront bemerkenswert sind die in den Führerstandsfenstern angebrachten Flaggen Rumäniens sowie der Europäischen Union. Dabei zeigen sich in der vertikalen Trikolore die Landesfarben Blau/Gelb/Rot allein aus Lokführersicht in richtiger Anordnung …
AUFNAHME: MARKUS KARELL

(unten) Als erster der Reihe SN84 kam die Einheit mit dem Namen „MUCHA“ bei der SKPL in Polen wieder zum Laufen. Hinter dem bestens aufgearbeiteten Triebwagen verbirgt sich die ehemalige DB-Garnitur 614 009 + 914 005 + 614 010. Einer seiner ersten offiziellen Einsätze führte den Zug als Sonderfahrt von Zagórz nach Muszyna. In neuem Glanz präsentiert sich der führende SN 84-001-B (ex DB 614 010) am 5. August 2018 im Bahnhof von Zarszyn in der Woiwodschaft Podkarpackie, die im Osten an die Ukraine grenzt. AUFNAHME: ALBERT MIKOLAJCZYK

ISBN: 978-3-8446-6043-2

Bearbeitung/Gestaltung: Ernst Andreas Weigert
Bildbearbeitung: Jens Gutjahr, Sabine Ressel, Sandra Schnellbach, Rico Schreiber, Silvia Teutul

EK-Verlag GmbH – Lörracher Straße 16 – 79115 Freiburg
www.eisenbahn-kurier.de

Unser Gesamtverzeichnis erhalten Sie kostenlos unter Tel. 0761-70 310 0 oder unter service@eisenbahn-kurier.de

Alle Rechte, auch die des auszugsweisen Nachdrucks, vorbehalten. © EK-Verlag 2021 – Printed in Germany

Inhaltsverzeichnis

Bild 1 – Fahrt frei für die Reise mit der Baureihe 614, hier am 13. März 1987 stellvertretend repräsentiert von 614 046 als Nt 4133 von Cadolzburg nach Fürth (Bay) Hbf, kurz vor Zirndorf. Bis zur endgültigen Ablösung durch die Baureihe 648 im Jahr 2010 war die „Rangaubahn" fest in der Hand der 614er, zuletzt mit morgendlichen Verstärkerleistungen. Zu diesem Zeitpunkt war der abgebildete Triebwagen allerdings schon umgebaut und als 719 046 unterwegs. Aufnahme: Ferdinand von Rüden

1 Einstieg – Ein paar Worte vorab

Die inzwischen kultigen Dieseltriebzüge der Baureihe 614 prägten über nahezu 35 Jahre von ihren langjährigen Heimatdienststellen Nürnberg und Braunschweig aus sehr zuverlässig den Nah-, Regional- und Bezirksverkehr in ihren angestammten hiesigen Einsatzgebieten.

Mit Erscheinen dieses Buches liegen die letzten Einsätze in Deutschland bereits über zehn Jahre zurück, und es erscheint mehr als angemessen, den äußerst soliden und optisch zeitlosen Dieseltriebwagen nachzuspüren, um sie umfassend beschrieben und bebildert lebendig zu halten.

Diese Reminiszenz an die gebauten 42 Einheiten gewinnt auch deshalb an Relevanz, weil inzwischen eine nicht unbeträchtliche Zahl der Fahrzeuge eine zeitgemäße und erkennbar attraktive Aufarbeitung erfahren hat und sowohl in Polen als auch in Rumänien wieder im Einsatz steht. Bei den umfassenden Recherchen hat sich diese Facette des Themas als ausgesprochen vielschichtig und interessant erwiesen. Die Fortschreibung der 614er-Einsatzgeschichte in diesen beiden Ländern bietet sicherlich so Manchem den Anreiz, die Fahrzeuge noch im Umfeld einer sehr vielfältigen und eindrücklichen Umgebung mit hierzulande vielfach schon längst vergangener „alter Infrastruktur“ zu fotografieren, hoffentlich aber auch, um mit ihnen zu reisen.

Immerhin erreichen die erst gebauten 614 001/002 im Jahr 2021 ihr 50. Lebensjahr, das sie als 76-1413-4 und 76-1453-0 der CFR Călători, der Reisezugsparte der früheren rumänischen Staatsbahn C.F.R. (Caile Ferate Romane), im Einsatzbestand erleben. Nicht zu vergessen sind in diesem Zusammenhang die zur Baureihen-Familie gehörigen Bahndienstfahrzeuge 719^0, denen ein eigenes Kapitel gewidmet ist.

Die Realisierung des jetzt vorliegenden Baureihenbuches war nur möglich, weil der EK-Verlag dieses Vorhaben von Beginn an sehr wohlwollend begleitet hat. Die Erst-Ankündigung des Werkes hat zudem eine spontane Welle interessierter und engagierter Unterstützer hervorgebracht. All den zahlreichen Personen, Institutionen und Archiven sei ganz ausdrücklich für ihre aktive Mithilfe gedankt, sei es in Form wertvollen Foto-, Text- und/oder Informationsmaterials, Auskünften und auch der Vermittlung von Ansprechpartnern. Dies darf durchaus auch als Beleg für das wachsende bzw. bereits bestehende Interesse an der dargestellten Baureihe gewertet werden.

Ein ganz herzliches Dankeschön gilt Ernst Andreas Weigert für die fachkundige Gestaltung sowie Jens Gutjahr, Sabine Ressel, Sandra Schnellbach, Rico Schreiber und Silvia Teutul für die hervorragende Bildbearbeitung.

Weiterhin bedanke ich mich sehr bei Rolf Köstner und Volker Kabisch für ihre wertvollen Textbeiträge sowie Hans Sölch für die Anfertigung der Fahrzeugzeichnungen in ihren zahlreichen Varianten und Farbgebungen.

Nun aber: Steigen Sie ein und genießen Sie die Fahrt mit der Baureihe 614 von damals bis heute!

Nürnberg, im November 2021 — Ferdinand von Rüden

Mein besonderer Dank gilt den Eisenbahnfreunden, die bereitwillig ihre Archive geöffnet und wertvolles (Bild-)Material zur Verfügung gestellt haben:

Peter Bäuchle, Prof. Dr. Dietmar Bönke, Henk Bouman, Jonas Briest, Thomas Butryn, Günther Dillig, Georg Dollwet, Mircea Dorobanțu, Fritz Engbarth, Christian Ernst, Henning Folz, Stefan Goldschmidt, Andreas Goldschmidt-Rokita, Jürgen Goller, Gerald Groß, Peter Große, Wolfgang Henn (FVG), Roland Hertwig, Gerald Hoch, Josef Högemann, Dr. Jürgen Hörstel, Dr. Rainer Humbach, Gerd Jahreis, Volker Kabisch, Norman Kampmann, Markus Karell, Stephan Karkowski, Grzegor Koclega, Rolf Köstner, Ronald Krug, Dierk Lawrenz, Wolf-Dietmar Loos, Matthias Maier, Albert Mikolajczyk, Ulrich Montfort, Thomas Naumann, Rainer Nenninger, Maik Nevermann, Zeno Pillmann, Ludwig Prandl, Horia Radulescu, Dr. Brian Rampp, Andreas Rossel (†), Helmut Scheiba, Stefan Scheiba, Sebastian Schrader, Felix Seraphin, Hans Sölch, Volkhard Stern, Gerhard Striegel, Ulrich Wehmeyer, Ernst Andreas Weigert, Markus Weisbrod (DB Museum), Martin Welzel, Malte Werning und Alex Wouters.

2 Vorläufer – Kurzer Blick auf die Baureihen 624/634

Im Jahr 1959 erhielten die MAN in Nürnberg und die Waggonfabrik Uerdingen vom BZA München den Entwicklungsauftrag für insgesamt vier Prototyp-Züge eines Dieseltriebwagens mittlerer Leistungsklasse. Dieser sollte von Kapazität und technischer Ausstattung her deutlich über dem Niveau der Schienenbusse angesiedelt sein, gleichzeitig zahlreiche Vorkriegsbauarten ablösen und letztlich nachhaltige Einsparungen gegenüber vergleichbaren, Dampflok bespannten Reisezügen erzielen. Da beiden Herstellern sehr konkrete Vorgaben gemacht wurden, fielen auch die 1961 ausgelieferten acht Triebköpfe technisch sehr ähnlich aus, unterschieden sich aber durchaus nachhaltig in der Optik.

Während die vier von der MAN hergestellten Triebzüge VT 23 501 bis VT 23 504 mit VM 23 501 und VM 23 502 (ab 1968: 624 505 bis 624 508 bzw. 924 505 und 924 506) eine eindimensionale gerundete Kopfform aufwiesen, war diese bei den Uerdinger Triebköpfen mit den Betriebsnummern VT 24 501 bis VT 24 504 mit VM 24 501 und VM 24 502 (ab 1968: 624 501 bis 624 504 bzw. 924 501 und 924 502) in markanter abgerundeter Bauweise ausgeführt.

Ansonsten fiel bei den in Leichtbauweise ausgeführten Fahrzeugen insbesondere die unterschiedliche Anordnung der Einstiegstüren auf. Da zum damaligen Entwicklungsstand der Technik leistungsstarke Unterflurmotoren noch nicht eingehend erprobt waren, kamen zu Vergleichszwecken zwölfzylindrige Boxermotoren von Daimler Benz mit 350 PS, MAN mit 450 PS und Motorenwerke Mannheim mit 470 PS zum Einbau. Da die Vorserienzüge zunächst auch für den Einsatz als zweiteilige Triebwagen konzipiert waren, resultierte daraus die unglückliche Anordnung der 1. Klasse direkt über dem hinteren Drehgestell.

Nach eingehender Betriebserprobung bestellte die Deutsche Bundesbahn in den Jahren 1963/64 vierzig dreiteilige Dieseltriebzüge unter der Bauartbezeichnung VT/VM/VT 24^6 (ab 1968: 624/924), die bei einer Motorleistung von 2 × 330 kW (450 PS) für eine Höchstgeschwindigkeit von 120 km/h ausgelegt waren. Sie boten 204 Sitzplätze in der 2. Klasse und 24 Sitzplätze in der 1. Klasse. Dabei kamen VT 24 601 bis VT 24 652 von MAN, VT 24 653 bis VT 24 680 lieferte die Waggonfabrik Uerdingen.

Geliefert wurden:

Fahrzeugnr. bei Ablieferung	Hersteller	Baujahr	Fahrzeugnr. ab 01.01.1968	Anmerkung
VT 23 501 – 504	MAN	1961	624 505 – 508	Prototypen
VM 23 501 – 502	MAN	1961	924 505 – 506	Prototypen
VT 24 501 – 504	W.F.U.	1961	624 501 – 504	Prototypen
VM 24 501 – 502	W.F.U	1961	924 501 – 502	Prototypen
VT 24 601 – 648	MAN	1965	624 601 – 648	Serienwagen
VM 24 601 – 611	W.F.U.	1964	924 401 – 411	Serienwagen
VT 24 649 – 652	MAN	1966	624 649 – 652	Serienwagen
VM 24 612 – 630	W.F.U.	1965	924 412 – 430	Serienwagen [3]
VT 24 653 – 665	W.F.U.	1965	624 653 – 665	Serienwagen
VM 24 631 – 640	W.F.U.	1965	924 431 – 440	Serienwagen [3]
VT 24 666 – 680	W.F.U.	1966	624 666 – 680	Serienwagen
	W.F.U.	1968	924 441 – 450	Serienwagen [1]
	W.F.U.	1968	924 561 – 565	Serienwagen [1,2]

[1] Lieferung werkseitig mit Luftfederung
[2] Lieferung werkseitig mit Luftfederung und mit 1./2. Klasse
[3] Umbau von 924 418 im Winter 1977/78 zum Gesellschaftswagen 924 200
Umbau von 924 432 im Winter 1977/78 zum Gesellschaftswagen 924 201

Bei der äußeren Gestaltung setzte sich die eindimensionale Kopfform durch, die den Zügen später den Spitznamen „Quadratschädel" einbrachte. Die Ausrüstung erfolgte durchgängig mit Stahlfederung. Während die Triebdrehgestelle aus dem Hause MAN kamen, waren die Laufdrehgestelle von der Bauart München-Kassel.

In der Serie kam auch die für die Baureihe typische Übergangsmöglichkeit zwischen den Triebwageneinheiten weiterhin zum Einbau. In der markanten, mittig im Führerstand angebrachten Tür eines jeden VT 24^6 befand sich jeweils ein Faltenbalg, der im zusammengekuppelten Zustand zweier Triebkopfstirnseiten den Durchgang von einer Einheit zur anderen ermöglichte. In späteren Einsatzjahren erfolgte sukzessive die Abkehr von diesem

Bild 2
Vor der Kulisse des eingerüsteten Osnabrücker Wasserturms zeigt sich im unteren Teil des Hauptbahnhofes die Vorläufer-Baureihe des 614 im Portrait. Am 5. Oktober 1967 pausieren VT 24 664 + VM 24 640 + VT 24 671 gerade bis zum nächsten Einsatz nach Oldenburg.

Aufnahme: Sammlung Ferdinand von Rüden

Bild 3
Die charakteristischen runden Formen der Vorserien-VT 24 sind 1961 am Rohbau in den Werkhallen der Waggonfabrik Uerdingen bereits gut erkennbar. Sehr schön zu sehen sind auch die abgerundeten Stirnfenster sowie die Aussparungen für die Übergangstür vorne und die Gepäckraumtüren seitlich.

AUFNAHME: SCHEYHING/EISENBAHNSTIFTUNG

Bild 4
VT 24 503 verkörpert am 25. Mai 1963 die von der Waggonfabrik Uerdingen realisierte Variante der Baureihe mit abgerundeter Kopfform. Gut zu erkennen ist die in der Stirnfront eingelassene Übergangstür, deren innen liegende Faltenbälge erst mit Öffnen dieser Tür freigelegt wurden. Ebenfalls abweichend vom MAN-Entwurf war die Anordnung der Einstiegsräume. Gerade beim Anblick dieser im Juni 1961 abgenommenen Triebwagenvariante im Vergleich zum zehn Jahre später erst gelieferten 614 001 wird deutlich, wie sich die Interpretation von Modernität innerhalb nur eines Jahrzehntes bei prinzipieller Fortsetzung des Konstruktionsprinzips im Äußeren der neuen Fahrzeuggeneration widerspiegelte.

AUFNAHME: ULRICH MONTFORT

nur vergleichsweise selten genutzten Übergang, und die Türen wurden im Zuge von Revisionen nach und nach ausgebaut und zugunsten einer geschlossenen Fahrzeugfront verschweißt.

Um 1968/69 war die Entwicklung einer gleisbogenabhängigen Wagenkastensteuerung (GSt) mit Hilfe von luftgefederten MAN-Drehgestellen soweit ausgereift, dass sie zwischen Juni 1969 und Juli 1974 in insgesamt zwölf dreiteiligen Zugeinheiten der Baureihe 624 eingebaut wurde. Die Nachrüstung mit Luftfederung, die um 75 mm angehoben oder abgesenkt werden konnte, diente der Vorbereitung auf GSt. Hintergrund der Aktivitäten war das Bemühen um eine weitere Erhöhung der Laufgüte sowie das Bestreben eines günstigeren Gewichtsausgleiches zwischen leerem und beladenem Triebwagen. Mit dem Umbau einher ging die Erhöhung der zulässigen Höchstgeschwindigkeit auf 140 km/h und die Änderung der Baureihenbezeichnung in BR 634.

Als Erstfahrzeug wurde 624 618 derart umgerüstet und am 31. Mai 1969 bei gleichbleibender Wagennummer als Baureihe 634 geführt. Bereits zum 12. Juni 1969 kamen im Vorlauf eines ersten Umbauprogrammes die Triebwagen 624 551 und 624 552. Ihnen folgten im August und September 1969 (in numerischer Reihenfolge) die Umbauten von 624 603, 607, 608, 617, 633, 653, 654, 655, 656, 657 und 661, die fortan auch als BR 634 in Dienst standen. Als umgebaute Mittelwagen (nunmehr als BR 934 bezeichnet) standen ab dem 12. Juni 1969 dem Betriebsdienst die 924 422, 441, 448, 449, 450 und 561 zur Verfügung, wobei die fünf letztgenannten bereits ab Werk mit Luftfederung zur Auslieferung kamen.

Zwischen 1971 und 1974 erfuhr das Umbauprogramm eine letzte Fortsetzung, in deren Folge 624 610, 613, 614, 619, 621, 627, 658, 659, 663, 664, 665 und 666 als BR 634 mit Luftfederung und GSt umgerüstet wurden. Im Zuge dieser Maßnahmen erfuhren auch die Mittelwagen 924 442, 443, 444, 447, 562 und 564 eine solche Ertüchtigung. Schließlich wurde auch der MAN-Prototyp 624 506 entsprechend umgerüstet und setzte den Schlusspunkt innerhalb der Baureihe 634.

Die pneumatische Neigungssteuerung wurde aber bereits Mitte der siebziger Jahre stillgelegt und zeitversetzt ab 1978 aus den Zügen ausgebaut. Die GSt arbeitete nicht zuverlässig und war im Vergleich zum später entwickelten Pendolino-Prinzip deutlich simpler konzipiert. Mit dem damaligen Stand der (Steuerungs-)Technik war auch nicht annähernd ein Reifegrad nach heutigen Maßstäben zu erzielen. Seither stand die Baureihenbezeichnung 634 allein für die luftgefederte Variante im Gegensatz zur stahlgefederten BR 624.

M·A·N

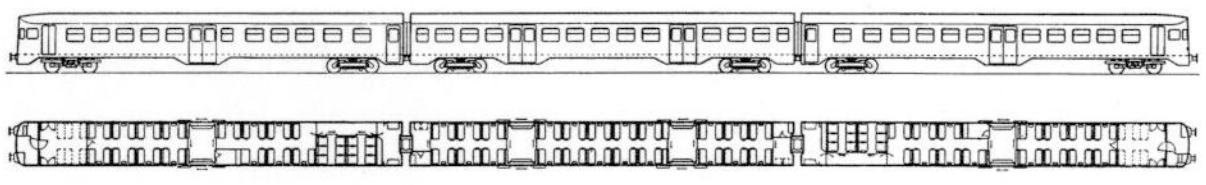

Dreiteiliger Dieseltriebzug, Baureihe 624 mit Unterflurmaschinenanlage

Triple-Car Diesel Train, Series 624 with Underfloor Traction Plant

Tren automotor Diesel de tres unidades, serie de construcción 624 con equipo motor debajo del piso

Entwickelt und gebaut für die „Deutsche Bundesbahn" (VT 624)

Achsfolge	B'2'+2'2'+2'B'
Spurweite	1 435 mm
Gesamtlänge des Zuges ü. Puffer	79 460 mm
Länge des Triebwagenkastens	25 990 mm
Größte Breite der Wagen	2 820 mm
Größte Höhe der Wagen über SO	4 000 mm
Achsstand der Drehgestelle	2 500 mm
Drehzapfenabstand	19 000 mm
Treibraddurchmesser	950 mm
Laufraddurchmesser	900 mm
Dienstgewicht des Triebwagens	43,6 t
Dienstgewicht des Mittelwagens	30,9 t
Höchstgeschwindigkeit	120 km/h
Sitzplätze 1. Klasse im VT	12
Sitzplätze 2. Klasse im VT	58
Sitzplätze 2. Klasse im VM	88
Ladefläche des Gepäckraumes	6 m²
M.A.N.-Dieselmotoren D 3650 HM 1 U	2×450 PS
Art der Kraftübertragung	hydraulisch
Bauart der Bremse	Druckluft-scheibenbremse

Developed and built for the German Federal Railway (VT 624)

Axles	*B'2'+2'2'+2'B'*
Gauge	*1,435 mm*
Overall train length over buffers	*79,460 mm*
Length of power car over end panels	*25,990 mm*
Width over side panels	*2,820 mm*
Overall height over roof panels above rail level	*4,000 mm*
Bogie wheelbase	*2,500 mm*
Bogie centres	*19,000 mm*
Driving wheel diameter	*950 mm*
Trailing wheel diameter	*900 mm*
Service weight of power car	*43.6 t*
Service weight of centre trailer	*30.9 t*
Max. speed	*120 km/h*
First-class seats in power car	*12*
Second-class seats in power car	*58*
Second-class seats in centre trailer	*88*
Loading area of luggage compartment	*6 m²*
M.A.N. Diesel engines D 3650 HM 1 U	*2×450 h.p.*
Type of transmission	*hydraulic*
Type of brakes	*pneumatic disc*

Desarrollado y construido para los Ferrocarriles Federales Alemanes (VT 624)

Disposición de los ejes	B'2'+2'2'+2'B'
Ancho de vía	1.435 mm
Longitud total del tren	79.460 mm
Longitud de un automotor	25.990 mm
Anchura máxima de los coches	2.820 mm
Altura máxima de los coches	4.000 mm
Distancia entre ejes de los bogies	2.500 mm
Distancia entre pivotes	19.000 mm
Diámetro: ruedas motrices	950 mm
Diámetro: ruedas portadoras	900 mm
Peso de servicio del automotor	43,6 tons.
Peso del coche central	30,9 tons.
Velocidad máxima	120 kms/h
Número de asientos de 1ª clase en el automotor	12
Número de asientos de 2ª clase en el automotor	58
Número de asientos de 2ª clase en el coche central	88
Superficie útil del departamento de equipajes	6 m²
Motores Diesel M.A.N. D 3650 HM 1 U	2×450 HP
Transmisión de fuerza	hidráulica
Freno ... automático de aire comprimido, de disco	

M·A·N
SCHIENENFAHRZEUGE

Katzwanger Straße 101
D-8500 Nürnberg
Telefon (09 11) 18-1
Telex 06-22 291

P 316.276 Printed in W. Germany ze 11792

Bilder 5a und 5b – Titel- und Innenseite des MAN-Prospektes zum Triebwagen der Baureihe 624. ABBILDUNG: SAMMLUNG FERDINAND VON RÜDEN

Führerstand
Driver's position
Puesto del conductor

Einstieg
Entrance
Entrada

Abteil 1. Klasse
1st-class compartment
Compartimiento de 1ª clase

Der Triebzug ist für den Nah- und Bezirksverkehr auf Haupt- und Nebenbahnen bestimmt. Er besteht aus zwei gleichen Triebwagen und einem Mittelwagen. An den Zugenden befinden sich Übergangseinrichtungen, die bei Verbandfahrt mit mehreren dreiteiligen Einheiten gekuppelt werden. Die einzelnen Wagen sind kurzgekuppelt und durch schalldichte Übergänge verbunden. Dreiteilige Züge können von einem Führerstand aus gesteuert werden. Sämtliche Maschinenanlagen überwachen sich in ihren wichtigsten Betriebszuständen selbsttätig.

Die Wagenkästen sind in geschweißter Stahlleichtbauweise hergestellt. Außenwände, Dach und Wellblechfußboden sind entdröhnt und mit Glasfasermatten isoliert. Die Fußböden sind mit Kunststoff belegt; als Seitenwandverkleidung wurden Kunststoffplatten verwendet. Die 1.-Klasse-Sitze sind ausziehbar und mit Dralonplüsch bezogen. Die 2.-Klasse-Sitze haben Kunstlederüberzug. Alle Wagen erhielten Warmwasserheizung. Zur Lüftung dienen statische Dachlüfter.

Die Maschinenanlage ist unterflur angeordnet und elastisch am Untergestell aufgehängt. Die Antriebsleistung wird auf beide Achsen des Triebdrehgestelles übertragen. Die Hilfsmaschinen sind in einem gesonderten Tragrahmen und werden vom Dieselmotor angetrieben. Die Unterflurkühlanlage hat einen hydrostatischen Lüfterantrieb.

Jeder Triebwagen hat eine 110-V-Gleichstromanlage zur Stromversorgung für Beleuchtung und Heizung. An die 24-V-Gleichstromanlage sind die elektrische Zugsteuerung, Überwachungseinrichtungen, Türschließvorrichtung, Sifa und Indusi angeschlossen.

Die Triebdrehgestelle – Bauart M.A.N. – haben geschweißte, kastenförmige Rahmen in H-Form. Der Wagenkasten des VT liegt mit seitlichen Gleitstücken auf der Wiege. Diese stützt sich mit 4 Schraubenfedern und 4 Gummihohlfedern auf die Federtröge, die mit reibungsarmen Schaken am Drehgestellrahmen hängen. Zur Dämpfung der Wiegenfedern sind hydraulische Dämpfer eingebaut. Der Drehgestellrahmen stützt sich über Gummischeibenfedern auf die Achslagergehäuse. Ein von Abstützkräften freier Drehzapfen überträgt durch ein in sphärischen Drehschubfedern gelagertes Lenkersystem die Beschleunigungs- und Verzögerungskräfte. Die Radsätze werden in Längs- und Querrichtung spiellos über Federblattlenker und Silentblocs geführt. Teilweise wurden auch M.A.N.-Luftfeder-Drehgestelle eingebaut.

In den Versionen als 634 wurden die Fahrzeuge mit Luftfederdrehgestellen und gleisbogenabhängiger Steuerung ausgerüstet.

This train unit is designed for suburban and district service on main and branch lines. It is made up of two identical power cars with a centre trailer interposed. The individual cars are close-coupled and joined by soundproof vestibule connections. The triple-car unit has gangways fitted at both ends for use when several units are run in train formation.

The car bodies are made of lightweight welded steel construction. Outer walls, roof and corrugated sub-floor are sprayed with anti-drone compound and insulated with glass fibre mats. Plastic floor covering is fitted and the side wall panelling is also plastic. The first-class compartments have semi-couchette-type seats upholstered in Dralon plush. Second-class seating is with synthetic leather covering. Hot water heating is standard in all cars. Ventilation is by static air extractors.

The traction plant is arranged underfloor and resiliently suspended from the underframe. The power is transmitted to both axles of the driving bogie. Auxiliary equipment is arranged in a separate sub-frame with the drive taken from the Diesel engine. The underfloor cooling system is equipped with a hydrostatic fan drive. Each power car is equipped with a 110-V d.c. plant to supply power for lighting and heating. A 24-V d.c. system is provided for the electric train control system, supervisory equipment, door operators, driver's safety device and automatic train control.

The driving bogies are of M.A.N. design with welded H-type frames using box-section members. The car body is supported by side bearers on a swing bolster. This in turn is carried by four coil springs and four hollow rubber springs on the spring planks which are suspended on non-wearing links from the bogie frame. Hydraulic shock absorbers are fitted to dampen the bolster springs. The bogie frame is mounted on the axleboxes via disc-type rubber springs. The centre pivot which is not required to transmit vertical loads is connected to the bogie frame by a system of links incorporating spherical torsion-in-shear springs to transmit acceleration and braking forces. The wheel-and-axle sets are guided without play longitudinally and laterally by means of leaf spring links and rubber-bonded metal bushes. A number of these units are equipped with M.A.N. suspension bogies.

The 634 version of this design is equipped with air supension bogies and body tilt control.

El tren automotor está destinado para el tráfico urbano y de cercanías, en vías principales y secundarias. Consta de dos automotores iguales y un coche central. En los extremos del tren van dispuestas instalaciones de intercomunicación que se acoplan al marchar con otros trenes de 3 unidades. Los distintos coches están acoplados entre sí por enganche corto e intercomunicaciones aisladas contra ruidos. Tres trenes de 3 unidades pueden ser mandados desde un solo puesto de mando. Todos los equipos motores se supervigilan automáticamente con respecto a sus funciones más importantes.

Las cajas de coche son de construcción ligera de acero en ejecución soldada. Los pisos están revestidos de materia plástica; las paredes laterales llevan un revestimiento de placas de material sintético. Los asientos de 1ª clase son extraíbles y están revestidos con terciopelo de Dralon. Los asientos de 2ª clase tienen revestimiento de cuero sintético.

El equipo motor está dispuesto debajo del piso y suspendido elásticamente en el bastidor. La potencia de propulsión se transmite a ambos ejes del bogie motor. La maquinaria auxiliar está dispuesta en un bastidor portador separado y es accionado por el motor Diesel. La instalación de refrigeración instalada debajo del piso tiene un accionamiento de ventilador hidrostático.

Cada automotor posee un sistema de corriente continua de 110 voltios para el abastecimiento con corriente del alumbrado y de la calefacción. Al sistema de corriente continua de 24 voltios están conectados el mando eléctrico del tren, instalaciones de supervigilancia, la instalación de cierre de puertas, el dispositivo de hombre muerto y el control inductivo del tren.

Los bogies motores, sistema M.A.N., tienen bastidores soldados con sección de cajón, en forma de H. Piezas de deslizamiento laterales apoyan la caja de coche del automotor en el balancín, el cual descansa mediante 4 resortes helicoidales y 4 resortes huecos de goma sobre las pilas de resorte suspendidas en el bastidor de bogie mediante eslabones de poca fricción. Amortiguadores hidráulicos sirven para la amortiguación de los resortes de balancín. El bastidor de bogie se apoya en las cajas de eje a través de discos elásticos de goma. Un pivote descargado de fuerzas de apoyo transmite las fuerzas de aceleración y deceleración mediante un sistema de guías al bastidor de bogie al que las guías están conectadas por medio de elementos de goma que les facilitan un movimiento esférico. Los juegos de ruedas son guiados sin holgura y a través de guías de hoja de muelle y silentblocs en dirección longitudinal y transversal.

En algunos coches también se han montado bogies con suspensión neumática M.A.N.

Los vehículos correspondientes a las versiones de 634 están equipados de bogies con suspensión neumática y del sistema de adaptación de la caja del coche a la fuerza centrífuga, en dependencia de la curva.

Im Januar 1978 wurde mit einer Rückbauverfügung der gleisbogenabhängigen Wagenkastensteuerung in den Baureihen 634/934 ein offizielles Ende gesetzt. Die Baureihenbezeichnung hingegen blieb nach Abschluss der Rückbauten 1978/79 erhalten und diente nunmehr der Unterscheidung der schraubengefederten Baureihe 624/924 und den Luft gefederten Fahrzeugen der Baureihe 634/934. Als einziges Fahrzeug vom Rückbau ausgenommen war 634 663, der bereits im Oktober 1974 nach einem Unfall ausgemustert worden war.

Zur Wirkungsweise der Gleisbogenabhängigen Wagenkastensteuerung sei auf die Ausführungen in Kapitel 3 verwiesen.

Den hauptsächlich vorgesehenen Einsatzzweck im Nah-, Bezirks- und Eilzugverkehr auf nicht elektrifizierten Haupt- und Nebenstrecken bewältigten die Triebzüge der Baureihen 624/634 zuverlässig und in hohem Maße störungsfrei bei beachtlichen Monatsleistungen von 12.500 bis 14.000 Kilometern. Anfänglich wurden sogar einzelne D-Zugleistungen gefahren.

Fahrzeugkonzeption und Grundrissgliederung der Baureihenfamilie 624/634 hatten sich über annähernd ein Jahrzehnt im anspruchsvollen Betriebseinsatz bewährt. Diese Parameter dienten deshalb als Grundlage für die Weiterentwicklung hin zum geplanten neuen dreiteiligen 614/914.

Allerdings waren in der Zwischenzeit die Ansprüche in Bezug auf Reisekomfort weiter gestiegen, und letztlich hatte sich auch der sogenannte „Zeitgeist“ gewandelt, der sich vornehmlich im äußeren Erscheinungsbild und einem neuen Innendesign der künftigen Nachfolgebaureihe niederschlagen sollte. Die zunächst denkbare Option auf Nachbau der gegenüber der Baureihe 624 schnelleren und luftgefederten Baureihe 634 war damit kein Gegenstand mehr für vertiefende Überlegungen bzw. Planungen.

Interessant sind in diesem Zusammenhang auch die Ausführungen des Lokbetriebsinspektors Schäfer, einem damaligen Lehrlokführer beim Maschinenamt Frankfurt (Main), der in einem Schreiben Wünsche und Erfahrungen des Lokpersonals ausformuliert hatte, um sie bei den geplanten Neubauten berücksichtigen zu können. Die Inhalte fußten auf einer Umfrage bei den vier Bundesbahndirektionen Frankfurt (Main), Hannover, Münster (Westf) und Nürnberg (in deren Zuständigkeitsbereichen die Triebwagen seinerzeit beheimatet waren) sowie seinen eigenen Erfahrungen. Sie wurden dem Protokoll der 34. Beratung des Fachausschusses für Schienenfahrzeuge mit Brennkraftmaschinen, die vom 9. bis zum 11. Juni 1970 in Trier stattfand, als Anlage beigefügt.

Bild 6
Bis zur Anlieferung der werksneuen Baureihe 614 waren die Triebwagen der Baureihe 624 im Bw Braunschweig beheimatet. Noch zu Dampfzeiten zeigt sich der bei der Waggonfabrik Uerdingen gebaute 624 501 (ex VT 24 501) am 11. Mai 1974 vor dem Schuppen seiner Heimatdienststelle.

Aufnahme: Prof. Dr. Willi Hager/ Eisenbahnstiftung

Bild 7
Mit der umfangreichen Neuanlieferung der Baureihe 614-Serientriebzüge waren zwangsläufig auch die Tage der Baureihe 624 beim Bw Nürnberg gezählt. Zum Aufnahmezeitpunkt am 17. September 1967 hatte VT 24 635 (ab 1968: 624 635) aber hier noch für acht Jahre ein sicheres und auch recht weitläufiges Einsatzgebiet. Als Leerfahrt aus dem Nürnberger Hauptbahnhof passiert der Zug das 1945 eingeweihte elektromechanische Stellwerk 4, das erst am 20. November 1988 vom neuen Zentralstellwerk Nhf abgelöst wurde.

Aufnahme: Ulrich Montfort

Bild 8 – Beim Halt in Völklingen waren beim führenden 634 655 bereits die ursprünglichen Übergangstüren in der Führerstandsmitte ausgebaut und durch ein schlichtes Mittelfenster ersetzt. Im Gegensatz zur Baureihe 614 war das ozeanblau/beige Farbkleid für die BR 634 gewöhnungsbedürftig, wie am 22. Mai 1980 der direkte Vergleich mit dem Mittelwagen im ursprünglichen Purpurrot zeigt. AUFNAHME: GEORG DOLLWET

Bild 9
Die eckige Kopfform, die sich letztlich bei den Serienfahrzeugen der Baureihen 624/634 durchsetzte, brachte den Triebwagen trotz ihrer durchaus vorhandenen Eleganz, ganz speziell im traditionellen Purpurrot, den etwas abfälligen Spitznamen „Quadratschädel“ ein. Der im Juni 1961 von MAN gelieferte VT 23 503 verlässt als Schlusswagen des Zuges 1844 (Bebra – Fulda) am 25. Mai 1963 mit VM 24 501 + VT 24 503 den Bahnhof von Bad Hersfeld.

AUFNAHME: ULRICH MONTFORT

Im Kern führte er aus: *„Die Triebfahrzeuge 624/634 sind mit gutem Erfolg bei Eilzügen, im Nahschnellverkehr, im Nebenbahndienst und für Gesellschaftsfahrten eingesetzt. Die Fahrzeuge werden vom Publikum gerne benutzt und vom Lokpersonal gerne gefahren. Bei Neubau sollten jedoch Dinge behoben werden, die sich im Laufe der Zeit, und je nach Einsatz, als unvorteilhaft oder mangelhaft herausgestellt haben.“* Kritikpunkte waren insbesondere:

- Der Führerstand ist zu eng – in der Tiefe sollten wenigstens 20-25 cm zugegeben werden.
- Die Scheibenwischer lassen sich schlecht den gebogenen Fenstern anpassen, sind nicht regulierbar und im Notfall auch nicht in Handbetätigung zu bedienen. Die Scheibenwaschanlage ist optimierungswürdig.
- Die gebogenen vorderen Führerstandsfenster sind nicht beliebt, da nicht blendfrei und bei Sonneneinstrahlung ermüdend – bei geraden Fenstern ließen sich Springrollos anbringen.
- Die Leuchtmelder auf dem Pult blenden bei Nacht und sind bei Tag schlecht sichtbar – angeregt werden solche mit Irisblende.
- Der Buchfahrplan muss einen Platz bekommen, wo er mühelos gelesen werden kann, samt funktionsfähiger Haltevorrichtung für das Buch.
- Wenn eine Uhr vorgesehen ist, muss diese im Blickfeld des Lokführers liegen und beleuchtet sein.
- Die Führerstandsheizung sollte nicht mit Kühlwasser betrieben werden, sondern an die jeweilige Wagenheizung angeschlossen werden – die eingebaute Version ist sehr störanfällig.

- Insbesondere bei Fahrzeugen, die im Wendezugbetrieb eingesetzt sind, muss die Anordnung des Sifa-Absperrhahns besser zugänglich sein.
- Die unter dem Fahrzeug verteilt liegenden Absperrhähne und Magnetventile sollten vorn und hinten zusammengefasst und vor allem ins Innere des Fahrzeugs verlegt werden – es ist unbequem und wenig beliebt, mit sauberen Kleidern unter ein Fahrzeug zu kriechen …
- Für viele Umläufe ist der Betriebsvorrat zu gering, was zwischenzeitliches Tanken erfordert. Außerdem geben die verbauten Füllzeige-Schaugläser den Tankinhalt zu wenig genau an und sind überwiegend schadhaft.
- Die Anzeigen für Kühlwasser- und Heizwasserstand sollten im Fahrgastraum sichtbar sein, ohne die Tür zu öffnen.
- Einbau eines Thermofachs

Gänzlich unerwähnt blieb zu diesem Zeitpunkt eine Kritik an den oft zugigen Wagenübergängen in den Führerständen, deren Türen nicht immer dicht schlossen.

Letztlich verwirklicht wurden in den ersten beiden 1971 angelieferten Dieseltriebzügen der BR 614/914-Vorserie sowie allen folgenden Serienfahrzeugen zahlreiche Verbesserungen. Die augenscheinlichste war ein vor allem äußerlich völlig anderes Aussehen, das vornehmlich dem Verzicht auf die Übergangseinrichtung und der GSt-bedingten, nach oben hin sichtbaren Verjüngung des Wagenkastens zuschreiben war – nicht ohne dabei auch dem oben zitierten „Zeitgeist" entsprochen zu haben. Dieser spiegelte sich auch signifikant in der gewählten Farbkomposition des Zuges wider.

Bild 10
Ein unerkannt gebliebener VT 24 des Bw Trier hat am 2. Juli 1966 Dienst auf der Moselstrecke. Bei Einfahrt in den Bahnhof Eller wird der Triebwagen bereits von zwei eleganten Damen erwartet. Der aus Richtung Cochem kommende Zug hat erst kurz vor seinem Zwischenhalt den 4.205 m langen Kaiser-Wilhelm-Tunnel verlassen und wohl deshalb noch sein Spitzenlicht eingeschaltet. Drei Jahre nach dieser Aufnahme erfolgte die Umbenennung der Station in Ediger-Eller.

AUFNAHME: ROBIN FELL/EISENBAHNSTIFTUNG

Bild 11 – In Bielefeld Hbf begegnen sich am 2. Juli 1993 auf direkt benachbarten Gleisen 614 047 und 624 673. Gute Voraussetzungen, um an den Frontpartien von Nachfolge- und Vorgängerbaureihe wichtige Bauartunterschiede erkennbar zu machen. Auffallend sind beim 614 die zweiteiligen Führerstandsfenster durch Verzicht auf die Übergangsmöglichkeit von Triebkopf zu Triebkopf und die deutliche Abschrägung der Karosserie nach oben. Diese ist dem geplanten, letztlich aber nicht serienmäßigen umgesetzten Einbau der Gleisbogenabhängigen Steuerung (GSt) zuzuschreiben. Die insgesamt gefälligere Formengestaltung kommt durch den Verzicht auf separate Schlussleuchten und die popfarbene Ursprungslackierung noch besser zur Geltung. Im Gegensatz zu den Triebwagen der Baureihe 614 und 634 waren die 624er nicht luftgefedert. Im Ablieferungszustand war hingegen bei allen drei Baureihen das kleine, unmittelbar hinter dem Führerstand platzierte Gepäckabteil mit den beidseitigen Doppelflügeltüren charakteristisch. Möglich wurde die auch farblich interessante Gegenüberstellung durch die Umbeheimatung des ehemaligen Nürnberger 614 nach Braunschweig vier Monate zuvor. AUFNAHME: FERDINAND VON RÜDEN

3 Fahrzeugkonzeption – Entwicklung, Technik und Einsatzzweck

Im Kapitel 2 wurden bereits Wünsche von Lokpersonalen thematisiert, die diese aus den betrieblichen Erfahrungen mit der Baureihe 624 für eine Berücksichtigung in einer Nachfolgebaureihe formuliert hatten. Diese flossen auch in unterschiedlichem Umfang in die Konzeption und Ausgestaltung der Baureihe 614 ein.

Daneben waren um 1969/1970 auch andere, wesentlich grundsätzlichere Themen Bestandteil diverser Beratungen des „Fachausschusses für Schienenfahrzeuge mit Brennkrafttechnik", die hier zumindest in Grundzügen zusammengefasst dargestellt werden sollen.

Ursprünglich sah die Planung die Baureihe VT 615/915 mit acht zu liefernden Vorauszügen zum Jahresende 1973 vor. Sehr ausführlich erörtert wurden im Hinblick auf eine angestrebte Leistungssteigerung insbesondere verschiedene Varianten der Maschinenanlage samt der zu diesem Zeitpunkt geltenden technischen Prämissen. Hierzu gab es diese Ausgangs-Szenarien:

a) Leistungssteigerung der bisherigen Ein-Motor-Unterfluranlagen
Status: Entsprechender Serienmotor nicht vor 1975 verfügbar
b) Unterflur- versus Maschinenkammeranlage
Status: ungünstige Einbauverhältnisse für eine separate Maschinenkammer bei dem verfolgten Grundrisskonzept des Triebwagens
c) Leistungssteigerung durch Zwei-Motoren-Unterfluranlagen je VT
Status: Schwierigkeiten beim Einbau; zu hohe Achslasten; Leistungsgewinn wird durch Mehrgewicht kompensiert
d) Einbau von zwei luftgekühlten KHD-Motoranlagen in eine dreiteilige Triebwageneinheit mit einer theoretischen Gesamtleistung von 1.680 PS/1.236 kW
Status: Bewährung des angedachten Aggregates KHD BF 12L413 als Unterflurantrieb steht noch aus und muss erst abgewartet werden
e) Gasturbinenantrieb für Bezirks- und Nahverkehrs-VT
Status: das prinzipiell (und bei Volllast) bewährte, in der Baureihe 210 verbaute Antriebsaggregat ist einzige Referenzgröße. Gegen einen Einsatz sprechen bei höherem Preisaufwand für die Turbine auch ein merklich höherer Kraftstoffverbrauch sowie erhebliche Bedenken im Hinblick auf einen ständig wechselnden Teillastbetrieb.

Bild 12 – Dieses Motiv des 614 002 diente der MAN für verschiedene Werbeunterlagen zur neuen Baureihe 614. ABBILDUNG: SAMMLUNG FERDINAND VON RÜDEN

Ein daraus abgeleitetes Zwischenfazit lautete: Die Bestimmung des Fahrzeug-Grundrisses hängt weitgehend von der Art der zu wählenden (und letztlich verfügbaren) Maschinenanlage ab. Gesehen wurden große Vorteile in einer Unterfluranordnung der Antriebsaggregate. Dennoch wurde kurzzeitig erwogen, zwei Versuchseinheiten mit Gasturbinenantrieb auszustatten.

Aber auch andere, zunächst angedachte Anforderungen an die neue Baureihe erwiesen sich im Zuge der Beratungen als schwer miteinander vereinbar.

Dazu zählte der ursprünglich mit der BR VT 615 geplante Ersatz der Schienenbusse bei gleichzeitiger Verwirklichung von Komfortansprüchen, wie sie bisher nur in Fernreisezügen realisiert wurden. Beides zu vereinen, sei letztlich wirtschaftlich nicht oder nur schwer zu verwirklichen.

„Auch der VT 614 [wie der neue Triebwagen nun heißen sollte] *kommt als Schienenbusnachfolger nicht in Frage, weil er nach betriebswirtschaftlichen Gesichtspunkten für den Nebenbahnbetrieb zu teuer ist. Das bedeutet die Neuentwicklung eines Nebenbahntriebwagens. Zu diesem Zeitpunkt schien dem Fachausschuss dafür auch ein einteiliger VT 614 durchaus geeignet …"*

Dieses Nebenbahntriebwagen-Projekt, ausgelegt auf eine Höchstgeschwindigkeit von 120 km/h, fand dann seine spätere Umsetzung in den einteiligen Baureihen 627^0 (627 001 bis 627 008, Baujahr 1974), 627^1 (627 101 bis 627 105, Baujahr 1981) sowie den zweiteiligen Varianten $628^0/928^0$ (628/928 001 – 628/928 024, Baujahre 1974/75), $628^1/ 928^1$ (628/928 101 – 628/928 103, Baujahr 1981), $628^2/928^2$ (628/928 201 – 628/928 350, Baujahre 1986 bis 1989), $628^4/928^4$ (628/928 401 – 628/928 704, Baujahre 1992 bis 1996) und $628^9/629^0$ (628 901 – 628 905; Baujahre 1994 bis 1995).

Doch zurück zu weiteren Ursprungs-Parametern der Baureihe VT 614/VT 615: Die Höchstgeschwindigkeit von wenigstens 140 km/h sollte von vorherein auf 160 km/h erhöht werden, insbesondere im Hinblick auf den Einsatz auf elektrifizierten Strecken. Ein weiteres Hauptaugenmerk galt letztlich der Anfahrbeschleunigung.

Die Erfahrung lehre allerdings, so der Fachausschuss, dass Dieseltriebfahrzeugen später mehr Zwecke abverlangt würden, als ursprünglich in sie hineingeplant wurden. Deshalb erachtete man recht schnell auch eine Höchstgeschwindigkeit von 160 km/h für den Einsatz im Bezirks- und Nahverkehr für unrealistisch. Eine Klimatisierung des Fahrzeugs hielt man zwar auch für erstrebenswert, wusste aber, dass diese nur schwer zu verwirklichen sei.

Einmütig fiel zudem der Beschluss, auf einen Übergang an den Fahrzeugstirnseiten zu verzichten.

Im weiteren Verlauf der Beratungen verdichteten sich die Empfehlungen des Fachausschusses auf folgende Beschlüsse:

Es galt demnach, einen Dieseltriebzug für den Bezirksverkehr auf nicht elektrifizierten Haupt- und Nebenbahnen neu zu entwickeln, der

- zu einem Teilersatz von Schienenbussen führt
- die Einrichtung eines verdichteten eilzugmäßigen Verkehrs ermöglicht
- eine vorübergehende Nutzung im D-Zugverkehr zulässt
- den Einsatz im S-Bahnverkehr möglich macht
- im Plan- und Sonderverkehr einsetzbar ist
- als dreiteilige Grundeinheit ca. 200 Sitzplätze bietet
- moderne Farben und Formen aufweist
- sich im Wageninneren den Grundrissen der neuen Bn-69- und ABn-69-Wagen angeglichen zeigt und
- mit luftgekühlten KHD-Motoren ausgestattet sein sollte.

Man kalkulierte, dass bei einer Auftragsvergabe zur Entwicklung des VT 614/615 und VM 914/915 seitens des BZA München noch im Juli 1970 bereits ab Juli 1972 acht dreiteilige Vorauszüge zur Verfügung stehen könnten und eine Serienreife bereits ab Juli 1973 erreicht sei.

Die endgültige Realisierung stellte sich dann aber wie folgt dar:

Als Weiterentwicklung der bewährten Baureihen 624/634 rollten erstmals im Sommer 1971 zwei Prototypen nunmehr als Baureihe 614 bei der Waggonfabrik Uerdingen (WFU) in Krefeld aus den Werkshallen (614 001 und 614 002). Ihnen folgten Anfang 1972 mit 614 003 und 614 004 zwei weitere Vorserien-Triebwagen, ehe zwischen 1973 und 1975 vom selben Hersteller eine erste Serie (614 005 – 614 054) produziert wurde. Von 1975 bis 1976 kam in unmittelbarer Folge die zweite Serie zur Ablieferung (614 055 – 614 084), nunmehr von der Maschinenfabrik Augsburg Nürnberg (MAN) in Nürnberg gefertigt.

Mit den dazugehörigen Mittelwagen der Vorserie (914 001 und 914 002, WFU), der ersten Serie (914 003 – 914 027 aus dem Hause MAN) und der zweiten Serie (914 028 – 914 042 von O&K in Berlin gefertigt) konnten letztlich insgesamt 42 dreiteilige Triebzuggarnituren gebildet werden.

Als besondere Neuerungen des VT 614 schienen dem Fachausschuss für Schienenfahrzeuge mit Brennkraftmaschinen erwähnenswert:

- Die Gleisbogensteuerung (nur eingebaut in den beiden Vorserienzügen) wurde auf 4°24' erhöht. Durch den größeren Wankwinkel musste die obere Wagenwand seitlich um 85 mm eingezogen werden. „Dies erwies sich jedoch nicht als Nachteil, sondern als Vorteil, da dadurch die äußere Form ansprechender wurde", flankiert von dem Anstrich in „Pop-Farben"
- Der Triebkopf wurde werkstattgünstiger gestaltet. Durch die Verwendung von geraden Flächen und geraden Fensterscheiben sollten die Unterhaltungskosten bis zu 7.000 DM niedriger liegen
- Einbau von Luftfederdrehgestellen mit dem Vorteil eines vergrößerten Wagenquerspiels
- Verbesserte Einstiege
- Neugestaltung der Sitze und des Innenraums
- Der Fußboden wurde mit abriebfestem PVC-Belag ausgelegt, dadurch u.a. auch verbesserte Reinigungsmöglichkeit
- Für die Isolierung der Wände wurde erstmals keine Glasfaser, sondern Wellfolienpakete verwendet. Vorteil: keine Korrosionen.

Die 124 t schweren und 79.460 mm langen Dieseltriebzüge waren für den Einsatz im Nah-, Regional- und Bezirksverkehr auf Haupt- und Nebenbahnen bestimmt, wobei sie steuerungstechnisch für Fahrten im Verband von bis zu drei Triebzugeinheiten ausgelegt wurden. Im Plan- und Sonderzugdienst kamen solche Zusammenstellungen zumeist als Doppelgarnituren vor, Dreifach-Kompositionen hingegen waren eher bei Leer-Reisezügen und Überführungsfahrten anzutreffen. Die auf 140 km/h festgelegte Höchstgeschwindigkeit war nicht nur adäquat für den Planeinsatz auf Hauptstrecken, sondern begünstigte auch ihren über Jahre rege nachgefragten Sonderzugeinsatz zu Zielen in ganz Deutschland und im benachbarten Ausland.

Bild 13 – Als erster seiner Baureihe hat 614 001 im Juni 1971 das Licht der Fertigungshallen der Waggonfabrik Uerdingen AG in Krefeld für einen Probelauf samt Fototermin verlassen. Dem Triebwagen fehlen auf diesem Werksbild auf der Front das DB-Logo und die Fahrzeugnummer sowie auf der Seite fast alle weiteren Beschriftungen an Wagenkasten und Rahmen. Wenige Tage später erfolgte die Auslieferung an die DB. AUFNAHME: WERKFOTO UERDINGEN, SAMMLUNG NORMAN KAMPMANN

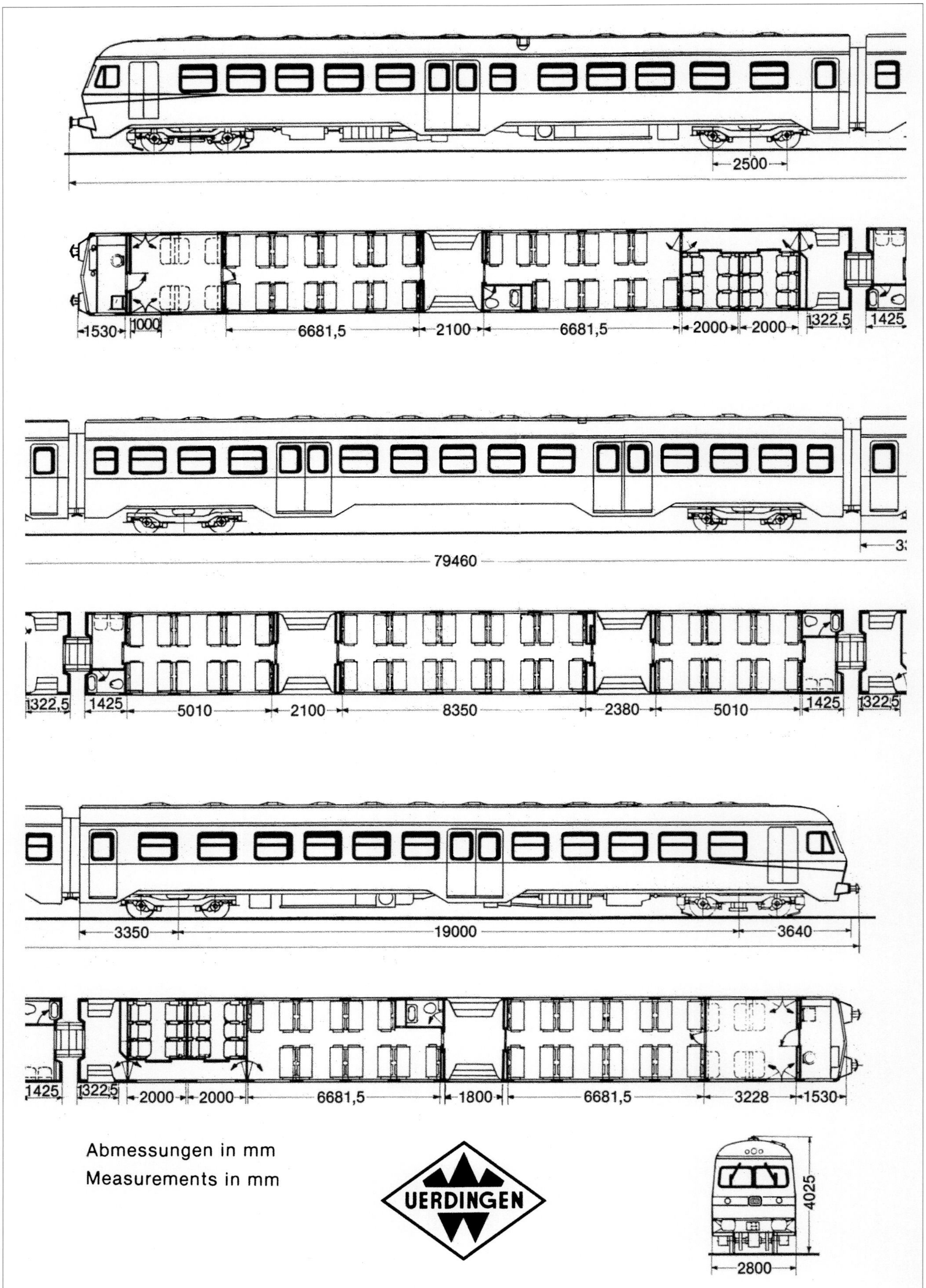

Bild 14 – Dem offiziellen 614-Werksprospekt der Waggonfabrik Uerdingen sind Maße und Zeichnungen des dreiteiligen Triebwagens entnommen, die auch einen Einblick in die Aufteilung des Wageninneren geben. ABBILDUNG: SAMMLUNG FERDINAND VON RÜDEN

Bild 15 – Zur Veranschaulichung des Kurzkuppelendes dient hier stellvertretend der auf Hilfsgestellen ruhende Wagenkasten des 719 001 während seiner Rohbau-Fertigung bei der MAN in Nürnberg. Letztlich wurde der dreiteilige Schienenprüfzug bei MBB in Donauwörth im Jahr 1974 fertiggestellt.

Bild 16 – Im Freigelände der MAN in Nürnberg steht der fabrikneue 614 058 für Fotoaufnahmen des Werksarchivs. So konnte das Kurzkuppelende mitsamt der Scharfenbergkupplung dokumentiert werden; Oktober 1975. AUFNAHMEN (2): MAN-ARCHIV IM DB MUSEUM

Rein optisch entsprachen die glatten Außenflächen, die kantige Kopfform und das äußerst gefällige Farbkleid in Kieselgrau/ Orange, das an die Popfarben-Versuche der DB angelehnt war, dem ästhetischen Empfinden der siebziger Jahre. Bereits mit der zweiten Lieferserie verwirklicht wurde das neue ozeanblau/beige Farbkleid, weitere zwei Erscheinungsformen infolge neuer Farbkonzepte (Minttürkis und Verkehrsrot) sollten die späteren Einsatzjahre der Triebwagen prägen.

Bei der Konzeption der Fahrzeuge war es den Verantwortlichen letztlich wichtig, auf wesentliche Baugruppen und praxisbewährte Elemente vornehmlich der Serienfahrzeuge der Baureihe 634 zurückzugreifen. So wurden Teile der Maschinenanlage, die Kraftübertragung, die Luftfederung und die Steuerung ebenso übernommen, wie die prinzipielle Fahrzeugkonfiguration und Wagenaufteilung. Diese Attribute waren für den Laien durch das völlig neu gewählte Außen-Design nicht zwangsläufig erkennbar. Es war auch gar nicht mal angestrebt, denn der „neue Zug“ sollte mit seiner schlichten, gleichwohl attraktiven Erscheinung allein schon rein äußerlich Modernität versprühen und dem Zeitgeist jener Jahre bestmöglich entsprechen.

Im folgenden Abschnitt wird die Technik der Baureihe mit ausführlichen Erläuterungen in Wort und Bild vorgestellt, um einen möglichst umfassenden Einblick in die „inneren Werte“ des Dieseltriebzuges zu vermitteln.

3.1 Wagenkasten

Die Wagenkästen wurden unter Verwendung leichter Walzprofile und abgekanteter Bleche in geschweißter und selbsttragender Bauweise produziert. Im Gegensatz zu den Baureihen 624/634 waren die Seitenwände ab der Fensterunterkante aufwärts zur Wagenmitte hin geneigt. Bei den beiden Vorserienzügen sollte damit der entsprechend benötigte Neigungswinkel für das Fahren mit eingeschalteter gleisbogenabhängiger Wagenkastensteuerung erreicht werden. Die GSt wurde jedoch nach umfassenden Erprobungen wieder ausgebaut. Weitere Systemuntersuchungen ergaben schließlich, dass sich mit Triebwagen in der Leistungsklasse des 614 dauerhaft keine erheblichen Zeitgewinne realisieren ließen, so dass die GSt bei den Serienfahrzeugen von vornherein entfiel. Man beließ es allerdings bei der nach oben verjüngten Form der Wagenkästen.

3.2 Untergestell

Zwei äußere U-förmige Langträger, der Pufferträger, ein kastenförmiger Hauptquerträger für die Mittelpufferkupplung mit zwei Drehzapfen sowie weitere Streben zur Befestigung des Fußbodens bilden das Untergestell des VT 614. Damit verschweißt sind die auf den Seitenwandblechen aufgepunkteten Kastensäulen.

3.3 Zug- und Stoßeinrichtungen

Für die Mitführung von Kurs-, Stückgut- oder Postwagen sowie das uneingeschränkte Kuppeln mit anderen Triebfahrzeugen waren die Triebköpfe der BR 614 an den Führerstandsenden mit der Regel-Zug- und Stoßvorrichtung, d. h. mit Puffern und Zughaken ausgerüstet. Das Fahrzeuguntergestell war für den nachträglichen Einbau der automatischen UIC-Kupplung (AK) vorbereitet.

Bild 17 – 614-Serienfertigung in den Werkshallen der MAN in Nürnberg im Jahr 1975. Der Blick fällt insbesondere auf die Anbauten an der Pufferbohle.

Bild 18 – Auch für die Trieb- und Laufdrehgestelle veröffentlichte die MAN einen eigenen Prospekt. ABBILDUNG: SAMMLUNG FERDINAND VON RÜDEN

Um den Triebzug rasch verstärken oder schwächen zu können, erhielten die Kurzkuppelenden der Triebwagen und die Übergänge der BR 914 Mittelwagen Mittelpufferkupplungen der Bauart Scharfenberg (Schaku). Im gesamten Zug war eine Stoßverzehreinrichtung verbaut.

Für das Abstellen oder Abschleppen einzelner Fahrzeuge konnte ein Teil der innenliegenden Stirnwandverkleidung verschwenkt werden, um damit den Trieb- bzw. Mittelwagen am Kurzkuppelende zu verschließen.

3.4 Trieb- und Laufgestelle

Die bei der Baureihe 634 bewährten MAN-Luftfederdrehgestelle mit einem Radstand von 2.500 mm wurden für den Bau des 614 übernommen. Sie waren mit einem leichten, geschweißten Rahmen in H-Form ausgeführt. Die Drehgestellrahmen wurden aus Gummischeiben über den Radsatz-Lagerhäusern sowie Luftfederbälgen zwischen Drehgestellrahmen und Wagenkasten abgefe-

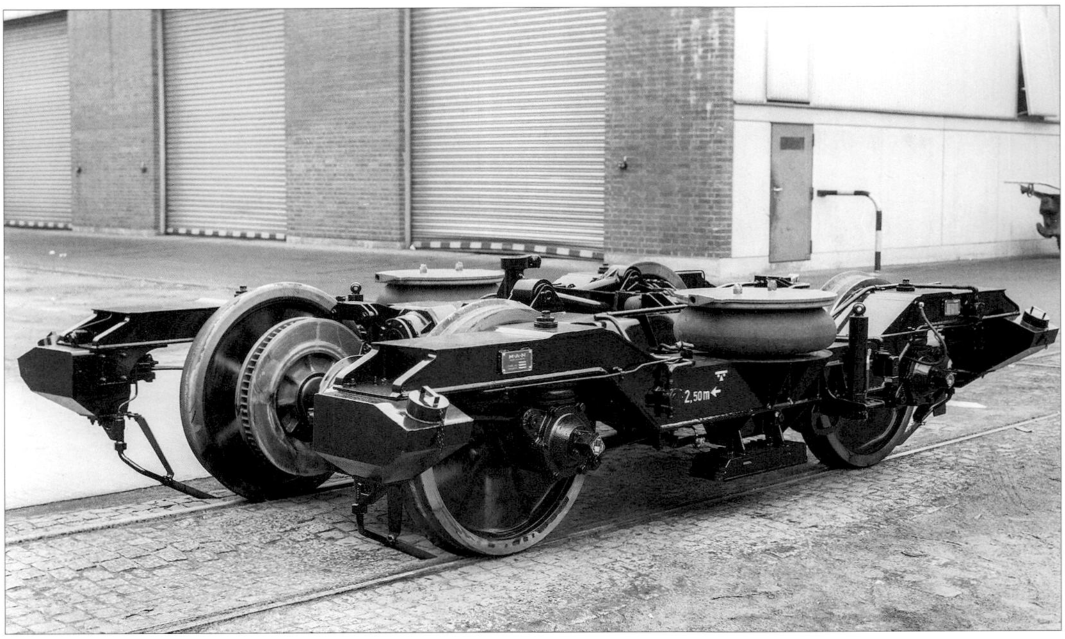

Bild 19
Die Drehgestelle der Bauart MAN sind mit einem leichten geschweißten H-Rahmen ausgeführt. Die Rahmenwangen wurden für die mittige Platzierung der Luftfederbälge – gut erkennbar – gekröpft. An den Enden des Triebkopfdrehgestells sind auch die Sandstreueinrichtungen angebracht.

AUFNAHMEN (2): MAN-ARCHIV IM DB MUSEUM

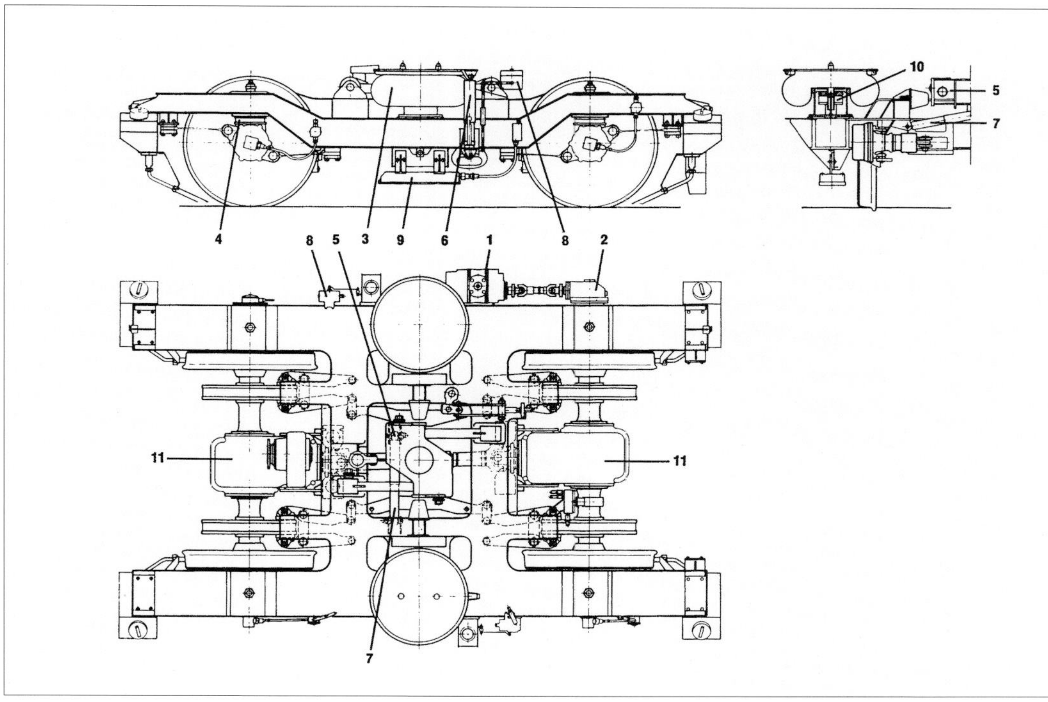

Bild 20
Zeichnung des Triebdrehgestells für die Baureihe 614 mit Erläuterungen: 1 – Drehkolbengebläse für GST (Gleisbogensteuerung); 2 – Winkelgetriebe für Drehkolbengebläse; 3 – Luftfeder; 4 – Gummifeder; 5 – Drehgestellmitnahme; 6 – Vertikalstoßdämpfer Drehgestell-Wagenkasten; 7 – Horizontaldämpfer Drehgestell-Wagenkasten; 8 – Luftfederungsventil; 9 – Indusi-Magnet; 10 – Notfederung mit Gleitplatte; 11 – Radsatzgetriebe.

ABBILDUNG: SAMMLUNG FERDINAND VON RÜDEN

Bild 21
Ansicht eines luftgefederten Laufdrehgestells, das beidseitig mit den markanten Luftfederbälgen versehen ist. Diese werden von Luftfederungsventilen aus der Hauptbehälterleitung so gespeist, dass die Fahrzeuge unabhängig von ihrem Lastzustand immer in einer mittleren Höhenlage gehalten werden.

AUFNAHME: FERDINAND VON RÜDEN

Bild 22
Durchgängig mit besonderen Wegmann-Drehgestellen ausgerüstet war die Vorserien-Triebwageneinheit 614 003 + 914 002 + 614 004. Diese offenkundig nur von wenigen Beobachtern registrierte Tatsache hatte bis Mitte 1996 Bestand, als die Triebwagen dieses Zuges versuchsweise mit Talbot NeiTech-Steuerung und modifizierten Drehgestellen ausgerüstet wurden. Das Detailfoto am 614 004 entstand in Hof Hbf, als der Zug am 18. August 1989 im Planeinsatz mit N 8916 stand.

AUFNAHME: ROLF KÖSTNER

Bild 23 – Jeweils vor der führenden Achse des Triebdrehgestells ist die elektrisch gesteuerte Spurkranzschmiereinrichtung der Bauart Vogel mit Pumpe, Vorratsbehälter mit ca. 5 kg Fettinhalt und Steuergerät montiert. Rechts daneben ist sehr gut eine Bremsscheibe zu erkennen. Links im Bild ragen diverse Kondensatabscheider des Druckluftsystems ins Bild sowie die Sandstreueinrichtung mit Sandbehälter und Sandrohr.
AUFNAHME: MAN-ARCHIV IM DB MUSEUM

Bild 25 – Blick auf die REV-Tafel mit den einzeln eingeschlagenen Untersuchungsdaten eines Triebdrehgestells. Gut auszumachen sind auch das Erdungskabel (links), der elektrische Radsatzgeber (mittig auf der Achse), die beidseitig diagonal von der Achsabdeckung ausgehenden Radsatzlenker sowie die unmittelbar vor dem Radsatz mündende Rohrführung der Sandstreueinrichtung. AUFNAHME: FERDINAND VON RÜDEN

dert. Die Radsätze wiederum wurden durch horizontal versetzte Federblattlenker ohne Horizontalspiel geführt. Die Abfederung des Wagenkastens erfolgte durch Luftfedern in Balgform, die im Drehgestell mit seinen hierfür gekröpften Rahmenwangen eingebaut waren.

Neben dem hohen, vom Beladungszustand unabhängigen Federungskomfort zählten dank Niveauregulierung stets gleiche Pufferstände und Fußbodenhöhen zu den Vorzügen der luftgefederten Drehgestelle. Für die Reisenden spürbar waren insbesondere auch die sehr guten Laufeigenschaften und die Schalldämmung des Wagenkörpers.

Das Triebdrehgestell besaß unter anderem die folgenden Zusatzeinrichtungen:

- Indusi-Magnet
- vier Sandkästen
- Geber für Sicherheitsfahrschaltung, Spurkranzschmierung und Türschließer
- Geber für induktive Zugsicherung (Indusi) und Geschwindigkeitsmessung
- Geber für elektronische Gleitschutzregler *
- Verstellbare Schienenräumer

Bild 24 – Detailansicht des Indusimagneten samt Anschlussbuchse und – links daneben – dem spindelförmigen Ansteuerhebel für die automatische Lastabbremsung sowie ganz links die Messschablone für den Luftfederzustand. Das ausgesparte Stück der Schablone zeigt in diesem Fall deutlich an, dass der Luftbehälter unter erheblichen Druckverlust leidet und es sich um einen bereits seit längeren abgestellten Triebwagen der Baureihe 614 handelt. AUFNAHME: FERDINAND VON RÜDEN

- Zwei Radsatzantriebe mit Drehmomentstütze und Gelenkwelle

* Während in den Baureihen 624/634 noch mechanische Gleitschutzregler verbaut waren, wählte man für den 614 nunmehr elektronische.

Beim Laufdrehgestell waren unter anderem die folgenden Zusatzeinrichtungen verbaut:

- Bremsdruckregler
- Geber für elektronische Gleitschutzregler

3.5 Maschinenanlage

Bei den Dieseltriebwagen der Deutschen Bundesbahn mit kleiner bis mittlerer Leistung hatte sich der Einsatz pendelnd aufgehängter Unterflurmotoren bewährt. Damit konnte ein separater Maschinenraum (wie zum Beispiel bei der BR 612/613) entfallen.

Im VT 614 kam ein MAN-Dieselmotor vom Typ D 3650 HM 12 U zum Einbau. Er glich in seiner Ausführung weitestgehend dem bereits im VT 624/634 verwendeten Antriebsaggregat. Es war ein wassergekühlter Zwölfzylinder-Viertakt-Boxermotor mit Direkteinspritzung, der ohne Aufladung je Triebkopf eine Leistung von 500 PS (368 kW), anfänglich sogar nur 450 PS (331 kW), abgab. Die liegende Bauform mit zwei um 180° versetzten Zylinderreihen konnte in nachstehenden Hauptabmessungen realisiert werden:

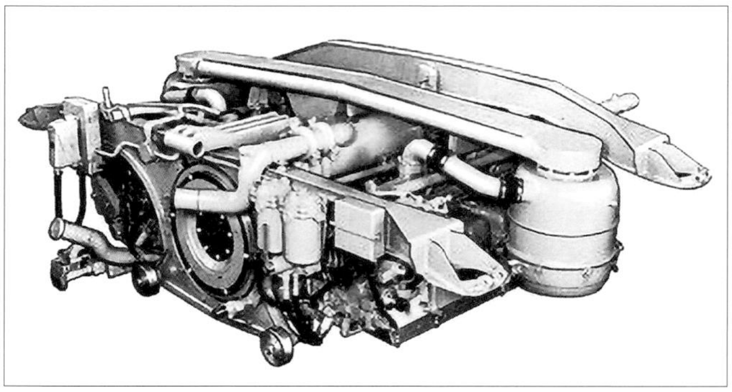

Bild 26 – Ansicht des Unterflurmotors vom Typ D 3650 HM 12 U samt Motorträger und dem exponiert platzierten Luftfilter, entnommen dem MAN-Prospekt „Maschinenanlage des Dieseltriebzuges 614“. ABBILDUNG: SAMMLUNG FERDINAND VON RÜDEN

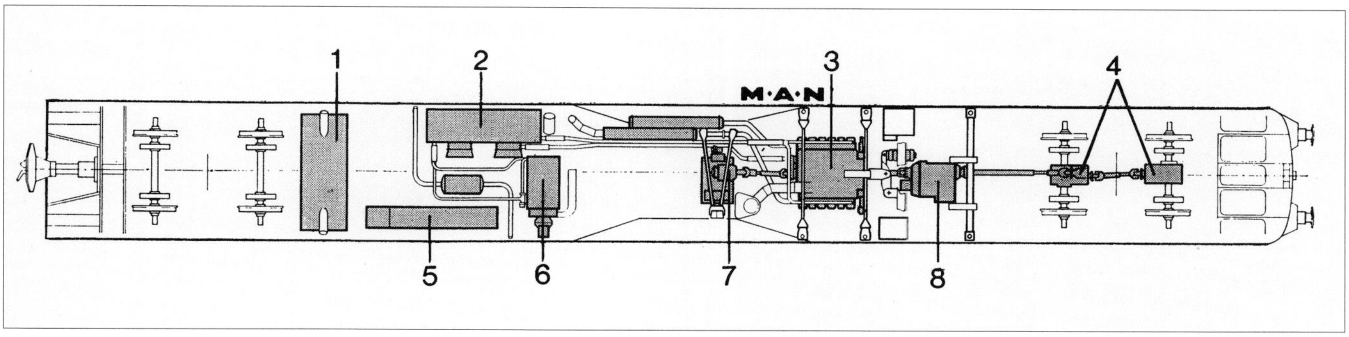

Bild 27 – Schematische Darstellung für die Platzierung wesentlicher Bauteile im Triebkopf eines VT 614, entnommen dem Werksprospekt der MAN. Erläuterungen: 1 – Kraftstoffbehälter; 2 – Unterflurkühlanlage; 3 – MAN-Dieselmotor; 4 – Radsatzgetriebe; 5 – Batterie; 6 – Heizkessel; 7 – Hilfsbetriebe; 8 – Getriebe. ABBILDUNG: SAMMLUNG FERDINAND VON RÜDEN

Bild 28 – Abtriebsseite der Unterflur-Maschinenanlage – vorne gut erkennbar ist zudem eine der beiden gekrümmten Befestigungsstreben für die Anbringung des Aggregats unterhalb des Wagenkastens. AUFNAHME: MAN-ARCHIV IM DB MUSEUM

Bild 29 – Detailansicht der unterflur eingebauten Motoranlage im Triebkopf 614 005. Zusammen mit der vorherigen Aufnahme wird anhand der Platzierung des Luftfilters sehr gut die Einbaurichtung unterhalb des Triebwagens erkennbar. AUFNAHME: FERDINAND VON RÜDEN

Länge:	2.300 mm
Breite:	2.770 mm
Höhe:	870 mm

Die Motorisierung der Triebköpfe blieb von Anbeginn an ein gewisser Schwachpunkt der Züge. Zwar waren die MAN-Motoren gut gegen eine übermäßige Geräuschentwicklung im Zuginneren abgeschirmt, aber ihr Leistungsvermögen vermochte die Garnituren nur sehr langsam in Schwung zu bringen.

Auch wurden mit einem zusätzlich eingestellten Mittelwagen, einem angehängten Gepäck- oder Stückgutwagen und in Steigungen die Grenzen der Untermotorisierung offenkundig. Die damit einhergehende, stets bemüht wirkende, unnachahmliche Geräuschkulisse der Triebzüge blieb bis zum Einsatzende bei der DB AG für 52 Triebköpfe (26 Einheiten) ihr ureigenes und charakteristisches Merkmal. Auch ohne Blickkontakt zum Zug kündigte sich dem geschulten Ohr schon aus der Ferne der Zulauf eines beschleunigenden 614 an.

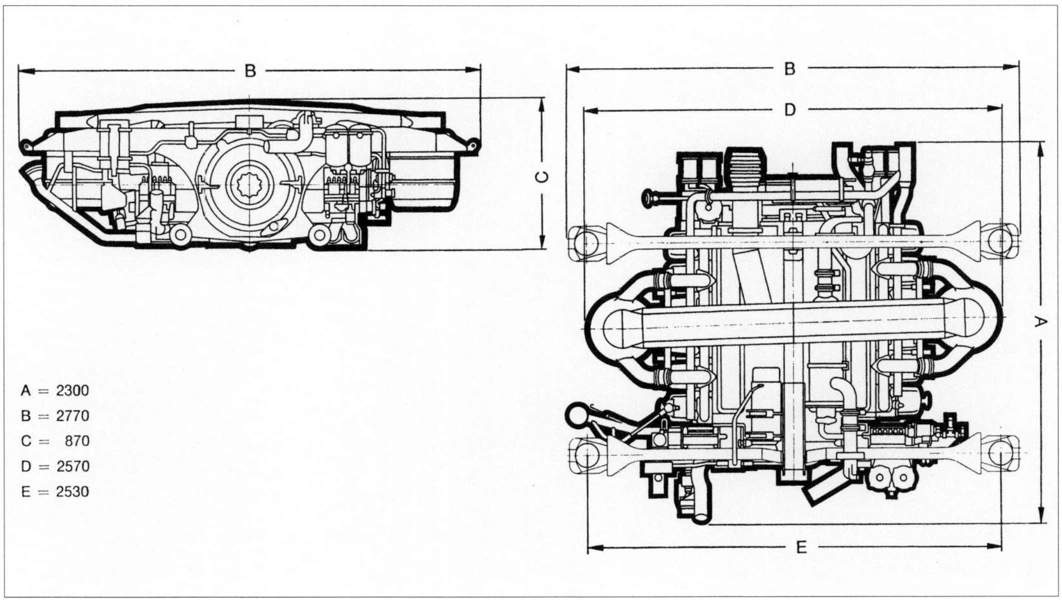

Bild 30
Querschnittszeichnung, Draufsicht und Einbaumaße des unterflur eingebauten MAN-Antriebsaggregates vom Typ D 3650 HM 12 U, das sehr kompakt anmutet, ebenfalls entnommen dem Werksprospekt der MAN.

ABBILDUNG: SAMMLUNG FERDINAND VON RÜDEN

Bild 31 – Schön zu sehen ist an dieser Aufnahme einer werksneuen Maschinenanlage im 614 die Verbindung von Dieselmotor und Getriebe über eine kurze Gelenkwelle. Vom Voith-Getriebe aus wird die Antriebsleistung über lange Gelenkwellen hydrodynamisch auf die beiden Achstriebe des Triebgestells übertragen.

Diese eindeutige Wiedererkennbarkeit veränderte sich für einen Teil der Flotte erst in der letzten Einsatzdekade bei der Deutschen Bahn, als man ab ungefähr 2003 insgesamt 32 Triebköpfen (16 Einheiten) mit deutlich leistungsstärkeren Motoren neue Vitalität und ungeahnte Beschleunigungswerte einhauchte. Dabei wurden zunächst in vier Triebköpfen (also zwei Triebwageneinheiten) Versuchsmotoren des amerikanischen Herstellers Cummins vom Typ KTA 19-R2 erprobt, bei den anderen 28 Triebköpfen (vierzehn Einheiten) kamen dann Serienaggregate des Typs QSK 19 zum Einbau.

Beides waren 16-Zylinder-Aggregate mit einer Leistung von 448 kW (609 PS).

Ein detaillierter Überblick über die Verteilung der drei Motorvarianten auf die einzelnen Triebwagen der Baureihe 614 findet sich im Kapitel 12.

3.6 Steuerung der Maschinenanlage

Steuerungstechnisch war das Fahren von bis zu drei Dieseltriebzügen im Verband möglich. Da die Maschinenanlagen der BR 624 und BR 634 die gleiche Steuerungsart wie die BR 614 besaßen, konnten auch alle drei Baureihen gemeinsam betrieben werden.

3.7 Kraftübertragung

Das im VT 614 verbaute Zweiganggetriebe T 420 r mit eingebautem Wendegetriebe der Firma Voith war an drei Punkten elastisch am Wagenuntergestell aufgehängt und über eine kurze Gelenkwelle mit dem Dieselmotor verbunden. Die Antriebsleistung wurde hydrodynamisch über eine weitere lange Gelenkwelle auf die beiden Achstriebe des Triebgestells übertragen.

3.8 Bremsausrüstung

Ausgerüstet war der Triebzug mit einer mehrlösigen, lastabhängigen Druckluft-Scheibenbremse KE-P-A ohne Zusatzbremse der Münchner Firma Knorr. Zudem befand sich in jedem Wagen des Zuges eine Handbremse.

3.9 Führerstand

Sofern mit vertretbaren Aufwand realisierbar, wollte man die im Kapitel 2 dargestellten Verbesserungswünsche der Betriebseisenbahner aus dem Praxiseinsatz mit den Baureihen 624/634 in die Entwicklung des VT 614 einfließen lassen.

Die Neugestaltung des Führerstandes war eine solche Maßnahme, die nach Aussagen der Deutschen Bundesbahn den damals neuesten ergonomischen Erkenntnissen entsprach. Ein Aspekt waren die Neigung des Führertischs, mit der eine Spiegelung der von innen beleuchteten Instrumente in den Führerstandsfenstern verhindert wurde, sowie die Optimierung der Fahrpult-Armaturen.

Äußerlich augenfälligstes Merkmal war der Wegfall der Übergangsmöglichkeit und der dadurch mögliche Einbau von zwei großen nicht gekrümmten Führerstandsfenstern aus zweischichtigem Verbund-Sicherheitsglas mit einer Gesamtstärke von acht Millimetern. Diese verhalfen den Triebfahrzeugführern zwar noch nicht wirklich zu mehr Bewegungsfreiheit (das geschah erst bei der zweiten Serie mit dem Versetzen der rückwärtigen Wand und dadurch kleinerem ersten Abteilfenster), sorgten aber für definitiv bessere Sichtverhältnisse. Dazu trugen auch neue Teleskop-Scheibenwischer und eine verbesserte Scheibenwaschanlage bei. Hinzu kam eine Rollband-Zielangabe an den Fahrzeugseiten, die mittels im Führerstand aushängender Codeliste im Brose-Eingabegerät gleichzeitig auch für gekuppelte Einheiten bedienbar war.

Bild 32 – Fast spartanisch wirkte das Fahrerpult des 614 zum Zeitpunkt der Auslieferung. Ein Vergleich mit der Ausführung der letzten Einsatzjahre gibt weiteren Aufschluss.

Bild 33 – Linke Seite des Fahrerpults im Ursprungszustand mit darunterliegendem Heizkörper. AUFNAHMEN (3): MAN-ARCHIV IM DB MUSEUM

Bild 34 – Blick auf die gegenüberliegende Führerstandsseite mit dem Klappsitz sowie dem Fach für die Dienstpost „EDS" (Abkürzung für **E**isenbahn**d**ienst**s**ache).

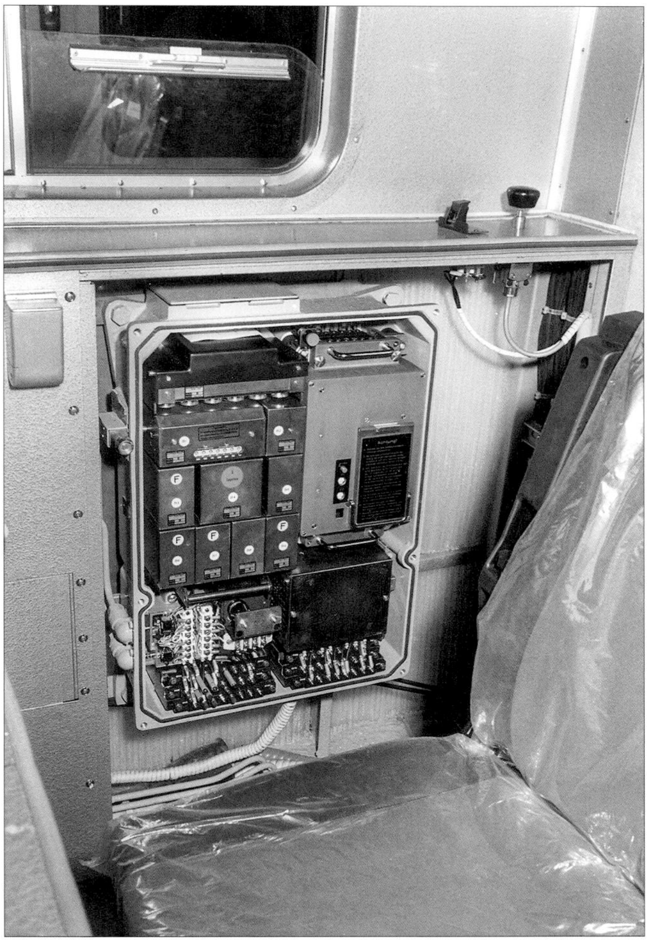

Bild 35 – Die noch fehlende Seitenwandverkleidung gibt den Blick frei auf die Einbauten rechts im Führerstand eines 614. AUFNAHMEN (2): MAN-ARCHIV IM DB MUSEUM

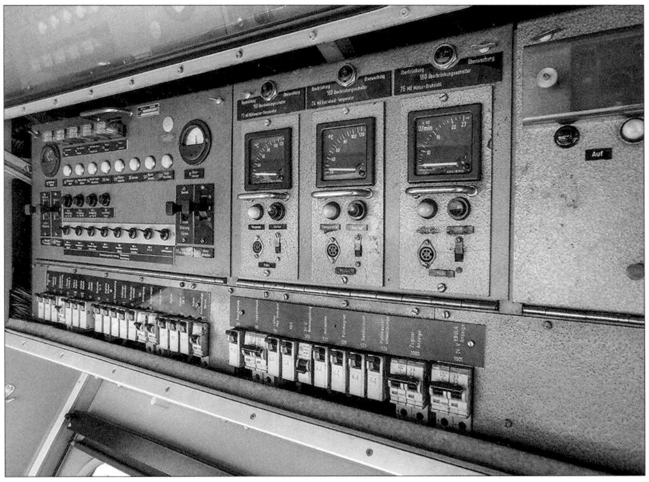

Bild 36 – Im Führerstand oberhalb der Zugangstür für den Triebfahrzeugführer befinden sich in bedienungsfreundlicher Anordnung zahlreiche Sicherungen, Kontrollanzeigen, Melde- und Kennlampen, Kippschalter sowie wichtige Anzeigen für die Fahrzeugbatterie (Spannungsmesser, Ladestrom) samt Batteriehauptschalter.
AUFNAHME: FERDINAND VON RÜDEN

Bild 37 (rechts) – Der Arbeitsplatz für den Triebfahrzeugführer des 614. Sehr gerne hielten sich hier (wie auf vielen Fotos im Buch gut dokumentiert) auch die Zugbegleiter auf, die in den ersten Einsatzjahren der Züge noch als „Schaffner" bekannt waren.
AUFNAHME: FERDINAND VON RÜDEN

Bild 38 – Detailansicht vom Arbeitsplatz des Triebwagenführers im 614er mit PZB 90. Der „Lenkrad-ähnliche" Fahrschalter (mittig mit „Schnell-Aus"-Schalter) hat insgesamt acht Fahrstufen. Mit der Fahrstufe 1 wird der Füllauftrag an das Getriebe gegeben, die Steuerung der Motorleistung erfolgt in den Fahrstufen 2 bis 8. Unten links befindet sich der Sifa-Handtaster, darüber zeigt sich leicht verdeckt der Wendeschalter (ohne eingelegten Hebel). Oben platziert ist der elektronische Buchfahrplan, rechts daneben sind Tacho, drei maschinentechnische sowie ein Indusi-Leuchtmelder. Daneben befinden sich der Dimmer für die Instrumentenbeleuchtung, unmittelbar darunter die Bedienhebel für den Scheibenwischer links und rechts. Prominent davon links zeigt der Bremshebel für die mehrlösige lastabhängige Druckluftscheibenbremse noch auf den Hebel zur Bedienung des Typhons.

Bild 39 – Die Kippschalter für diverse Bedienfunktionen, Zugtelefon und „Schwanenhals"-Mikrofon sind funktional und gut erreichbar in der Mitte des Führerstands angeordnet. Große Front- und Seitenfenster bieten dem Fahrpersonal eine gute Rundumsicht. Schön zu erkennen in der ersten Reihe unterhalb des Telefons sind von links nach rechts: elektronischer Fahrzielanzeiger, Anlassgruppenschalter, Zugbahnfunk, rechts darunter die Indusi-Bedieneinrichtung, mittig der Tür-Wahlschalter für die zu bedienende Fahrzeugseite und in der unteren Reihe Kippschalter für Getriebefüllung, Luftverdichter und Fahrgastraumbeleuchtung. AUFNAHMEN (2): FERDINAND VON RÜDEN

3.10 Innenraumgestaltung

Im Auslieferungszustand der Baureihe 614 befand sich im unmittelbaren Anschluss an den Führerraum ein 6 m^3 großer Gepäckraum, der von beiden Fahrzeugseiten her durch Doppelflügeltüren von außen beladen werden konnte. Durch eine abschließbare Glastür war der Zugang aus dem Fahrgastbereich nur Befugten möglich. Vom Führerstand her konnte der Lokführer im Bedarfsfall die Ladetüren schnell öffnen oder auch mal Dienstpost oder Expressgutpakete entgegen nehmen. War es außen hochsommerlich heiß, sorgte bisweilen eine halbgeöffnete Ladetüre für etwas Frischluftzufuhr.

Bild 40 – Recht profan wirkt die Nutzung des Dienstraumes im Triebwagen der Baureihe 614. Die im Zuge der Modernisierung im AW Kassel erfolgte Umwidmung der ehemaligen WC-Örtlichkeit für nunmehr dienstliche Zwecke war wohl einzig der künftig angestrebten Einsparung von Unterhaltungskosten zuzuschreiben. Als Kundenfreundlichkeit war die Maßnahme – insbesondere beim Einsatz von nur zweiteiligen Triebwagengarnituren – allerdings nicht zu werten. AUFNAHME: FERDINAND VON RÜDEN

Der Dienstraum selbst war ausgestattet mit:

- Fahrradhalterung
- abschließbarem Wertfach
- Werkzeugschränken
- Feuerlöscher
- Verbandskasten
- Rollbandschilderkasten
- sechs Notsitzen.

Unmittelbar an das Gepäckabteil schlossen sich die nicht klimatisierten Fahrgasträume an. Dabei wurden bereits im Auslieferungs-

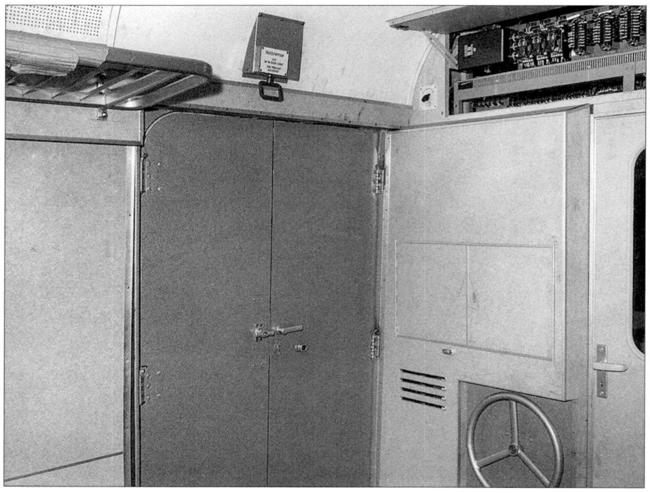

Bild 41 – Blick in das ursprünglich unmittelbar hinter dem Führerstand angeordnete Gepäckabteil. Ins Auge fallen die Doppelflügel-Ladetüren, das Notbremsventil, ein Ablagegitter, das Handbremsrad, die Türe zum Führerstand und der darüber angeordnete Sicherungskasten, der an anderer Stelle bereits ins Bild gesetzt wurde.
AUFNAHME: MAN-ARCHIV IM DB MUSEUM

Bild 42
Inneneinrichtung des 614 im Großraum 2. Klasse bis zur Modernisierung. Sehr gut auszumachen sind Platzierung und Anordnung der Gepäckablagen und die mittig der Sitzgruppe angebrachten Plexiglasschilder für den Einschub der Platzreservierungen, seinerzeit in Form von kleinen Zetteln.

Aufnahmen (3): MAN-Archiv im DB Museum

Bild 43 – Vierer-Sitzgruppe in der 2. Klasse der Baureihe 614 im Ablieferungszustand.

Bild 44 – Blick ins 1.-Klasse-Abteil der Baureihe 614 im Ablieferungszustand.

zustand bemerkenswerte Maßstäbe für einen gesteigerten Komfort der Reisenden angelegt, die sich neben der bereits erwähnten Luftfederung vornehmlich in einer bequemen, seinerzeit fast edlen, Polsterung mit verstellbarer Sitzposition im Inneren der Garnitur widerspiegelte. Die 204 Sitzplätze in der 2. Klasse waren als unterteilte Großraumbereiche mit 2+2-Sitzbänken samt Mittelgang in vis-à-vis-Anordnung ausgelegt, während die 24 Sitzplätze der 1. Klasse in verschließbaren 6er-Abteilen mit Seitengang angeordnet waren.

Die Polster sorgten mit ihrem rückfedernden Schaumstoffkern für ein angenehmes und „trockenes Sitzgefühl", das durch den Bezug mit Dralon-Velour noch unterstrichen wurde. Für den seinerzeit noch obligatorischen Raucherbereich wählte man rote, für den Nichtraucherbereich grüne Polsterbezüge. Die großen Fenster waren mit farblich abgestimmten Doppelvorhängen bestückt, die auch zur Behaglichkeit des Reisens beitrugen. Die freitragenden Quergepäckablagen oberhalb der Sitzgruppen dienten der Aufnahme von Traglasten, wie es seinerzeit noch hieß.

Im Bereich der Doppeleinstiegstür in der Mitte des Triebwagens befand sich werkseitig ein Abort mit Waschbecken; im Mittelwagen hatten die Konstrukteure davon zwei, jeweils zum Wagenende hin, vorgesehen.

Ab 1995 erfolgte nach vornehmlich ersten äußerlichen Modernisierungen in den Jahren 1987 und 1993 – insbesondere durch Neulackierung in den Produktfarben Minttürkis (RAL 6033)/Pastelltürkis (RAL 6034)/Lichtgrau (RAL 7035) – in größerem Umfang die Aufarbeitung des Innenbereichs, der Mitte der neunziger Jahre als nicht mehr zeitgemäß galt.

Bild 45 – Im Vergleich zu heutigen Maßstäben war die ursprüngliche Ausführung des WC-Raums geradezu spartanisch. Die klassischen Utensilien wie Seifenspender, Wasserhahn mit Fußdruckknopf-Bedienung unter dem Waschbecken, Spiegel, Abfallbehälter und Toilettenschüssel „mit Frischluftzufuhr“ von außen waren seinerzeit typisch für die „Örtlichkeiten“ im Triebwagen der Baureihe 614.

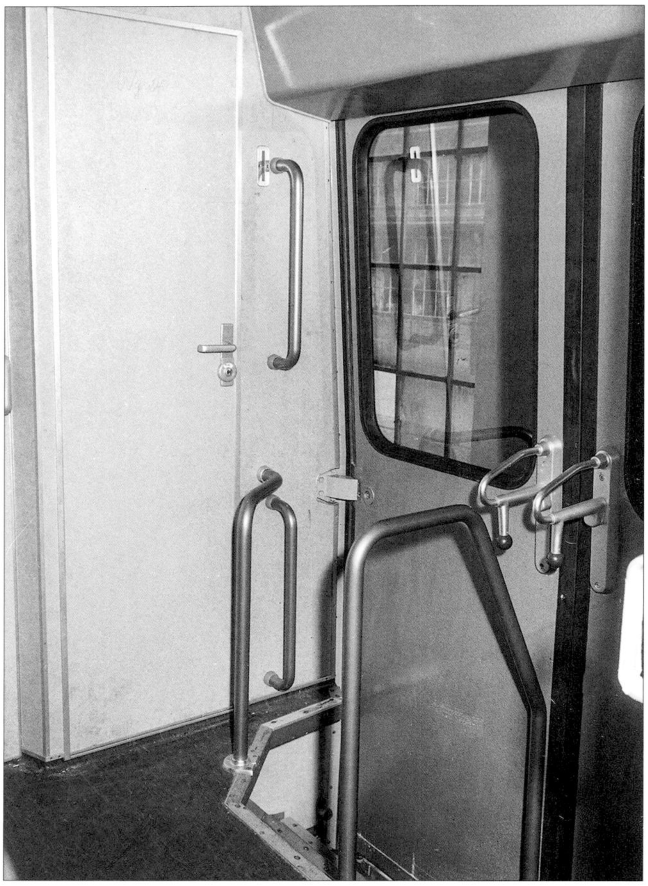

Bild 46 – Unmittelbar neben dem vom Fahrzeugkopf her gesehen jeweils rechten Mitteleinstieg lag ursprünglich der etwas beengte Zugang zum WC. Bemerkenswert ist zudem das halbhohe „Absturzschutzgeländer“ zwischen Toilettentür und den offen liegenden Trittstufen im Einstiegsbereich. Gut auszumachen sind auch die für die Baureihe 614 typischen Türöffnungshebel.

Bild 48 – Aus dem Seitengang des Abteilbereiches in der 1. Klasse – bei Ablieferung noch ohne Auslegeware – fällt der Blick durch die geöffnete Verbindungstür in die 2. Klasse. Schön zu sehen ist auch die Wandverkleidung im angeschrägten Oberteil des Wagenkastens.

AUFNAHMEN (3): MAN-ARCHIV IM DB MUSEUM

Bild 47 (links) – Der Gangbereich in der 1. Klasse zeigt sich an den Seitenwänden in farblich zartem Blau abgesetzt. Der Kontrast zum gelben 2.-Klasse-Bereich ist auch auf dem S/W-Foto noch gut auszumachen. Der Bodenbereich wird mit Auslegeware aufgewertet.

AUFNAHME: FERDINAND VON RÜDEN

Bild 49 – Im Zuge ihrer Modernisierung erhielten die Mittelwagen der Baureihe 914 geschlossene Vakuum WC-Einrichtungen, deren Spülung über Drucktastern ausgelöst wurde. Damit einhergehend war allerdings – wie an anderer Stelle bereits beschrieben – der Ausbau der WC-Anlagen in den Triebwagen.

Bild 50 – Vor der Modernisierung der Triebwagen befand sich im Bereich der Mitteleinstiegstüren des 614 ebenfalls ein WC. Dies wurde jedoch in allen Triebköpfen zu Gunsten eines kleinen Dienstraumes aufgegeben. Hinter den Lüftungsgittern links befinden sich Warmwasser-Ausgleichsbehälter für die Heizung des Fahrgastraums.

Bild 51 – Mit dem Einbau von Vakuum-Toilettenanlagen einher ging natürlich auch die Umgestaltung des Hygienebereichs mit Waschbecken, Seifen- und Papierspendern samt eines integrierten Abfallbehälters. Allein auf die sehr individuellen Umgangsformen der Reisenden mit den im Komfort gesteigerten Örtlichkeiten hatte die DB AG keinen Einfluss.

Bild 52 – Geräumig und bequem – aber gleichwohl unmittelbar über dem Laufdrehgestell am Wagenende der Triebköpfe – sind jeweils zwei Abteile der 1. Klasse angeordnet; hier der Blick in ein damaliges Raucherabteil – erkennbar an den Aschenbechern in den Armlehnen. Damit verfügt eine zwei-, drei- oder vierteilige 614er-Triebwagengarnitur über insgesamt 24 Sitzplätze gehobenen Komforts. AUFNAHMEN (4): FERDINAND VON RÜDEN

Im Zuge dessen entfiel das in der Anfangszeit sehr rege genutzte Gepäckabteil in allen Triebköpfen zugunsten weiterer Sitzplätze. In den 914-Mittelwagen wurde ersatzweise ein Mehrzweckabteil geschaffen, das insbesondere der Mitnahme von Fahrrädern und Kinderwagen diente. Außerdem verzichtete man zugunsten eines Dienstabteils nunmehr auf die Aborte in den Triebwagen. Die beiden im Mittelwagen verbliebenen wurden als Vakuum-WCs ausgeführt.

Diese Umbauten erfolgten in den Werken Kassel und Wittenberge und werden an anderer Stelle ausführlicher thematisiert. Nach dieser abgeschlossenen Modernisierung änderten sich die Gattungsbezeichnungen der Züge wie folgt:

BR 614: aus ABDyl wurde ABn,
BR 914: aus Byl wurde Bnd.

Bild 53 – Ansicht des Großraumbereichs 2. Klasse im modernisierten Triebkopf der Baureihe 614 in Blickrichtung Wagenende. Gut zu erkennen ist die Abteiltrennwand samt dem sich anschließenden Seitengang als Zugang zum 1.-Klasse-Bereich des Triebwagens. Eine nachträgliche Ausrüstung mit Klimaanlage unterblieb hingegen bei der DB AG.
AUFNAHME: FERDINAND VON RÜDEN

Bild 54 – Die Inneneinrichtung der Baureihe 614/914 entsprach nach ihrer Modernisierung der sog. Standardausstattung im Nahverkehr. Ins Auge fallen die bequemen Einzelsitze mit Schaumstoffkern, die nunmehr freitragend an der Decke in Fahrzeuglängsrichtung angebrachten Gepäckablagen und die freundlichen hellen Farben des Interieurs.
AUFNAHME: FERDINAND VON RÜDEN

3.11 Innenbeleuchtung

Die Ausleuchtung des Fahrzeuginneren erfolgte mit Leuchtstofflampen, die zentral vom Führerstand aus geschaltet werden konnten. Ein separater „Putzlichtschalter" im Wageninneren war mit einem Vierkantschlüssel für das Reinigungspersonal im abgestellten Zug zugänglich.

3.12 Ein-/Ausstieg und Türsteuerung

Bei der Entwicklung legte man Wert auf einen vergleichsweise angenehm überwindbaren Ein-/Ausstieg in den 1.250 mm über Schienenoberkante liegenden Fußboden und gestaltete die Zugangsbereiche (vier Doppel-, zwei Einfachtüren je Fahrzeugseite im dreiteiligen Zug) mit nur vier abgeflachten Treppenstufen. Diese waren mit rutschfestem Material belegt und fielen nach damaligen Maßstäben mit einem Treppenwinkel von 43 Grad vergleichsweise flach aus.

Für die Bedienung der durchgängig mit Schiebetüren ausgerüsteten VT 614/VM 914 war werksseitig eine elektropneumatische Türsteuerung eingebaut. Diese konnte vom Führerstand aus in verschiedenen Kipptaster-Stellungen speziell für jeweils eine oder auch für beide Fahrzeugseiten gesteuert werden. Darüber hinaus konnte der Zugbegleiter an allen Einstiegstüren mittels eines Vierkantschalters den Öffnungs- oder Schließmodus für den gesamten Zug betätigen.

Im Zuge der Neumotorisierung kam es ersatzweise zum Einbau eines technikbasierten Abfertigungsverfahrens (TAV) mit der Installation eines Türsteuerrechners und der Entfernung der charakteristischen Türgriffe. Stattdessen erfolgte die Anbringung von Öffnungstastern und Lichtschranken. Damit wollte man vornehmlich das Fahren ohne Zugbegleitpersonal ermöglichen. Aber die Umrüstungsmaßnahmen wurden noch vor Ende der Re-Motorisierung wegen mangelnder Praxis-Bewährung eingestellt und führten letztendlich sogar dazu, dass bei anstehenden Ausmusterungen zunächst bevorzugt TAV-Züge ausgewählt wurden.

3.13 Bordnetz

Eine Drehstromlichtmaschine mit nachgeschaltetem Gleichrichter sorgte in jedem Triebwagen für die 24-V-Stromerzeugung zum Starten und Steuern der Maschinenanlage.

Heizung und Innenbeleuchtung wurden mit 110 V betrieben, die ein Drehstromgenerator erzeugte. Dieser wiederum erhielt seinen Antrieb über eine Gelenkwelle direkt vom Motor. Die Stromversorgung der Anlage war so dimensioniert, dass der bzw. die mitgeführten Mittelwagen mit versorgt werden konnten, verfügten diese doch weder über eine eigene Batterie noch eine Lichtmaschine.

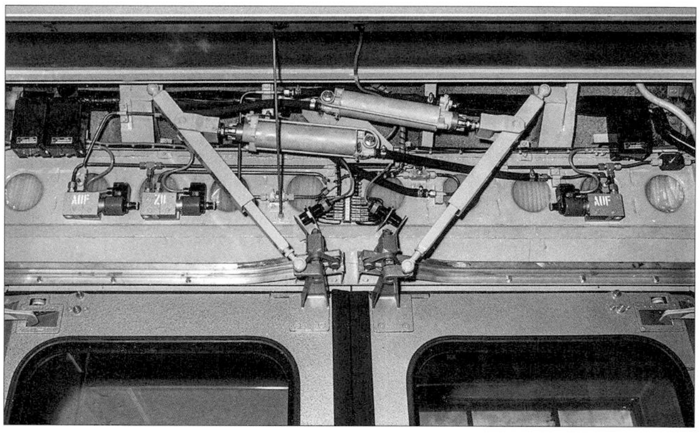

Bild 55 – Wenn auch etwas laut und bisweilen schwergängig, aber stets funktionsfähig: Blick auf die komplexe Antriebstechnik der in 614 und 914 verbauten Doppelflügeltüren.

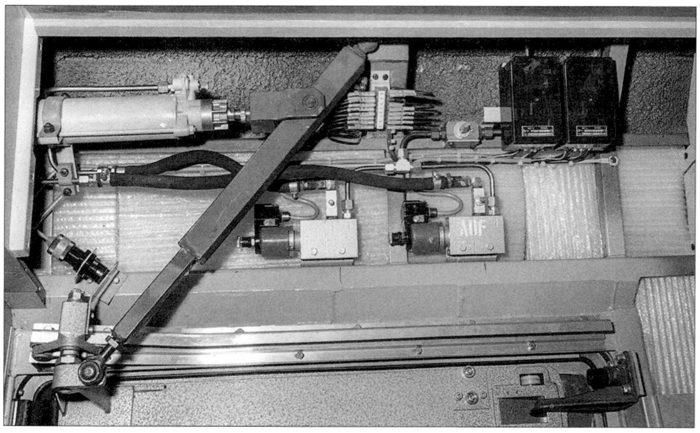

Bild 56 – Dieser Antrieb öffnete und schloss die jeweils am Wagenende der 614-Triebköpfe eingebauten einflügeligen Türen. AUFNAHMEN (2): MAN-ARCHIV IM DB MUSEUM

Bild 57 – Blick auf die vier abgeflachten Treppenstufen im Einstiegsbereich der Doppeltür. Mittig unterhalb der Griffstange war seinerzeit das ovale Fabrikschild montiert. Links, unmittelbar neben der geöffneten Schiebetüre, ist gut die Aussparung für den Vierkantschalter zu sehen, mittels dessen der Zugbegleiter ggf. den Öffnungs- und Schließmodus für den gesamten Zug betätigen konnte. AUFNAHME: MAN-ARCHIV IM DB MUSEUM

Bild 58 – Viersprachig gehalten sind die Bedienungshinweise im Zuginneren zur sachgemäßen Anwendung des manuellen Türöffnungsmechanismus. Im Gegensatz zu der später bei zahlreichen neumotorisierten Triebwagen nachgerüsteten und per Knopfdruck zu bedienenden Türsteuerung (TAV) bewährte sich das ursprüngliche Konstruktionsprinzip bis zum Einsatzende der Baureihe 614/914. AUFNAHME: FERDINAND VON RÜDEN

3.14 Heizungsanlage

Die ölgefeuerte Warmwasserheizung der Bauart Hagenuk war an das 110-V-Bordnetz des Triebzuges angeschlossen. Die Versorgung des Zuges erfolgte aus separaten Heizöltanks in jedem Fahrzeugteil, die in den Triebwagen mit jeweils 100 l, im Mittelwagen mit 160 l dimensioniert waren. Mit einem Wärmetauscher waren im Triebkopf Kühl- und Heizkreislauf miteinander verbunden. So konnten sowohl Kühlwasser und Maschinenanlage vorgewärmt und warmgehalten werden, aber auch Kühlwasserwärme zu Heizzwecken mit herangezogen werden.

3.15 Kühl- und Lüfteranlage

Die Hauptfunktionen der unterflur angeordneten Anlage dient der gleichbleibenden Betriebstemperatur der Maschinenanlage in allen Belastungszuständen, aber auch der Abfuhr der Verlustwärme von Motor, Motorschmier- und Getriebeöl. Ausgelegt war sie auf Außentemperaturen von bis zu +35 °C unter der Voraussetzung der nicht unterschrittenen kleinster Dauergeschwindigkeit von 30 km/h bei voller Motorleistung.

Bild 59 – Die ovale Plakette, die auf die Modernisierung der Triebzüge im AW Kassel hinweist, fand sich – genietet, nicht geschraubt – beidseitig jeweils in den Einstiegsbereichen der Doppeltüren. Dadurch entfielen dort die an selber Stelle zuvor angebrachten Originalfabrikschilder der Fahrzeughersteller. AUFNAHME: FERDINAND VON RÜDEN

Bild 60 – Im Uhrzeigersinn dargestellt sind in dieser Abbildung zu sehen: Luftfilter mit Ablasshahn, daneben das Druckminderventil (4,2 bar). Darunter rechts der Druckwächter und links der Absperrhahn für die Türschließeinrichtung. AUFN.: FERDINAND VON RÜDEN

3.16 Betriebsvorräte

Jeder Triebwagen war mit einem am Rahmen aufgehängten Kraftstoffbehälter ausgerüstet, der von beiden Fahrzeugseiten aus drucklos betankt und dessen Inhalt über eine Füllstandsanzeige und Schaugläser geprüft werden konnte. Mit einem Fassungsvermögen von 700 l fiel er beim 614 – wie seinerzeit von Triebfahrzeugführern gewünscht – um 50 l größer aus als bei den 624/634.

Bild 61
Seitenansicht des 614 001 in der Ursprungsausführung mit Gepäckraumtüren und großem ersten Abteilfenster, aufgenommen am 16. Juli 1971 auf dem Gelände der Versuchsanstalt für Brennkrafttechnik in München.

AUFNAHME:
DR. GÜNTHER SCHEINGRABER/
EK-VERLAG

Bild 62
Das inhaltlich zum Gepäckabteil bereits ausgeführte und bildlich am Beispiel der popfarbenen 614er dokumentierte gilt auch für die ozeanblau/beige Variante der zweiten Serie. Gut erkennbar auf diesem Bild vom 22. Juli 1982 ist die deutlich kleinere Ausführung des ersten Abteilfensters mit dem Zugzielband. Es ist mit 80 cm um 40 cm schmaler dimensioniert als bei den Fahrzeugen der Vor- und 1. Serie. Auch wird die Aufwertung des Farbschemas durch die zusätzlichen schmalen Absetzstreifen gut nachvollziehbar. Einen weiteren Blick wert ist zudem das Antriebsdrehgestell der Bauart MAN.

AUFNAHME:
FERDINAND VON RÜDEN

Bild 63
Seitenansicht des ursprünglichen Gepäckraums nach der Modernisierung. Anstelle der Ladetüren wurde je ein zusätzliches schmales Fenster eingebaut.
Das letzte betriebsfähige Aufgebot der DB AG stellten am 14. Juni 2010 die beiden Nürnberger Garnituren 614 005 + 914 003 + 614 006 und 614 039 + 914 020 + 614 040 dar. In ihrem Heimatwerk zeigten sie sich vereint nebeneinander, auch wenn zu dieser Zeit noch recht regelmäßig Ersatzleistungen für die Baureihe 610 gefahren wurden.

AUFNAHME:
FERDINAND VON RÜDEN

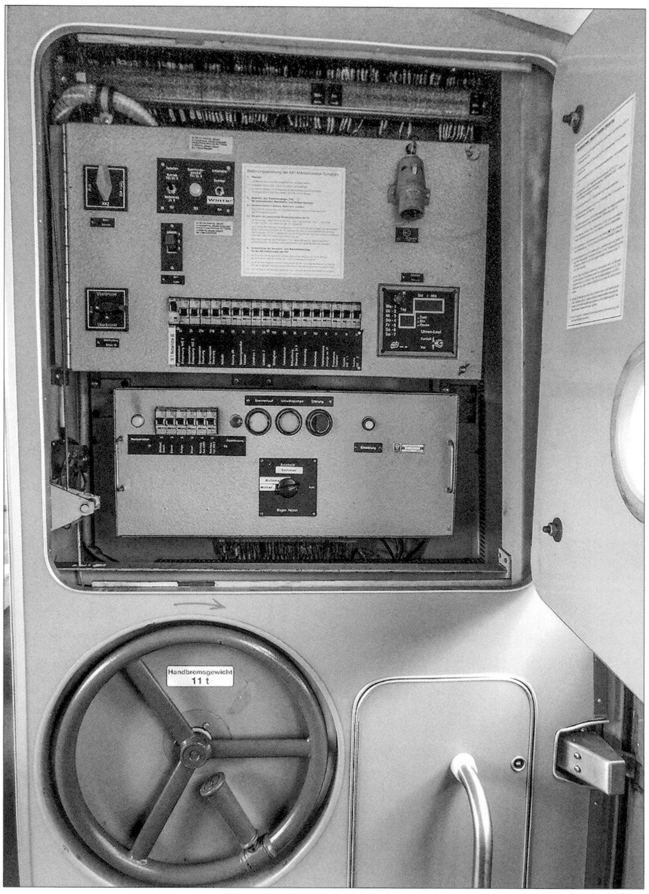

Bild 64 – Blick auf eine der in jedem Wagenteil vorhandenen Spindelhandbremsen und die darüberliegende Heizsteuerung im geöffneten Sicherungskasten eines Mittelwagens. Neben den mittig angeordneten Sicherungsschaltern für diverse Funktionen im Wageninnenraum fällt rechts daneben die Zeitschaltuhr für die Vorwärmfunktion im Fahrgastraum ins Auge. Links oben ist der Umschalter für den Wärmetauscher zu sehen, der bei gestörter Innenheizung bedient wird. Aufnahme: Ferdinand von Rüden

Bild 65 – Auch der Einstiegsbereich ist beheizt. Üblicherweise ist dieser Heizkörper sehr dezent neben der geschlossenen Abteiltür in den Großraumbereich des Mittelwagens durch die Verkleidung kaschiert, die hier jedoch für Anschauungszwecke geöffnet wurde. Aufnahme: Ferdinand von Rüden

Für den Betrieb der Heizung konnten je Triebwagen 100 l Heizöl, im Mittelwagen 160 l mitgeführt werden. Die Sandvorräte beliefen sich auf 150 kg pro Triebkopf. Für die Versorgung der vier im dreiteiligen Zug vorhandenen Aborte waren insgesamt 800 l Gebrauchswasser in Trieb- und Mittelwagen vorrätig.

3.17 Schutzeinrichtung

Auf den dreiteiligen Triebzug waren insgesamt sechs Handfeuerlöscher verteilt.

3.18 Sicherheitseinrichtungen

Zu nennen sind hier im Detail folgende Ausrüstungsbestandteile:

- Doppelton-Makrophon als Triebwagen-Pfeife
- Indusi-Anlage, Bauart Lorenz I 60 SEL
- Zeit-Zeit-Sicherheitsfahrschaltung, Bauart Deuta ES 70 bzw. BBC L 44 s

Bild 66 – Die Bauphase ermöglichte diesen Einblick in die eingebaute Brauchwasseranlage des 614 (rechts) sowie die im selben Karosseriesegment installierte Abgasführung (links). Aufnahme: MAN-Archiv im DB Museum

Bild 67 – Der externen Stromversorgung mit 220V dient der abgebildete Fremdanschluss. AUFNAHMEN (2): MAN-ARCHIV IM DB MUSEUM

Bild 68 – Im Zentrum der Abbildung steht der Ölbrenner für die Fahrgastraumheizung, links mit dem Einfüllstutzen für das (steuerlich begünstigte) Heizöl, dem Bremssteuerventil (mittig) sowie dem Luftbehälter (rechts). AUFNAHME: FERDINAND VON RÜDEN

Bild 69 – Blick auf den geöffneten Kasten des statischen Wechselrichters. Dieser wird benötigt, weil elektrische Verbraucher im Zug auf 220V Wechselspannung angewiesen sind, im Triebwagen aber lediglich eine elektrische Stromversorgungsquelle mit 110V Gleichspannung zur Verfügung steht. Mit dieser Spannung wird u. a. auch die ölgefeuerte Warmwasserheizung betrieben. AUFNAHME: FERDINAND VON RÜDEN

Bild 70 – Detailansicht eines Brauchwasservorratsbehälters, von denen zum Zeitpunkt der Auslieferung pro Triebkopf einer und im Mittelwagen zwei Stück zur Versorgung der Aborte und der Handwaschbecken eingebaut waren. Da seinerzeit das verbrauchte Wasser samt der Fäkalien noch über Fallrohre auf den Gleiskörper gelangte, erfolgte der Einbau von Brauchwassersammelbehältern erst im Zuge der Modernisierung, die bei den Mittelwagen der Baureihe 914 zu einer Ausstattung mit Vakuum-WC-Anlagen führte.

Bild 71 – Blick auf den von beiden Fahrzeugseiten her drucklos betankbaren Kraftstoffbehälter, Einfüllstutzen und Füllstandsanzeige. Die offiziellen Herstellerangaben sahen für den 614 Betriebsstoffvorräte von jeweils 700 l Dieselkraftstoff pro Triebwagen vor. Im Planeinsatz war damit eine Reichweite zwischen 600 und 800 km angepeilt. Dies entspricht bei mittlerer Leistung einem Kraftstoffverbrauch von 60 l auf 100 km Fahrstrecke. AUFNAHME: FERDINAND VON RÜDEN

3.19 Wagenübergang

Wie an anderer Stelle dieses Kapitels schon dokumentiert, waren die Kurzkuppelenden der Triebwagen und die Mittelwagen mit Scharfenbergkupplungen ausgestattet. An dieser Stelle sollen deshalb noch verschiedene Details der Wagenübergänge bildlich dargestellt und erläutert werden.

3.20 Gleisbogenabhängige Wagenkastensteuerung (GSt)

Um Gleisbögen schneller als bisher durchfahren zu können und zugleich den gebotenen Fahrkomfort zu gewährleisten, wurde die gleisbogenabhängige Wagenkastensteuerung (GSt) entwickelt. Dabei wird der Wagenkasten beim Durchfahren eines Gleisbogens soweit zum Bogeninneren geneigt, dass trotz größerer Kurvengeschwindigkeit keine höheren Fliehkräfte auf den Fahrgast wirken. Erstmals verwirklicht wurde die GSt bei den dreiteiligen Dieseltriebzügen der Vorgänger-Baureihe VT 624. Im ersten Um-

Bild 72
Platzierung und Ausführung der Unterflur-Kühlanlage am Beispiel des werksneuen 614 058.

AUFNAHME: MAN-ARCHIV IM DB MUSEUM

Bild 73 – Ein schönes Detail waren die mit spezieller Passform für die BR 614/914 gefertigten und an den Wagenübergängen ausgelegten Gummimatten im Inneren der Züge. Im Alltagseinsatz hatten wohl nur die wenigsten Reisenden einen Blick für diese unauffällige Annehmlichkeit. AUFNAHME: FERDINAND VON RÜDEN

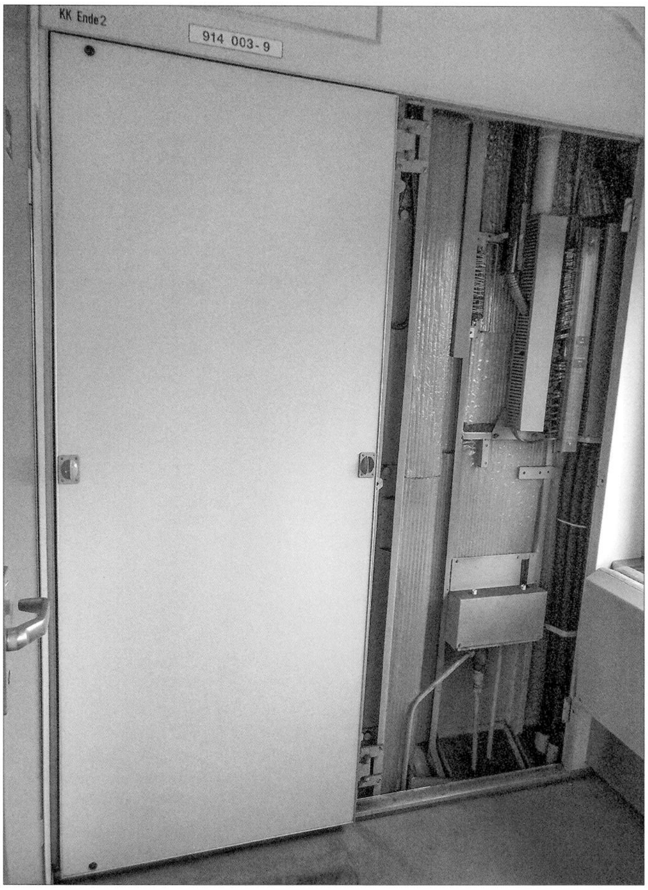

Bild 74 – Diese mittels zweier ausladender Scharniere bewegliche Abdeckung diente im Planbetrieb der Verkleidung bzw. Abdeckung der rechts erkennbaren Einbauten. Bei Abstellung oder Einzelüberführung des Mittelwagens verschloss sie hingegen in der dargestellten Form das ansonsten offene Wagenende des 914 mit seinen diversen Rohrleitungen für die Fahrgastheizung. AUFNAHME: FERDINAND VON RÜDEN

bauprogramm 1969 erhielten insgesamt vierzehn VT und sechs VM eine solche Wagenkastensteuerung der Bauart MAN eingebaut, bei gleichzeitiger Nachrüstung der Fahrzeuge auf Luftfederung. Das zweite Umbauprogramm betraf zwischen 1971 und 1974 weitere zwölf dreiteilige Züge. Alle 26 Züge wurden dadurch zur Baureihe 634.

Auch die beiden Voraustriebzüge der Baureihe VT 614 erhielten – bereits werkseitig – eine vermeintlich verbesserte gleisbogenab-

Bild 75 – Kurzkuppelenden (KKE) von Mittelwagen (links) und Triebkopf (rechts) mit staubdichtem Gummifaltenbalg und darunterliegender Scharfenbergkupplung, die gleichzeitig die elektrischen Steuer- und Versorgungsleitungen sowie die HLB- und HLL-Schläuche mitkuppelt. Am angeschnittenen Fahrrad-Piktogramm ist von außen gut der großzügig gestaltete Mehrzweckbereich des modernisierten 914 auszumachen. Im Gegensatz zu den Mittelwagen befinden sich an Wagenenden der Triebwagen Schiebetüren in einfacher Anordnung zum Einstieg in die Fahrgasträume.

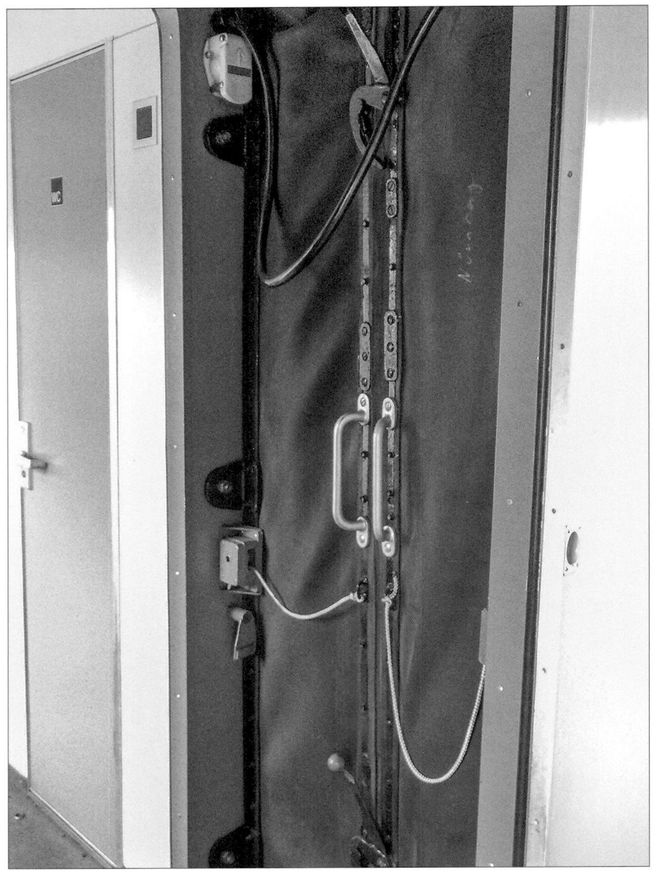

Bild 76 – Blick auf die Faltenbalgverriegelung von der Innenseite des Zuges, hier am Übergang vom Triebwagen (vorne) zum Mittelwagen (hinten, erkennbar an der WC-Tür).
AUFNAHMEN (2): FERDINAND VON RÜDEN

hängige Wagenkastensteuerung, die allerdings nur während ihrer Zugehörigkeit zum Erst-Bw Trier umfassenden betrieblichen Tests unterzogen wurde und sich letztlich nicht bewährte. Dementsprechend verzichtete man beim Serienbau der BR 614 auf den Einbau einer GSt. Bei den zwei Vorserienzügen erfolgte der Ausbau noch vor der Umbeheimatung zum Bw Nürnberg Hbf. Für die Baureihe 634 markierte eine Rückbauverfügung vom Januar 1978 das Ende der GSt. Die Luftfederung hingegen blieb als Komfort steigerndes Merkmal bei der Baureihe 634 erhalten und fand auch Eingang in die Serienfertigung der Baureihe 614. Die im Hinblick auf die geplante Ausrüstung mit GSt vorgenommene Verjüngung des oberen Wagenkastens blieb hingegen typisches äußeres Kennzeichen aller Fahrzeuge der Baureihe 614/914.

Zur generellen Einrichtung einer gleisbogenabhängigen Wagenkastensteuerung und damit auch zu den ursprünglich verbauten Elementen in den beiden Vorserienzügen 614 001 + 914 001 + 614 002 sowie 614 003 + 914 002 + 614 004 zählten:

- Je Drehgestell zwei Luftfedern (Federbälge), auf die sich der Wagenkasten abstützt. Sie sind mittels Druckluft in ihrer Höhe verstellbar
- Eine Steuereinheit, bestehend aus einem Steuergerät mit elektronischen Bauteilen und einem mittels Drehstrommotor angetriebenen Kreisel mit Pendel zur Impulsgabe
- Eine pneumatische Apparatekombination mit Magnet-, Steuer- und Luftleitungen samt Absperrventilen, die die von der Steuereinheit ausgegebenen Kommandos ausführt
- Separate, elektrische Steuerleitungen samt Endschalter zum Ein- und Ausschalten der Anlage
- Achskompressoren
- Diverse Einrichtungen zur Überwachung der Anlage durch den Triebfahrzeugführer

Auch an dieser Stelle seien nochmals Ausführungen des „Fachausschusses für Schienenfahrzeuge mit Brennkraftmaschinen“ eingeflochten, denen im Rahmen ihrer Beratungen am 22. Juni 1971 zwischen Regensburg und Landshut der „VT 614 001 mit verbesserter GSt“ vorgeführt wurde. Um diese zu demonstrieren, wurde der zu jenem Zeitpunkt erste und einzig abgelieferte 614 001 mit dem 634 608 gekuppelt gefahren. Das Fazit des Fachausschusses von jenem Tag: *„Bei dem vorgeführten Fahrzeug VT 614 001 hat die GSt bei Bogenein- und -auslauf keineswegs befriedigt.“*

Um die Wirkungsweise der Gleisbogenabhängigen Wagenkastensteuerung explizit und korrekt darzustellen, sollen die nachfolgenden Ausführungen aus dem „Handbuch für Dieseltriebfahrzeuge der Deutschen Bundesbahn, 3. Auflage“ als Grundlage dienen.

Die Luftfederungsanlagen in Trieb- und Mittelwagen werden mit Druckluft von 8,5 bis 10 bar aus der durchgehenden Hauptluftbehälterleitung versorgt. Je Wagen wird diese über einen Durchgangshahn und ein Rückschlagventil in einem Vorratsluftbehälter mit Ablasshahn geleitet und gespeichert. Vor jeder Luftfederungsanlage jedes Drehgestells befindet sich noch ein Durchgangshahn mit Entlüftung.

Bei Geradeausfahrt wird der Abstand zwischen Wagenkasten und Drehgestell jedes Wagens mit Hilfe der Niveausteuerung, zu der die Lagensteuereinheiten, die Relaisventile und das Überstromventil gehören, nahezu konstant gehalten. Durch wechselnde oder auch ungleich verteilte Nutzlast im Wagenkasten oder bei geringer Wagenkastenneigung infolge eines weitgezogenen Gleisbogens vermindert sich zunächst die Höhe eines oder mehrerer Luftfederbälge. Die Betätigungsgestänge der entsprechenden Lagesteuereinheit nimmt die Wagenkastenabsenkung wahr und betätigt ein zugehöriges Einlassventil in der Lagensteuereinheit, das so lange Druckluft in den entsprechenden Luftfederbalg einströmen lässt, bis dieser wieder seine Normalhöhe eingenommen hat. Bei abnehmender Belastung werden der oder die Luftfederbälge über die zugehörigen Lagensteuereinheiten entlüftet, bis der Wagenkasten wieder seine Mittellage erreicht hat.

Das Überströmventil dient mit Rücksicht auf die Entgleisungssicherheit zur Vermeidung eines unzulässig hohen Druckunterschieds zwischen beiden Luftfederbälgen eines Drehgestells. Es öffnet bei einem Druckunterschied von mehr als 2,5 bar.

Der am Drehgestell angebaute Achskompressor läuft zunächst noch leer, das heißt, er saugt Luft aus dem Behälter, der über eine Düse mit der Atmosphäre verbunden ist, über die Ventilsteuereinheit an und fördert sie wieder in den Behälter zurück.

Der Einlauf des Fahrzeugs in einen beginnenden Gleisbogen (Übergangsbogen) wird von dem Kreiselgerät wahrgenommen, in einen elektrischen Steuerimpuls umgeformt und dem Steuergerät mitgeteilt. Dieses wertet seinerseits den Steuerimpuls aus, das zum Beispiel das Steuerkommando „Linksneigen“ ausgibt. Durch diesen Befehl wird:

a) die Niveausteuerung abgeschaltet, da sie wegen ihrer Funktionsweise (nämlich: Konstanthaltung des Abstandes Wagenkasten/Drehgestell) der beabsichtigten Wagenkastenneigung in Gleisbogeninnenrichtung entgegenwirken würde. Die Abschaltung der Niveau-Steuerung erfolgt durch Erregung des Magnetventils, wodurch über Relaisventile die Verbindungen zwischen Luftfederbälgen und den Lagersteuereinheiten abgesperrt werden;
b) die Balgluft vom bogeninneren zum bogenäußeren Luftfederbalg umgepumpt. Dies geschieht mit Hilfe des von der Achse angetriebenen Kompressors und der vom Steuergerät beeinflussten Ventilsteuereinheit. Dieser Neigungsvorgang infolge Umpumpens wird erst dann unterbrochen, wenn die maximal zulässige Schräglage des Wagenkastens, die durch Endschalter in den Lagersteuereinheiten begrenzt ist, erreicht wurde oder ein gedämpftes Pendel im Steuergerät (das der Erfassung der Querbeschleunigung dient) wegen ausreichender Wagenkastenneigung das Signal zum Beenden des Umpumpens gibt. Dies ist bei einer Querbeschleunigung < $0{,}35\ m/s^2$ der Fall.

Beim Durchfahren des Gleisbogens entsteht, hervorgerufen durch den Fliehkraftüberschuss, ein Druckunterschied in den Luftfederbälgen. Dieser erfordert neben dem Umpumpen der Druckluft vom bogeninneren zum bogenäußeren Luftfederbalg ein zusätzliches Nachspeisen von Druckluft in den bogenäußeren Luftfederbalg. Dies geschieht über das Luftfederungsventil und die Magnetventile.

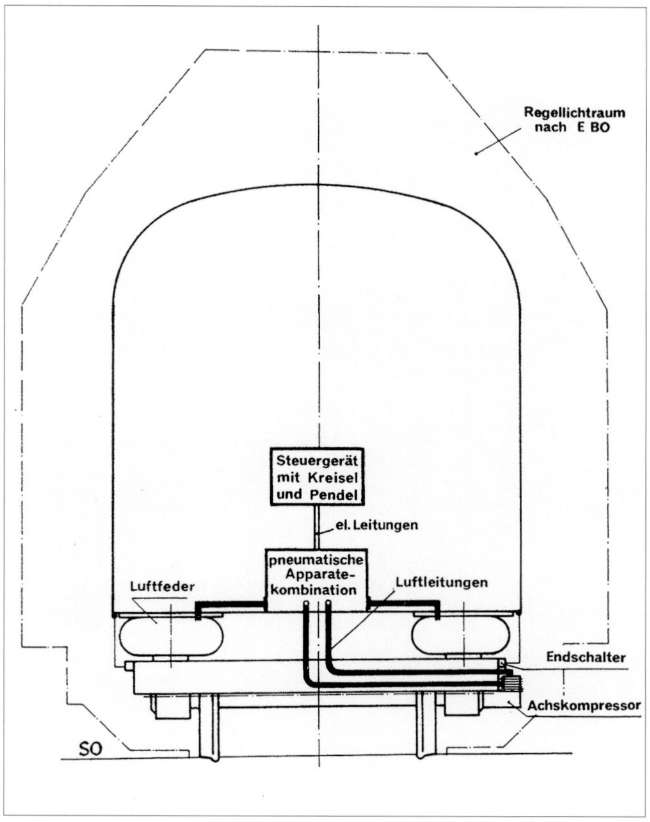

Bild 77 – Zeichnerische Darstellung der prinzipiellen Funktionsweise der Gleisbogenabhängigen Wagenkastensteuerung (GSt) eines Dieseltriebwagens, wie sie während der 614er-Beheimatung in Trier ausgiebig erprobt und letztlich wieder ausgebaut wurde.

Das Steuergerät gibt das Kommando „links nachspeisen“ aus, wodurch das Magnetventil für den linken Luftfederbalg angesteuert wird. Es strömt nun zusätzlich Druckluft aus dem Vorratsluftbehälter über das Luftfederungsventil und das geöffnete Magnetventil in den linken Luftfederbalg, bis das Luftfederungsventil über ein Betätigungsgestänge die ausreichende Sollhöhe feststellt und die Luftzufuhr aus dem Vorratsluftbehälter unterbindet. Die nun eingestellte Wagenkastenneigung bleibt im Gleisbogen bestehen, sofern Fahrgeschwindigkeit und Kurvenradius konstant bleiben.

Beim Bogenauslauf gibt das Steuergerät den Befehl „Zurückneigen zur Mittellage“ aus, wodurch:

a) die Balgluft durch den Kompressor vom bogenäußeren in den bogeninneren Luftfederbalg zurückgepumpt wird, bis der Wagenkasten wieder parallel zum Drehgestellrahmen steht und
b) nach Erreichen der Mittellage des Wagenkastens die Niveausteuerung wieder wirksam wird.

Die verschiedenen möglichen Stellungen des Wagenkastens bei der GSt sind in der untenstehenden Abbildung dargestellt:

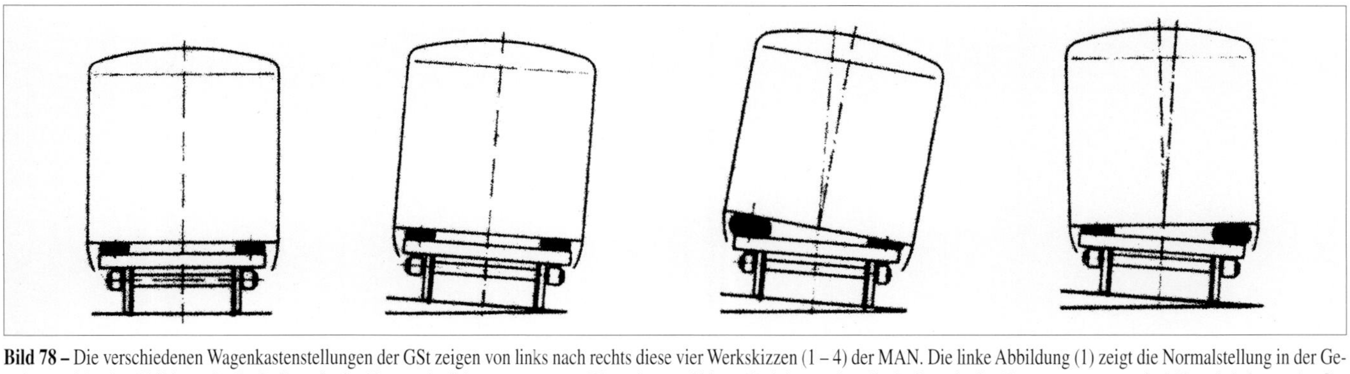

Bild 78 – Die verschiedenen Wagenkastenstellungen der GSt zeigen von links nach rechts diese vier Werkskizzen (1 – 4) der MAN. Die linke Abbildung (1) zeigt die Normalstellung in der Geraden, es folgt in Abbildung (2) die Stellung in der Kurve mit nicht angesteuertem Wagenkasten. Skizze (3) dokumentiert die Stellung in der Kurve, ausgesteuert in Abhängigkeit von der Geschwindigkeit, während Abbildung (4) einen Zwangshalt in der Kurve mit gegengesteuertem Wagenkasten zeigt. ABBILDUNGEN (2): WERKSKIZZEN MAN, SAMMLUNG FERDINAND VON RÜDEN

Bild 79
Diese nette Szenerie mit einem zur Teppichstange samt Wäscheleine umfunktionierten Geländer sowie dem im Hintergrund an seinem damals populären Fiat 1300 bastelnden Besitzer lässt kaum vermuten, dass es sich hier um das Gelände des Bundesbahn-Zentralamtes handelt. In der hier angesiedelten Versuchsanstalt für Brennkrafttechnik erwarten der werksneue 614 001 und der mit ihm gekuppelte 634 608 am 16. Juli 1971 anstehende Vergleichsfahrten zur Erprobung der eingebauten GSt, während rechts ein sogenannter „Olympiatriebwagen" der Baureihe ET 420 ins Bild fährt.

AUFNAHME:
DR. GÜNTHER SCHEINGRABER/
EK-VERLAG

Bild 80 – Losgelöst von seinem zugehörigen Mittelwagen 914 016 sowie dem zweiten Endwagen 614 032 zeigt sich 614 031 am 3. April 1986 in seinem Heimatwerk von der Rückseite. Gut zu erkennen aus dieser Perspektive sind der mit staubdichtem Gummifaltenbalg abgeschirmte Wagenübergang sowie die selbsttätige Mittelpufferkupplung der Bauart Scharfenberg. Diese verbindet nicht nur mechanisch die Fahrzeugeinheit samt Luftleitungen, sondern auch elektrisch die Leitungen für Beleuchtung, Steuerung und Heizung.

3.21 Sonstiges

Die steuerungstechnische Auslegung der Baureihe 614 ermöglichte das Fahren im Verband mit bis zu drei Dieseltriebzügen derselben Baureihe oder in der Kombination mit den Baureihen 624/634.

Bild 81 (links) – Von Witterungseinflüssen gezeichnet ist dieses Fabrikschild der MAN, Werk Nürnberg am 614 006. Gerade noch lesbar sind die Fabriknummer 154476 und das Baujahr 1973. Dies ist insofern bemerkenswert, da stattdessen eigentlich eine Plakette der Waggonfabrik Uerdingen mit der Fabriknummer 78893 zu vermuten gewesen wäre …

AUFNAHMEN (2): FERDINAND VON RÜDEN

Bild 82
Bei den für den Nah- und Bezirksverkehr auf Haupt- und Nebenbahnen konzipierten „VT 614“ ist steuerungstechnisch ein Verband von bis zu drei Triebzügen möglich. Bei der Begegnung mit 614 034 im Nürnberger Hauptbahnhof wurde dies augenscheinlich auch ausgenutzt. Am 2. Juni 1984 bestand die Leergarnitur auf Gleis 3 (heute allein der S-Bahn vorbehalten) aus insgesamt sechs Trieb- und vier Mittelwagen.

Aufnahme: Ferdinand von Rüden

3.22 Fazit

Bis zum Einsatzende auf deutschen Gleisen typisch blieben die stets zurückhaltende Gegenwart und die zuverlässige Verfügbarkeit der Baureihe. Gerade diese Omnipräsenz auf seinen langjährigen Hausstrecken hat den VT 614 für viele über Jahre trotz seiner unauffälligen Erscheinung vielfach zum fotografischen Mauerblümchen werden lassen. Zu trivial, zu häufig und ewig wiederholbar erschienen so manchem die andauernden Begegnungen. Auch für die vielen Pendler, Schüler, Ausflügler und Anrainer waren Nutzung und Anblick schlichtweg alltägliche Gewohnheit, die man einfach hinnahm, manchmal bewusst registrierte, aber über die man wohl nur selten reflektierte.

Auch in den diversen Publikationen der Deutschen Bundesbahn fanden die Triebwagen eher ein sporadisches Forum – anders, als es zahlreichen anderen Baureihen zu Teil wurde. Sicherlich war die Baureihe 614 nie ein sogenanntes „Paradepferd“, aber ihre sprichwörtliche Robustheit, ihre zeitlose Erscheinung und ihre über Jahrzehnte bewiesene Zuverlässigkeit sprechen auch zehn Jahre nach dem Abschied bei der DB AG für sich und belegen einen ausgereiften und technisch gut gelungenen „Wurf“.

Nicht umsonst finden sich deshalb auch heute noch erstaunlich viele Trieb- und Mittelwagen der Baureihe 614/914 im täglichen Einsatz. Wenn auch nicht mehr in Deutschland, so beweisen sie in Polen und Rumänien, wie praxistauglich letztlich Fahrzeugkonzeption und Einsatzzweck aufeinander abgestimmt waren.

Bild 83 – Überblick der wichtigsten Bauteile an der Fahrzeugfront der 614 mit Zughaken/Schraubenkupplung, rechts und links daneben die Steckdosen für Automation im Zug (AiZ), darunter beidseitig Hauptbremsluftleitung (HBL) und Hauptluftleitung (HLL), Stecker/Kupplung und Blinddose für Steuerkabel 24 V. Kleines Detail am Rande: Bei den Vorserientriebwagen 614 001 bis 614 004 saßen die vier Luftschläuche noch auf einer Ebene. Die auffälligen ebenen Platten an beiden Fahrzeugseiten sind den Puffern vorgelagert und dienen dem Personal als sichere Standflächen für Arbeiten zum Beispiel an den unteren Spitzenlichtern, den Frontfenstern oder den Scheibenwischern.
Aufnahme: Ferdinand von Rüden

Konstruktions- / Fertigungselement BR 614/BR 914		**Lieferfirma**
Fahrzeugteil Triebwagen	Prototypen + 1. Serie	Waggonfabrik Uerdingen AG, Krefeld Uerdingen
	2. Serie	MAN Maschinenfabrik Augsburg-Nürnberg AG, Nürnberg
Fahrzeugteil Mittelwagen	Prototypen + 1. Serie	Maschinenfabrik Augsburg-Nürnberg AG, Nürnberg
	2. Serie	Orenstein & Koppel AG, Berlin
Dieselmotoren D 3650 HM 12 U		MAN Maschinenfabrik Augsburg-Nürnberg AG, Braunschweig
Trieb- und Laufgestelle		MAN Maschinenfabrik Augsburg-Nürnberg AG, Nürnberg
Zweiwandler-Getriebe T 420 r		Johann Matthäus Voith, Heidenheim (Brenz)
Radsatzgetriebe		Gmeinder & Co. GmbH, Mosbach (Baden)
Kühl- und Lüfteranlage		Süddeutsche Kühlerfabrik Julius Friedrich Behr GmbH & Co, Stuttgart-Feuerbach
Ölgefeuerte Warmwasserheizung		Hagenuk Hanseatische Apparatebaugesellschaft ehemals Neufeldt und Kuhnke GmbH, Kiel
Druckluft-Scheibenbremsen KE-P-A		Knorr-Bremse AG, München

BR 614/BR 914	**Kenngröße (zum Ablieferungszeitpunkt)**
Spurweite	1.435 mm
Radsatzanordnung	B'2 + 2'2'+ 2'B'
Fahrzeuglängen	
Triebwagen	26.650 mm
Mittelwagen	26.160 mm
dreiteiliger Zug	79.460 mm
Sonstige Maße	
Größte Höhe	4.025 mm
Größte Breite	2.800 mm
Höhe des Fußbodens über Schienenoberkante	1.250 mm
Drehzapfenabstand	19.000 mm
Radsatzstand der Drehgestelle	2.500 mm
Treibraddurchmesser neu / abgenutzt	950/900 mm
Laufraddurchmesser neu / abgenutzt	900/850 mm
Kleinster befahrbahrer Krümmungshalbmesser	R = 120 m
Geschwindigkeiten	
v_{max}	140 km/h
v_{min} (kleinste Dauergeschwindigkeit bei voller Leistung)	30 km/h
Sitzplatzkapazitäten gesamt VT + VM +VT	228
Anzahl Sitzplätze 1. Klasse je VT	12
Anzahl Sitzplätze 2. Klasse je VT	58
Anzahl Sitzplätze 2. Klasse im VM	88
Anzahl Klappsitze im VM	4
Ladefläche Gepäckraum	6 m^2
Dienstmassen	
Triebwagen	46 t
Mittelwagen	32 t
dreiteiliger Zug	124 t
Bremsanlage	
Druckluft-Scheibenbremsen	Knorr KE-P-A
Handbremse	Spindelbremse
Motorisierung / hydrodynamische Kraftübertragung	
Maschinenanlage	Dieselmotor MAN 3650 HM 12 U

BR 614/BR 914	**Kenngröße (zum Ablieferungszeitpunkt)**
Getriebetyp	Voith T 420 r
Getriebeart	2 hydraulische Wandler, eingebautes Wendegetriebe
Schaltpunkt Wandler I/II	ca. 80 km/h
Über Gelenkwellen übertragbare Leistung	470 PS
Betriebsvorräte	
Dieselkraftstoff (2× VT)	2× 700 l
Heizöl VT / VM	100/160 l
Sand (2× VT)	2× 150 kg
Gebrauchswasser VT	200 l
Gebrauchswasser VM	2× 200 l
Elektrische Stromversorgung	110-V-Netz
Drehstromgenerator	Pintsch 3/55/110/500
Spannung	125 V Gleichstrom
Leistung	7,7 bis 9,8 kW
Batterie	9×6×2 Pz S 100
Spannung	110 V
Kapazität	100 Ah
Statischer Wechselrichter	110 V Gleichstrom/220 V Wechselstrom
Netzanschlussgerät	220 V Wechselstrom/110 V Gleichstrom
Elektrische Stromversorgung	24-V-Netz
Lichtmaschine	Bosch LJ/GTL 700/24/975
Spannung	24 V
Leistung	700 W
Batteriespannung	2× 12 V
Kapazität	180 Ah
Kosten in DM (Preisstand: 01.06.1971)	
Beschaffungskosten VT + VM + VT	1.684.000
Kosten/Sitzplatz (Basis: 228 Plätze in VT + VM + VT)	7.350
Personalkosten/km	0,60
Betriebsstoffe/km	0,40
Kapitalkosten/km	1,05
Unterhaltungskosten/km	2,24

Bild 84
Ja, auch mit gebührendem zeitlichen Abstand betrachtet, war die Baureihe 614 ein „Zug der Zeit" bzw. seiner Zeit. Äußerst zuverlässig, durchaus formschön, farblich attraktiv, ausgesprochen bequem und irgendwie zeitlos. Heute wird die „Zeit der Züge" inhaltlich anders ausgelegt. Vor der Kulisse des damaligen Nürnberger Tafelwerkes verkörpern 1985 der 614 041 + 914 021 + 614 042 das Gesagte.

AUFNAHME:
GÜNTER DILLIG

4 Heimat Trier – Erste Gehversuche mit Neigetechnik

Bereits im Frühjahr 1965 erhielt das Bahnbetriebswerk Trier sieben fabrikneue Züge der Baureihe VT 24^{6}, wie die Triebwagen vor ihrer Umzeichnung bis 1968 hießen. Mit ihnen bediente die Bundesbahndirektion Saarbrücken anfänglich vor allem die Moselstrecke Trier – Koblenz, ab 1967 auch die Saarstrecke Trier – Saarbrücken und ab 1968 zusätzlich die Eifelstrecke Trier – Köln. Gefahren wurden vornehmlich Eil- und D-Zug-Leistungen.

Schon 1969 kamen die ersten sechs auf gleisbogenabhängige Wagenkastensteuerung und Luftfederung umgebauten Triebwagen als Baureihe 634 ebenfalls zum Bw Trier, das die nunmehr 140 km/h schnellen Garnituren meist dreiteilig für hochwertige D-Zug-Dienste (Dt) heranzog. Die Zielbahnhöfe Koblenz, Köln und Saarbrücken blieben, aber es konnten jetzt auf den kurvenreichen Strecken entlang der Flussläufe von Mosel, Kyll und Saar nachhaltige Fahrzeitgewinne realisiert werden. Mit der Eilzugverbindung Koblenz – Luxemburg kam ab Winter 1969/70 sogar eine planmäßige Auslandsleistung hinzu.

In diese Blütezeit des Trierer 624/634-Einsatzes mit zum Teil bemerkenswerten Tagesleistungen um die 700 Kilometer fiel im Juni 1971 die Auslieferung des ersten Vorserientriebwagens der Baureihe 614 samt seiner Beheimatung im Bw Trier. Der Neuankömmling basierte konzeptionell auf den Konstruktionsprinzipien der Baureihen 624/634, unterschied sich aber allein schon rein optisch durch abweichende Form und Farbe von diesen. Technisch waren der 614 001 und die im August 1971 bzw. Februar 1972 ausgelieferten Prototypen 614 002 bis 614 004 samt ihren Mittelwagen 914 001 bis 914 002 bereits ab Werk mit Luftfederung und Gleisbogenabhängiger Wagenkastensteuerung (GSt) ausgerüstet und im oberen Bereich ihrer modernen Karosserieform deutlich verjüngt. Die GSt bot grundsätzlich die Möglichkeit, auf vorhandenen Strecken schneller als bisher durch Gleisbögen zu fahren, ohne die auf den Reisenden wirkende Seitenbeschleunigung zu erhöhen.

Mit der Baureihe 614, bisweilen als Nachfolger der BR 624/634 bezeichnet, wollte man den Triebwagenbestand an Fahrzeugen für den Regional- und Bezirksverkehr qualifiziert erweitern und hielt deshalb zu Recht an der Grundkonzeption der bewährten Vorgänger fest. Allerdings sollte auch ein Fahrzeug geschaffen werden, dass dem „modernen Zeitgeist der siebziger Jahre“ besser entsprach als die sogenannten „Quadratschädel“, gleichwohl mit diesen aber im Betriebseinsatz voll kompatibel sein.

So kam es unter anderem dazu, dass in der Zeit bis zur Abnahme des zweiten Vorserienfahrzeugs erste Probefahrten und Testeinsätze gemeinsam mit dem Triebkopf 634 608 durchgeführt wurden. Mit der Fertigstellung von 914 001 und 614 002 bei der Waggonfabrik Uerdingen konnte die Einheit ab Mitte August 1971 zum Dreiteiler komplettiert und ersten Test- und Planeinsätzen beim Bw Trier unterzogen werden.

Diese fanden vornehmlich auf der Moselstrecke Trier – Koblenz – Dillingen statt, es kam im Zuge ausgiebiger Erprobung aber auch Testfahrten zwischen Eichstätt und Treuchtlingen. Erste Planeinsätze brachten die Triebwagen auch auf der Eifelbahn bis Köln, weitere Anlaufpunkte führten die Züge von Trier aus nach Koblenz, Luxemburg, Saarbrücken und ins französische Sarreguemines (Saargemünd). Im Zusammenspiel und zum Teil im gemeinsamen Einsatz mit der Vorgänger-Baureihe 624/634 gab es gute, direkte Vergleichsmöglichkeiten.

Am 3. Februar 1972 erfolgte die Abnahme des zweiten Vorserientriebzuges, bestehend aus 614 003 + 914 002 + 614 004, der eben-

Im Nahverkehr schneller in die Kurve

Neuer Dieseltriebwagen mit „Gleisbogenabhängiger Wagenkastensteuerung“

Rund zwanzig Prozent schneller als konventionelle Züge kann ein neuer Dieseltriebwagen der Bundesbahn – Baureihe VT 614 – „in die Kurve gehen“. Das erste Fahrzeug wurde vor kurzem ausgeliefert. Zur Zeit wird er zusammen mit einem weiteren Triebwagen und einem Mittelwagen getestet. Es handelt sich um den ersten Zug der Bundesbahn, der fabrikmäßig mit der „Gleisbogenabhängigen Wagenkastensteuerung ausgerüstet ist, so daß höheres Tempo in Kurven möglich wird, ohne daß der Fahrgast dabei stärkerer Seitenbeschleunigung ausgesetzt ist.

Die Steuerung war bereits in einem Zug der Vorgängerserie, Baureihe VT 634, eingehend erprobt worden. Die „Gleisbogenabhängige Wagenkastensteuerung“ neigt beim Befahren von Kurven den Wagenkasten selbsttätig zur Bogeninnenseite zu, wirkt sich also für den Reisenden im Zug ebenso aus wie eine stärkere Überhöhung des Gleises, die jedoch mit Rücksicht auf langsamere Züge nicht möglich ist.

Durch die Schräglage wird die im Zug wirksame Seitenbeschleunigung so weit vermindert, daß die Fahrgäste nicht spüren, wenn das Fahrzeug mit rund zwanzig Prozent höherem Tempo Kurven durchfährt. Der neue Triebzug wurde von vornherein den Erfordernissen dieser technischen Neuerung angepaßt.

Um die vorgeschriebenen Begrenzungslinien auch bei der Schräglage des Wagenaufbaues einzuhalten, verjüngt sich das Profil des Zuges etwa von der Wagenmitte aufwärts bis zum Dach. Im übrigen entspricht die äußere Formgebung modernen Designvorstellungen.

Die dreiteiligen Triebzüge werden aus zwei Triebwagen mit Führerstand und je einem Unterflur-Dieselmotor von 450 PS Leistung sowie aus einem nicht angetriebenen Mittelwagen gebildet. Die Höchstgeschwindigkeit liegt bei 140 km/h. Die Ausstattung der Fahrgasträume geht erheblich über bisherige Normen hinaus. Auch in der 2. Klasse sind sämtliche Sitzplätze mit Stoff gepolstert, und zwar in den Nichtraucherräumen grün, in den Raucherräumen rot. Die Vorhänge an den Fenstern wurden mit den Dessins der Polsterung harmonisch abgestimmt. Die Gepäcknetze sind freitragend an den Außenwänden befestigt, so daß die senkrechten Stützen entlang des Mittelganges beim Durchgehen nicht mehr stören. Auch die Einstiege wurden gegenüber früheren Baureihen merklich verbreitert, um das Ein- und Aussteigen auf den Bahnhöfen zu beschleunigen. In den Triebwagen sind je zwei Abteile 1. Klasse eingebaut, während der Mittelwagen nur die 2. Klasse führt.

Insgesamt bietet der dreiteilige Triebzug 24 Sitzplätze 1. Klasse und 204 in der 2. Klasse, ferner 24 Klappsitze für den Stoßverkehr. Die Bundesbahn hat zunächst zwei dieser Triebzüge bestellt. Sie gehen nach Trier und werden dort im Alltagsbetrieb erprobt. Je nach Finanzlage sollen im Rahmen der Investitionspläne weitere Züge serienmäßig beschafft und im Nahverkehr auf nicht elektrifizierten Strekken eingesetzt werden.

Womöglich wird der Dieseltriebwagen 614 in den nächsten Jahren einen Teil der nach dem Krieg gebauten Schienenbusse ablösen, die jetzt nach und nach zur Ausmusterung anstehen.

Dieser neue Dieseltriebwagen Baureihe 614, soll im Nahverkehr auf nicht-elektrifizierten Strecken eingesetzt werden. Er erreicht 140 km/h Höchstgeschwindigkeit und ist mit der „Gleisbogenabhängigen Wagenkastensteuerung“ ausgerüstet, die in Kurven rund zwanzig Prozent höhere Geschwindigkeiten zuläßt als bei konventionellen Zügen. – Hier bei der Probefahrt.

Verstärkung für Vogelfluglinie

Das größte Schiff der Bundesbahnflotte wurde auf der Werft Nobiskrug in Rendsburg auf Kiel gelegt. Es soll vom Mai nächsten Jahres an auf der Vogelfluglinie zwischen Puttgarden und Rödby Färge eingesetzt werden. Das neue Fährschiff wird ein Eisenbahndeck, ein Kraftfahrzeugdeck und ein Restaurationsdeck erhalten. Damit kann es 12 D-Zug-Wagen von je 26,4 Meter Länge oder 26 Güterwagen von 12,4 Meter Länge aufnehmen.

Gehen keine Eisenbahnfahrzeuge an Bord, lassen sich auf dem Eisenbahndeck 250 Autos neben weiteren 130 auf dem Kraftfahrzeugdeck befördern. Das Schiff wird für 1500 Passagiere zugelassen. Es erhält modernste Einrichtungen für Navigation und Schiffsantrieb.

Oberbau weiter mechanisiert

Bild 85
In der Ausgabe 10 der „Rad und Schiene – Zeitschrift für alle Freunde der Eisenbahn“ vom Oktober 1971 wurde in Wort und Bild der neue Dieseltriebzug der Baureihe 614 mit „Gleisbogenabhängiger Wagenkastensteuerung“ vorgestellt.

ABBILDUNG: SAMMLUNG FERDINAND VON RÜDEN

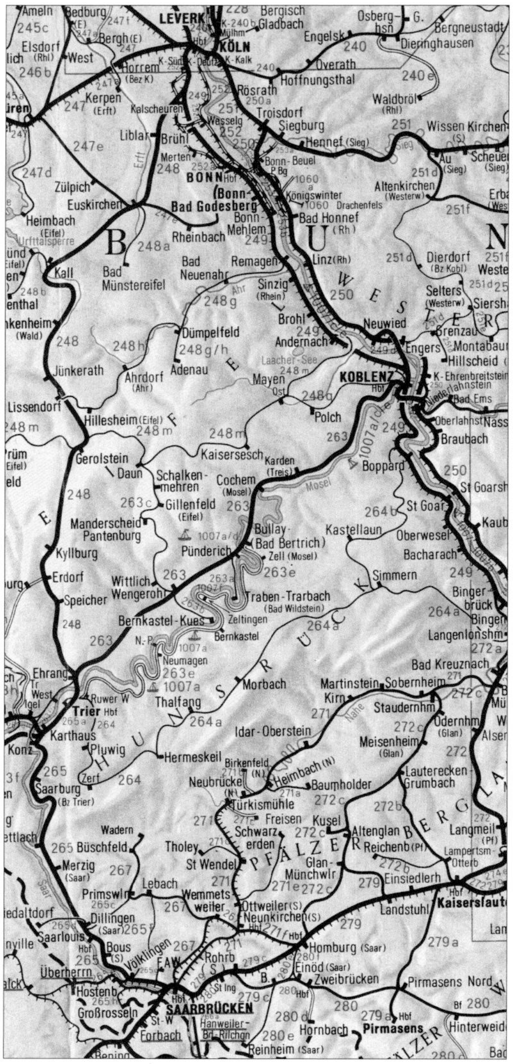

Bild 87 – Auf der Moselstrecke zwischen Bullay und Wittlich, konkret im Abschnitt von Bengel bis Ürzig, liegt der 519 m lange Kinderbeuerner Tunnel. Im Plandienst konnte 614 001 dort am 14. September 1973 auf seinem Weg nach Trier bei der Einfahrt in einem „Nachschuss" festgehalten werden.

AUFNAHME: MATTHIAS MAIER

Bild 86 (links)
Ausschnitt aus der Streckennetzkarte des DB-Kursbuches Gesamtausgabe vom Winter 1971/72, der im Groben die Einsatzstrecken der Trierer 614 nachvollziehbar macht.

ABBILDUNG:
DB, SAMMLUNG EK-VERLAG

Bild 88 – Mit zahlreichen Messkabeln versehen steht der Vorserientriebwagen 614 001 am 16. Juli 1971 im Gelände der Versuchsanstalt für Brennkrafttechnik in München. Da der ebenfalls mit GSt ausgerüstete 614 002 noch in der Fertigung in Krefeld-Uerdingen war, erfolgten seit Juni erste Versuchsfahrten mit dem zu diesem Zweck gekuppelten 634 608. Der auch beim Bw Trier beheimatete Triebwagen war am 5. August 1969 durch den Einbau einer gleisbogenabhängigen Wagenkastensteuerung aus der Baureihe 624 hervorgegangen.

AUFNAHME: DR. GÜNTHER SCHEINGRABER/EK-VERLAG

Bild 89 – Nachdem die zweite Vorserien-Garnitur 614 003 + 914 002 + 614 004 erst einen Tag vor der Aufnahme vom 4. Februar 1972 abgenommen wurde, liegt die Vermutung sehr nahe, dass es sich bei dieser nicht identifizierten Einheit des Nt 2436 um den zuerst gelieferten Zug der Baureihe handelt. Unterwegs in Richtung Trier hat dieser soeben den berühmten Hangviadukt verlassen und befindet sich nun beim damals noch existierenden Bahnhof Pünderich. AUFNAHME: PETER BÄUCHLE

falls dem Bw Trier zugewiesen wurde und von diesem auch zeitnah in die Mischpläne mit den Baureihen 624/634 integriert wurde.

Die insgesamt erfolgreiche Erprobungsphase führte bereits im Jahr 1972 zum Bauauftrag für die ersten Serientriebwagen. Die Ausführung sollte weiterhin mit Luftfederung, nunmehr aber ohne GSt erfolgen. Hintergründe dieser Entscheidung waren:

- Die grundsätzliche Bewährung der GSt bei den Versuchsfahrten des Systems konnte nicht darüber hinwegtäuschen, dass die Technik noch nicht ausgereift war. Das Funktionsprinzip basierte darauf, dass bei der Fahrt durch einen Gleisbogen die bogenäußeren Luftfedern stärker mit Luft gefüllt wurden, während zeitgleich bei den bogeninneren Luft abgelassen wurde.
- Dieses Konstrukt ließ die GSt auch vergleichsweise träge reagieren. Es war und ist nicht vergleichbar mit den später konstruierten Neigetechniken, insbesondere den Drehgestell-Entwicklungen von Fiat/Alstom, Adtranz/Bombardier und Siemens.
- Auch war die Steuerelektronik in den siebziger Jahren noch nicht im benötigten Maße leistungsfähig. In der Praxis wurden Gleislagefehler selten gefiltert, Gleisbögen zu spät erfasst – der Fahrgenuss bei Kurvenfahrten hielt sich für Reisende insgesamt in engen Grenzen. Die Verbesserung des Fahrkomforts beruhte alleine auf der Luftfederung. Die GSt wurde deshalb noch in der Trierer Erprobungsphase deaktiviert. Die Deutsche Bundesbahn nahm auch selbst bis 1975 von ihren weiteren diesbezüglichen Aktivitäten Abstand, da künftig keine signifikanten Fahrzeitgewinne auf den vorgesehenen Einsatzstrecken zu erzielen wären.

Eine ausführliche Darstellung zur Wirkungsweise der Gleisbogen-abhängigen Wagenkastensteuerung (GSt) findet sich im Kapitel 3.

Nach den Testeinsätzen erfolgte am 20. Mai 1974 die Abgabe der beiden Vorserienzüge nach Nürnberg. Die Sensorik und die Steuerelektronik sowie das sogenannte Roots-Gebläse für das Umpumpen der Luft samt Druckluftverrohrung waren zu diesem Zeitpunkt bereits wieder ausgebaut.

Im Gegensatz zum Vorserien-Triebzug 614 001 + 914 001 + 614 002 (ausgerüstet mit den späteren Seriendrehgestellen von

129

Dt 608 W [Sa] **(456)** (10,1) 1. 2. Kl **„Moselland“**
Tfz 634 (3-teilig) für Geschw nach Sp 2 = **129** Mindestbr
für Geschw nach Sp 2a = **142** Mindestbr

Dt 600 W [Sa] **(312)** (10,1) 1. 2. Kl **„Saarland“**
(Köln Hbf) — **Koblenz Hbf — Trier Hbf — Saarbrücken Hbf**
Tfz 634 (3-teilig) für Geschw nach Sp 2 = **129** Mindestbr
für Geschw nach Sp 2a = **142** Mindestbr

				608			600		
Lage der Betriebsstelle km	Höchstgeschw u Beschränkungen ohne wirksame(r) GSt km/h	Höchstgeschw u Beschränkungen mit wirksame(r) GSt km/h	Betriebsstellen, ständige Langsamfahrstellen, verkürzter Vorsignalabstand	Ankunft	Abfahrt	Fahrzeitüberschuß bei Höchstgeschw mit G St Min	Ankunft	Abfahrt	Fahrzeitüberschuß bei Höchstgeschw mit G St Min
1	2	2a	3	4	5	6	4	5	6
0,0			**Koblenz Hbf . . . .**						
	40	(40)	**3. Gleis**						
1,3			Koblenz-Mosel Ko						
	60	(60)	2,7 BD-Grenze						
0,0	40	(40)	**Koblenz Hbf . . . .**		757		1841	1844	
			0,4 VE ▽						
			0,9						
	60	(60)	**Moselstrecke**						
1,3			Koblenz-Mosel Ko		59			46	
			2,7 BD-Grenze						
2,9	100	(120)	Kobl-Moselweiß, Hp u		800			47	
			3,3						
		(80)	3,5						
	80	(90)							
			3,8 SBk 1						
4,3		(95)	Güls (Krs Kobl), Hst u		01			48	
		(120)	5,9						
	95	(95)	6,4						
		(105)	7,0						
		(110)	7,7						
8,1	115	(120)	Winningen (Mos) .		04	0,1		51	0,1

„Geschwindigkeiten der Spalte 2 a dürfen nur unter den in Ziff 13 der Vorbemerkungen zum Buchfahrplan (Teil B) festgelegten Voraussetzungen angestrebt werden“.
Heft 1 IX

Bild 90 – Ausschnitt aus dem Buchfahrplan Heft 1 der BD Saarbrücken, gültig ab dem 31. Mai 1970 mit 634er-Leistungen, die später auch mit der Baureihe 614 gefahren wurden. ABBILDUNG: SAMMLUNG GEORG DOLLWET

Bild 91
In seiner ersten Heimatdienststelle, dem Bw Trier, das ihren 614ern weiße Pufferumrandungen spendierte, zeigt sich der Vorserien-Triebwagen 614 004 am 19. März 1972. Gut zu erkennen ist das eingebaute Wegmann-Drehgestell. Als Neuankömmling unterstützt die Einheit seit gut einem Monat den bereits seit Sommer 1971 hier beheimateten Baureihen-Erstling 614 001 + 914 001 + 614 002.

AUFNAHME:
BERND MELCHER,
SAMMLUNG GEORG DOLLWET

Bild 92
Die beiden Vorserienzüge der neuen Baureihe 614 waren zunächst im Bw Trier beheimatet. Die kurvenreichen Strecken an der Mosel und in der Eifel boten bei der Erprobung der Fahrzeuge beste Voraussetzungen, um die in den Prototypen eingebaute Gleisbogenabhängige Wagenkastensteuerung zu testen. Ohne „ihren“ Mittelwagen 914 001 stehen 614 001 + 614 002 am 15. April 1973 in Saarbrücken Hbf, der zu dieser Zeit noch von Dampflokwolken eingehüllt war.

AUFNAHME:
PROF. DR. WILLI HAGER,
EISENBAHNSTIFTUNG

Bild 93
Vom Bw Trier aus eingesetzt wurde 614 003 seit seiner Abnahme am 3. Februar 1972 bis zum 20. Mai 1974. Gerade einmal zwei Monate alt, begegnet der nagelneue Zug mit 914 003 und 614 004 hier am 12. April 1972 dem Fotografen bei der Ausfahrt in Erdorf, dem heutigen Bitburg-Erdorf. Die Eifelstrecke Trier – Ehrang – Gerolstein – Köln zählte in dieser Zeit auch zu den Leistungen, die der Mischplan mit der Baureihe 634 vorsah.

AUFNAHME:
BERND MELCHER,
SAMMLUNG GEORG DOLLWET

Bild 94
Bereits am 6. August 1972 befanden sich 914 002 und 614 003 im Bahnhof Porta (Westf). Der Fotograf vermutet, dass sich 614 004 derweil zur Überprüfung beim BZA Minden (Westf) aufhielt, da er wohl insgesamt beim Bw Trier nicht befriedigt hatte. Deutlich zu sehen ist die Wirkung des im Kapitel 3 dargestellten Wagenübergang-Verschlusses am Kurzkuppelende.

AUFNAHME:
BERND MELCHER,
SAMMLUNG GEORG DOLLWET

MAN) hatte der zweite Zug 614 003 + 914 002 + 614 004 zum direkten Vergleich mit der Ablieferung Drehgestelle der Bauart Wegmann erhalten.

Mit neuen, 1996 versuchsweise in diesen Zug eingebauten NeiTec-Drehgestellen anderer Bauart gab es im Juni desselben Jahres für die beiden Triebköpfe ein Wiedersehen in ihrer alten Heimat, als auf den Strecken entlang von Mosel und Saar neuerliche Versuchsfahrten anstanden. Diese testweise Umbaumaßnahme der Firma Talbot stand in Verbindung mit dem Einbau einer sogenannten „Wankstützen-GSt", die aber im Versuchszug 614 003 + 614 004 nie im Fahrgastbetrieb, sondern nur anlässlich von Test- und Erprobungsfahrten zum Einsatz kam.

Allerdings behielt der Zug bis zu seiner Hauptuntersuchung 1999 seine Versuchsdrehgestelle und auch die markanten „Werbeaufkleber NEITEC by Talbot". Mit diesen nicht übersehbaren Folien (aber ohne die Neigetechnik) wurden dann sehr wohl Planeinsätze gefahren, die möglicherweise den Reisenden fälschlicherweise den Eindruck vermittelten, in einem Zug mit aktiver Neigetechnik zu sitzen …

Das seinerzeit ausgetestete Prinzip bewährte sich offenkundig, denn es fand später beim Bau der für Norwegens Staatsbahn NSB gelieferten Dieseltriebwagen der Baureihe Bm 93 serienmäßige Anwendung.

Ein letztes Mal war das Bw Trier – nunmehr aber für zwei Nürnberger Serientriebwagen – im April 2004 Anlaufstation für die Baureihe 614. Die beiden Einheiten 614 009 + 914 005 + 614 010 und 614 017 + 914 009 + 614 018 weilten für Testzwecke und Lokführerschulungen an der Mosel. Hintergrund war eine angedachte Umbeheimatung ins hiesige Bahnbetriebswerk und Pläne, mit der Baureihe 614 auf der Eifelstrecke lokomotivbespannte Wendezuggarnituren abzulösen. Beides realisierte sich bekanntlich nicht.

Bild 95
Reizvoll stellen sich bisweilen die Kontraste von alt und neu dar, wie hier mit 023 073 (Baujahr 1956) und 614 001(Baujahr 1971) am 13. September 1973 in Trier Hbf. Gerade einmal fünfzehn Jahre liegen zwischen der Ablieferung der damals modernsten und letzten Dampflokbaureihe der Deutschen Bundesbahn und dem schnittigen Vorserientriebzug für den modernen DB Bezirks- und Regionalverkehr.

AUFNAHME:
MATTHIAS MAIER

Bild 96
25 Jahre nach den ersten Gehversuchen mit GSt-Neigungstechnik fanden an Mosel und Saar neuerliche Mess- und Testfahrten mit Triebwagen der 614-Vorserie statt. Hierfür wurden 614 003 + 614 004 mit Talbot-NeiTec ausgerüstet. Während einer Messpause steht der Testzug am 4. Juni 1996 in Trier Hbf.

Aufnahme:
Bernd Melcher,
Sammlung Georg Dollwet

Bild 97
Bei Konzem an der Saar ist der mit Talbot-Neigetechnik ausgerüstete 614 003 + 614 004 auf Testfahrt. Diese erinnert spontan an die Anfangszeit der Triebwagen, als diese ebenfalls an Mosel, Saar und Kyll mit ihrer damaligen GSt, aber ohne eine auffällige Außenbeklebung, ebenfalls ausgiebigen Messfahrten unterzogen wurden.

Aufnahme (3. Juni 1996):
Bernd Melcher,
Sammlung Georg Dollwet

Bild 98
Für Probeeinsätze und Lokführerschulungen weilten im Frühjahr 2004 zwei Nürnberger Züge der Baureihe 614 in Trier. Während 614 017 + 914 009 + 614 018 offenkundig auf Testfahrt waren, konnte 614 009 + 914 005 + 614 010 am 11. April 2004 im Bw Trier angetroffen werden, wo das Personal geschult wurde.

Aufnahme:
Georg Dollwet

5 Heimat Nürnberg – Alltag in Franken, der Oberpfalz und anderswo

Einleitende Hinweise:

- Die im Lauf der Jahre wechselnden Bezeichnungen des Nürnberger Heimat-Betriebswerkes und ihre exakte kalendarische Zuordnung in Bw Nürnberg Hbf, Bw Nürnberg 1, Werk Nürnberg-West, Regio-Werk Nürnberg Gostenhof werden in diesem Buch bewusst außer Acht gelassen und deshalb hier durchgängig als Heimatwerk oder Bw Nürnberg bezeichnet.
- Die Bezeichnungen der Kursbuchstrecken (KBS-Nummern) wiederum orientieren sich an den zum Berichts- und/oder Aufnahmezeitpunkt gültigen Nummerierungen und nicht an den heutigen Streckennummern.
- Die Betrachtung der Einsatzgebiete und die damit erreichten Tagesleistungen erfolgt chronologisch und wird selektiv dargestellt. Auf eine für alle Jahre durchgängige, jeweils zum Fahrplanwechsel aktualisierte Darstellung wird bewusst verzichtet, da sie nur eine begrenzte Aussagekraft hat.

1973

Ab August rollten die ersten fabrikneuen Serientriebwagen der BR 614 vom Herstellerwerk, der Waggonfabrik Uerdingen, im ihnen zugewiesenen Bw Nürnberg an. Bis Jahresende waren bereits fünfzehn Triebköpfe ausgeliefert, ergänzt durch sechs Mittelwagen 914 003 bis 914 008, die von der MAN in Nürnberg gefertigt wurden.

1974

In jenem Jahr erfolgte die Zuteilung der Endwagen 614 016 bis 614 042 sowie der Mittelwagen 914 009 bis 914 024. Ergänzend kamen aus dem Bw Trier am 21. Mai die Vorserienzüge 614 001 bis 614 004 samt ihren Mittelwagen dazu und erhöhten den Gesamtbestand auf bereits 21 Garnituren.

Da die Neuzugänge sehr schnell Eingang in den Planbetrieb fanden, war die von Oktober 1965 bis Februar 1966 hier fabrikneu noch als VT 24 635 bis 652 (neun Züge) angelieferte Vorgänger-Baureihe 624 hier entbehrlich und wurde bereits am 14. August an die Bahnbetriebswerke Braunschweig und Osnabrück abgegeben.

1975 bis 1978

Komplettiert wurde die 1. Lieferserie am 7. Juli 1975. Nun waren von 614 001 bis 614 054 einschließlich der zugehörigen Mittelwagen 914 001 bis 914 027 insgesamt 27 dreiteilige Triebwageneinheiten hier beheimatet.

Alle Züge trugen das attraktive kieselgrau/orange Farbkleid, das sich aus dem Großversuch mit den vornehmlich zwischen 1970 und 1974 experimentierten „Popfarben" ableitete. Dieses fand zwar versuchsweise vor allem in den verschiedensten Kombinationen bei Reisezugwagen seine Anwendung, aber die drei Prototypen

Bild 99 – In Kulmbach blicken am 1. November 1973 zahlreiche Fahrgäste auf den Zustieg der hier wartenden Reisenden. Wegen des 125. Streckenjubiläums Neuenmarkt-Wirsberg – Hof mobilisierte die Mitfahrtmöglichkeit über die „Schiefe Ebene" im nahezu fabrikneuen 614 008 auch die örtliche Bevölkerung. AUFNAHME: THOMAS NAUMANN

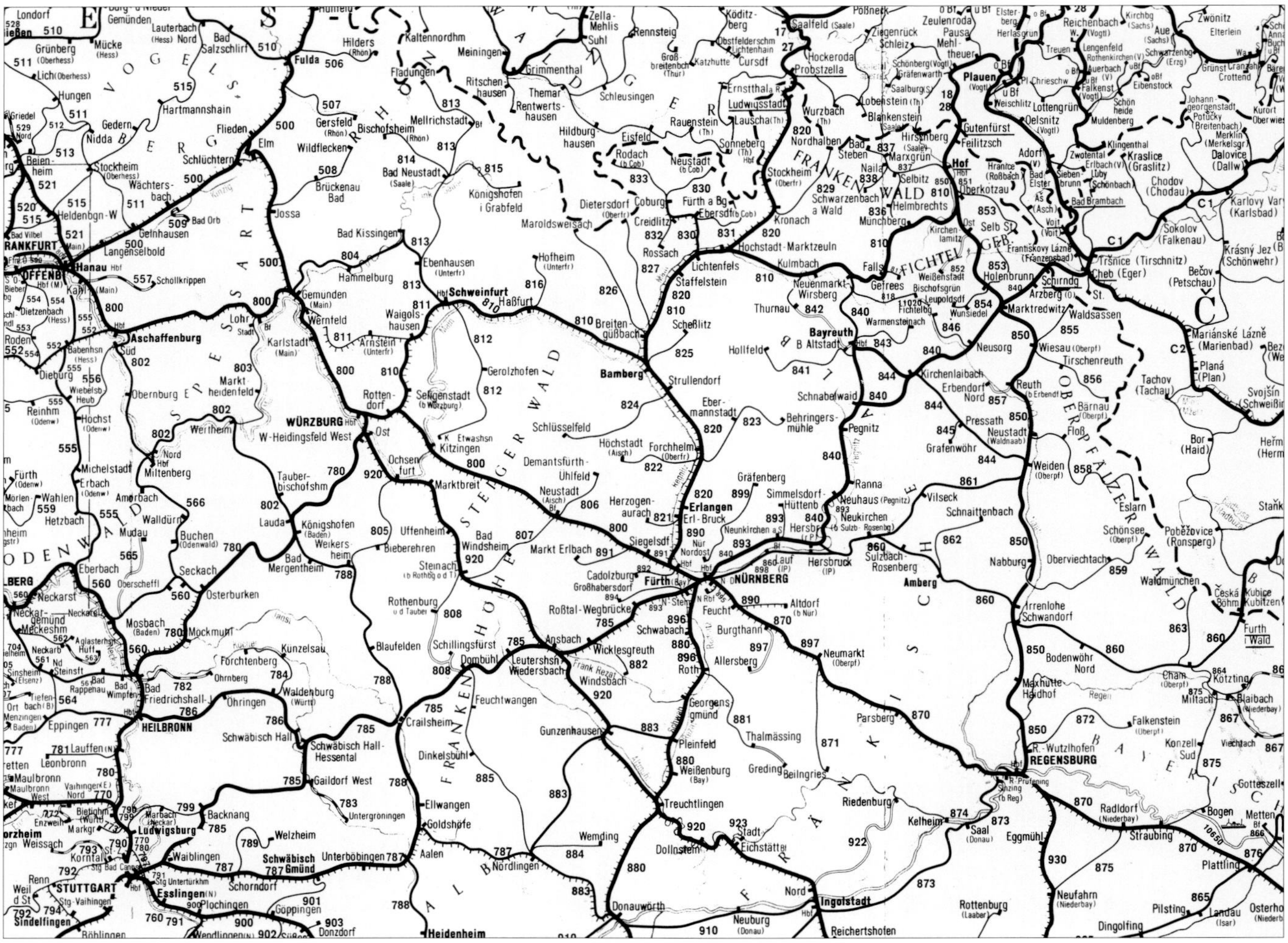

Bild 100 – Haupteinsatzbereich der 614 des Bw Nürnberg Hbf, entnommen dem DB-Kursbuch Gesamtausgabe von 1973. Abbildung: Sammlung EK-Verlag

Deutsche Bundesbahn
Bundesbahndirektion Nürnberg
23 M 32 Ftma

Nürnberg, den 11. März 1974
1750

An
MA Hof, Nürnberg 1
Bw Bayreuth, Nürnberg Hbf - je 3x -

Herrn T BOAmtm Kauper, MA Nürnberg 1
" H'Lokf Archner, Bw Bayreuth
" " Küfner, " "
" O'Lokf Goller, " "

nachrichtlich an:
Bf Neuenmarkt-Wirsberg, Übernachtungsgeb. Bw A'st Neuenmarkt-Wirsberg
Unterrichtslehrer GV Bamberg u BA Lichtenfels
Kantine Neuenmarkt-Wirsberg

Abdruck an:
Dez 21. 23, 4A, Bmktr 1, M 1, M 4, M 9, M 14, M 30/31
M 32, P 62, F 25/26, BPR (4x)

Betreff
Ausbildung von Lokführern auf Brennkrafttriebfahrzeugen;
hier: Zusatzausbildung auf VT 614/624

Wegen des Einsatzes von VT 614 für VT 795 wird die Zusatzausbildung von 12 Lokführern des Bw Bayreuth erforderlich.

Ausbildungsstelle ist Bw Bayreuth, A'stelle Neuenmarkt-Wirsberg.

Zeitplan der Ausbildung:

a) Theoretische Unterrichtung und Ausbildung am Fahrzeug 25.3. - 5.4.74

b) Fahrschulung 8.4. - 11.4.74

./.

- 2 -

Aus personellen Gründen führt T BOAmtm Kauper, MA Nür 1 die theoretische Unterrichtung durch. Als Ausbilder bitten wir H'Lokf Archner, H'Lokf Küfner und O'Lokf Goller, Bw Bayreuth abzustellen.
Die theoretische Unterrichtung bei Abschnitt a) erfolgt von 8.00 - 12.00 Uhr im Unterrichtsraum der A'stelle Neuenmarkt-Wirsberg, die praktische Unterweisung am Fahrzeug von 13.00 - 16.30 Uhr.
Ausbildungsunterlagen werden vom Lehrgangsleiter ausgegeben. 1 VT 614-Einheit für diese Ausbildung stellt das Bw Nür Hbf. Die Fahrschulung wird auf Planleistungen durchgeführt.

Am Ende des Abschnittes b) nimmt das MA Hof die Verwendungsprüfung ab.

Zusatz für Bw Nür Hbf

Wir bitten, vom 25.3. - 5.4.74 1 VT 614-Einheit zum Bw Bayreuth, A'stelle Neuenmarkt-Wirsberg zur Ausbildung abzustellen.

gez. Laxgang

Beglaubigt:
Bideu Oang

Bundesbahndirektion Nürnberg

Bilder 101a und 101b – Schreiben zur Lokführerausbildung auf dem neuen Triebzug der Baureihe 614. Abbildungen (2): Sammlung Jürgen Goller

Bild 102 – Bayreuth zählte von Beginn an zu den Einsatzzielen der neu in Nürnberg angelieferten Baureihe 614. Besonders bemerkenswert war über viele Jahre der Langlauf Bayreuth – Nürnberg – Stuttgart, der paarig als E 3074/E 3075 (an Freitagen und Samstagen auch in Doppeltraktion) gefahren wurde. Erst die Inbetriebnahme – ebenfalls in Nürnberg stationierter – Neigetechnikzüge der BR 610 und die durch bogenschnelles Fahren einhergehenden Fahrzeitgewinne nahm den Dreiteilern zahlreiche traditionelle Eilzugverbindungen aus Nürnberg, u.a. nach Bayreuth, Furth im Wald, Hof, Schwandorf und Weiden. Aber im Nahverkehr nach Lichtenfels, zeitweise auch nach Weidenberg, blieben die 614er in Bayreuth noch länger gegenwärtig. Der am 25. November 1975 fotografierte 614 040 + 914 020 + 614 039 stand als einer der letzten seiner Baureihe noch bis zum Spätsommer 2010 in Dienst.

AUFNAHME: GÜNTER DILLIG

Bild 103 – Bis zur Ablösung durch die Baureihen 211/212 kamen in den ersten Jahren nach ihrer Anlieferung auch 614er auf der steigungsreichen KBS 899 nach Gräfenberg zum Einsatz, wie hier 614 040 am 7. Juli 1976. Die 28 km lange Nebenbahn war Mitte der neunziger Jahre akut von der Stilllegung bedroht, ist heute aber nach grundlegender Sanierung als „Gräfenbergbahn" für das nördliche Einzugsgebiet von Nürnberg unentbehrlich.

AUFNAHME: MATTHIAS MAIER

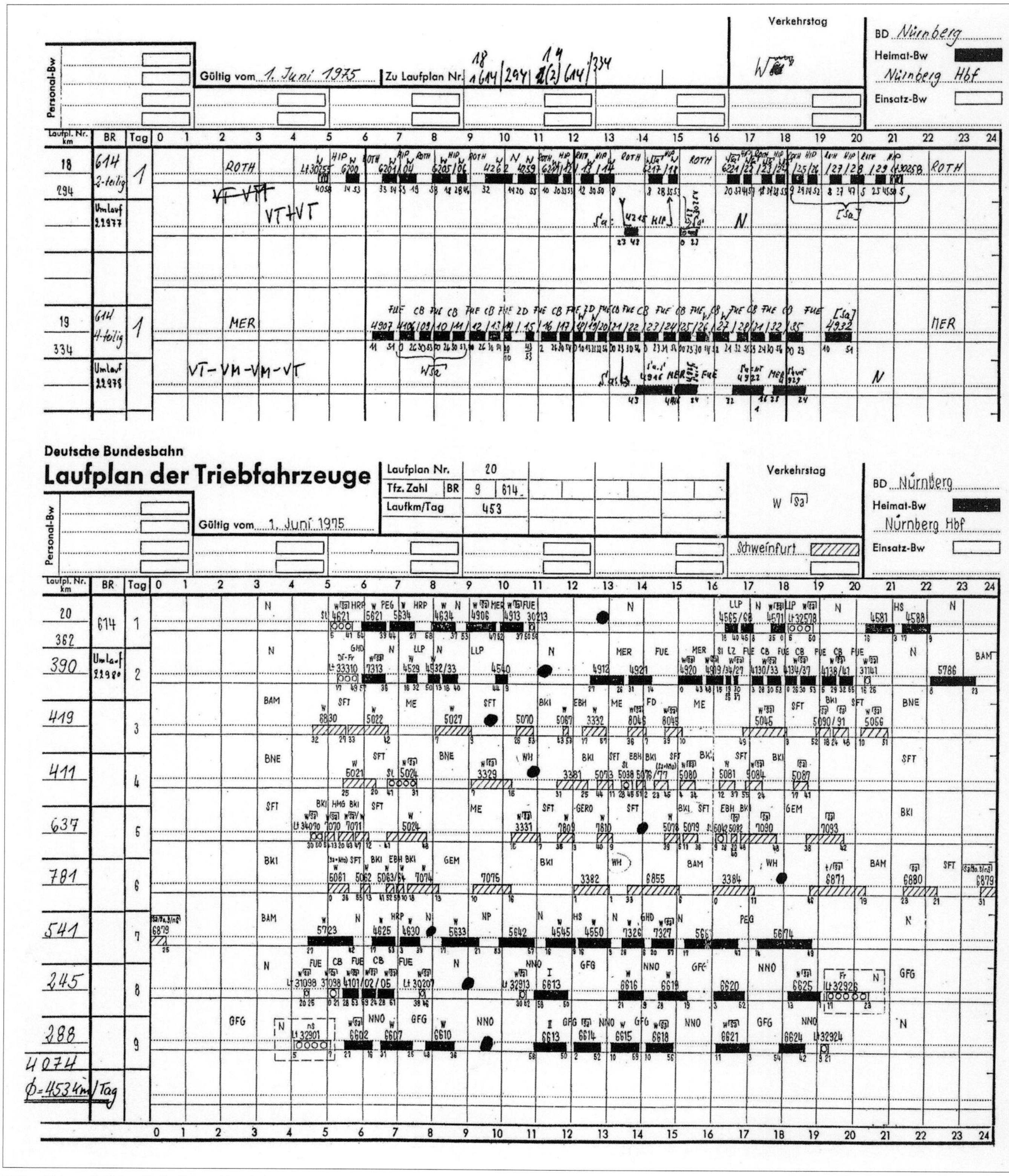

Bilder 104a und 104b – Umlaufpläne 18 und 20 des Bw Nürnberg Hbf, gültig ab dem 1. Juni 1975. Abbildungen (2): Sammlung Ronald Krug

der sogenannten „Olympiatriebwagen“ 420 als Vorreiter und die 614 können ebenso wie die drei Triebzüge der 403 als einzige Triebfahrzeuge zu den Repräsentanten dieser durchaus attraktiven, aber kurzen Farbepoche zählen.

Schnell eroberten sich die neuen Dreiteiler in Nürnberg ein umfassendes Einsatzgebiet, das in weiten Teilen von der Baureihe 624 übernommen wurde, durch die deutlich größere Anzahl von Einheiten aber auch signifikant ausgeweitet werden konnte.

Dabei reichte die Bandbreite der Leistungen von Fahrten „Rund um den Kirchturm“ bis zu veritablen Langstreckeneinsätzen. Das in den ersten rund fünfzehn Jahren nahezu unveränderte „klassische“ Einsatzgebiet enthielt einige Strecken mit Anspruch, wie zum Beispiel die steigungsreiche „Schiefe Ebene“, die Nebenbahn Hof – Bad Steben mit ihren sehr engen Radien, das Unterfränkische Bergland und die Höhen der Oberpfalz.

Zu den regelmäßig angefahrenen Zielen gehörten in dieser Zeit (in alphabetischer Reihenfolge): Bad Kissingen, Bad Steben, Bamberg, Bayreuth, Bischofsgrün, Cadolzburg, Coburger Land, Ebermannstadt, Fürth (Bay), Furth im Wald, Gemünden, Hof, Kelheim (Donau), Lichtenfels, Ludwigstadt, Markt Erlbach, Mellrichstadt, Neuhaus (Pegnitz), Regensburg, Schwandorf, Schweinfurt, Simmelsdorf-Hüttenbach, Stuttgart, Ulm, Weiden (Oberpf), Würzburg.

Bild 105 – Vor der eindrucksvollen Kulisse des Ulmer Münsters überquert eine 614er-Garnitur am 29. Juli 1977 die Donau als Et 3160 Regensburg – Ulm. Auch nach der vollständigen Elektrifizierung der Donautalbahn im Abschnitt Ingolstadt – Neuoffingen am 5. Mai 1980 zählte diese gut 200 km lange Verbindung noch zu den Stammleistungen der Nürnberger Triebzüge im überregionalen Bezirksverkehr. Der heutige Blick auf die Szenerie fällt leider sehr ernüchternd aus. Verschmierte Schallschutzwände dominieren die Brückenarchitektur und konterkarieren das Stadtbild nachhaltig. AUFNAHME: GÜNTER DILLIG

Bild 106
Als Nt 4912 (Nürnberg Hbf – Fürth (Bay) Hbf) legt die Einheit 614 023 + 914 012 + 614 024 am 30. März 1977 einen kurzen Zwischenhalt in Nürnberg-Neusündersbühl ein. Der 2008 abgebrochene Haltepunkt war einst der „Heimatbahnhof" für die Mitarbeiter des Bw Nürnberg Hbf.

AUFNAHME: MARTIN WELZEL

286

Nt 6658 Neuenmarkt-Wirsberg–Bayreuth Hbf
Tfz 614+914+614* **Mbr 101**

Nt 6680 Neuenmarkt-Wirsberg–Bayreuth Hbf
Tfz 614+914+614 **Mbr 101**

					6658		6680	
1	2	3a		3b	4	5	4	5
	85	Neuenmarkt-Wsbg	A 60	79,1		9.35		17.43
78,1								
	100	Abzw Schlömen		76,2		37		45
74,7								
	70							
73,8								
	90	Trebgast	E 60	73,7	9.39	43	17.47	51
			A 60					
73,2								
	100	Harsdorf	E 60	68,5	48	49	56	57
			A 60					
		Ramsenthal Hp		65,5	52	52	18.00	18.01
		Bindlach	E 60	62,2	55	9.56	18.04	18.05
			A 60					
59,2		Esig		59,2				
	70	Bayreuth Hbf		58,1	10.00		18.09	

* bei Tfz 798 siehe Seite 287

Bild 107a – BD Nür. Bfpl. Heft 915 ab 26.09.1982 Abbildung: Slg. Jürgen Goller

248

N 8974 Hof Hbf–Bad Steben
Tfz 218 **Last 200 t** **Mbr 87**

Nt 8976 Hof Hbf–Bad Steben
Tfz 614+914+614 **Mbr 87**

				8974		8976	
1	2	3a	3b	4	5	4	5
	40	Hof Hbf	0,0		17.51		19.10
0,8							
	50	Hof-Neuhof	2,3	17.54	55	19.13	14
		Vogelherd Hst	4,5	×	58		17
6,1							
	60	Köditz	6,8	18.01	02	20	21
		Stegenwaldhaus	11,0	07	08	26	27
		Rothenbürg Hp	13,1	11	12	30	31
14,9							
	50	Selbitz	15,4	16	19	35	38
18,5							
	60	Naila	18,7	23	24	42	43
		Oberklsporn Hp	20,5		27		46
22,2		Esig	22,2				
	40						
22,9		Marxgrün	22,9	31	32	19.50	19.51
	50	Höllenthal Hp	24,2	35	18.36	54	19.55
26,5		Esig ⊢	26,5				
	30	Bad Steben	27,0	18.41		20.00	

Bild 107b – BD Nür. Bfpl. Heft 915, ab 26.09.1982. Abbildung: Slg. Jürgen Goller

1979

Ab Sommerfahrplan wurden die Nürnberger 614 nicht mehr von der Einsatzstelle Schweinfurt aus eingesetzt. Gleichwohl blieben Würzburg, Mellrichstadt, Bad Kissingen, Gemünden, Hammelburg, Gerolzhofen nach wie vor Anfahrziele der Züge.

Von Montag bis Freitag verkehrte E 3685 zwischen Nürnberg und Weiden als Doppeleinheit.

Auf der zwischen Regensburg und Ingolstadt (knapp 74 km) seit 29. September 1978 elektrifizierten eingleisigen Donautalbahn hatten die Leistungen Regensburg – Ulm (unter Fahrdraht bis Donauwörth) als E 3160/E 3163 und Regensburg – Augsburg (Fahrleitung bis Ingolstadt) als E 3366/E 3361 weiterhin Bestand.

1980

Mit einer bemerkenswerten Langlauf-Leistung Bayreuth – Nürnberg – Ansbach – Crailsheim – Stuttgart über die KBS 785 verkehrte das Zugpaar E 3074/E 3075 über Schwäbisch Hall-Hessental und Back-

Bild 108
Die Hauptstadt des Regierungsbezirkes Oberpfalz ist Regensburg. Am Hausbahnsteig des dortigen Hauptbahnhofes erwarten 614 036 + 914 018 und der führende 614 035 in Kürze ihre Ausfahrt. Zielbahnhof der kurzen Tour auf der KBS 850 durch die Region ist am 20. August 1980 Schwandorf. Der mittägliche Nt 5920 wird die 43-km-Distanz mit Zwischenhalt auf allen Unterwegsstationen in knapp 45 Minuten bewältigen.

Aufnahme: Sammlung Ferdinand von Rüden

Bild 109
Kurz vor der Abfahrt aus dem Stuttgarter Hbf drückte der mitreisende Fotograf nochmal schnell auf den Auslöser, um den Eilzug nach Nürnberg in stimmungsvollem Ambiente am Gleis 12 zu dokumentieren. 614 014 übernahm am 26. April 1978 diese langjährige Stammleistung der Baureihe.

AUFNAHME: MATTHIAS MAIER

Bild 110
Blick auf das malerische Ortsbild von Gemünden an der Einmündung der Fränkischen Saale in den Main. Von schönster Abendsonne angestrahlt, macht sich eine dreiteilige Garnitur im Jahr 1979 auf den Weg nach Bad Kissingen. Der mit Triebwagen der Baureihe 614 gefahrene Zug wird auf seiner 47 Kilometer langen Reise entlang der Südrhön weitgehend dem Verlauf des Nebenflusses folgen.

AUFNAHME: THOMAS NAUMANN

nang mit BR 614, an Freitagen und Samstagen zeitweise sogar als Doppeleinheit. Bei dreizehn Unterwegshalten zwischen Nürnberg und Stuttgart lag die Reisegeschwindigkeit auf der Distanz von 190 km immerhin nur knapp unter 80 km/h. Auch nach der Streckenelektrifizierung 1985 kamen die Fahrzeuge hier noch zum Einsatz.

Der N 4557 Nürnberg Hbf – Neukirchen (b Sulzbach-Rosenberg) verkehrte in der Reihung Baureihe 218 mit 3× yg-Umbauwagen und einer am Zugschluss laufenden dreiteiligen 614er-Einheit.

1981

Auf der etwas über 200 km langen Verbindung Regensburg – Ulm über die Donautalbahn (KBS 873/910/900) war seit dem 5. Mai 1980 auch der Streckenabschnitt von Donauwörth bis Neuoffingen elektrifiziert. Die Nürnberger 614er fuhren nach wie vor von Montag bis Samstag mit E 3160/E 3161 ein Zugpaar und zwar wie folgt: Regensburg ab 06:23/an 14:56, Ulm an 09:52/ab 11:20.

Mit E 3366/E 3361 verkehrte zudem weiterhin ein Zugpaar Regensburg – Ingolstadt – Augsburg auch auf der KBS 915. Die Hinfahrt erfolgte montags bis samstags, die Rückfahrt sonntags bis freitags, wobei die Garnitur planmäßig im Bw Augsburg übernachtete. Planmäßig war dabei um 07:30 Uhr die morgendliche Begegnung der Züge im Ingolstädter Hauptbahnhof auf den Gleisen 3 und 4.

1982

Stellvertretend für das Einsatzgebiet der 614 mögen für das Kalenderjahr 1982 die beiden zum Winterfahrplan am 26. September in Kraft tretenden Laufpläne 22930 und 22950 gelten, angereichert mit Auszügen (s. S. 48) aus den Buchfahrplänen von zwei langjährigen und klassischen Einsatzstrecken der Baureihe:

- Hof – Bad Steben
- Neuenmarkt-Wirsberg – Bayreuth

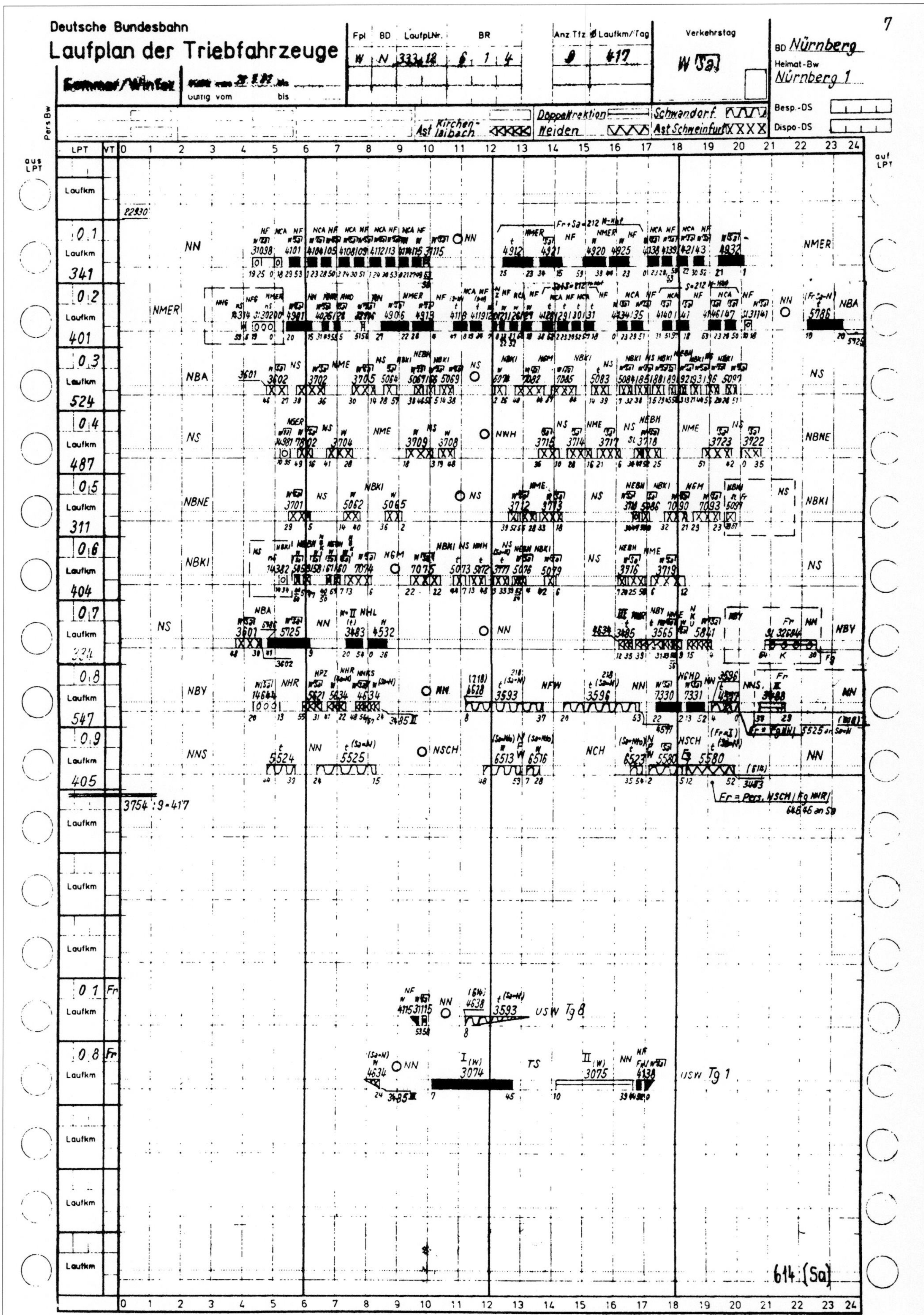

Bild 111 – Umlaufplan 33312 des Bw Nürnberg Hbf, gültig ab dem 26. September 1982 für 9 VT. Abbildung: Sammlung Jürgen Goller

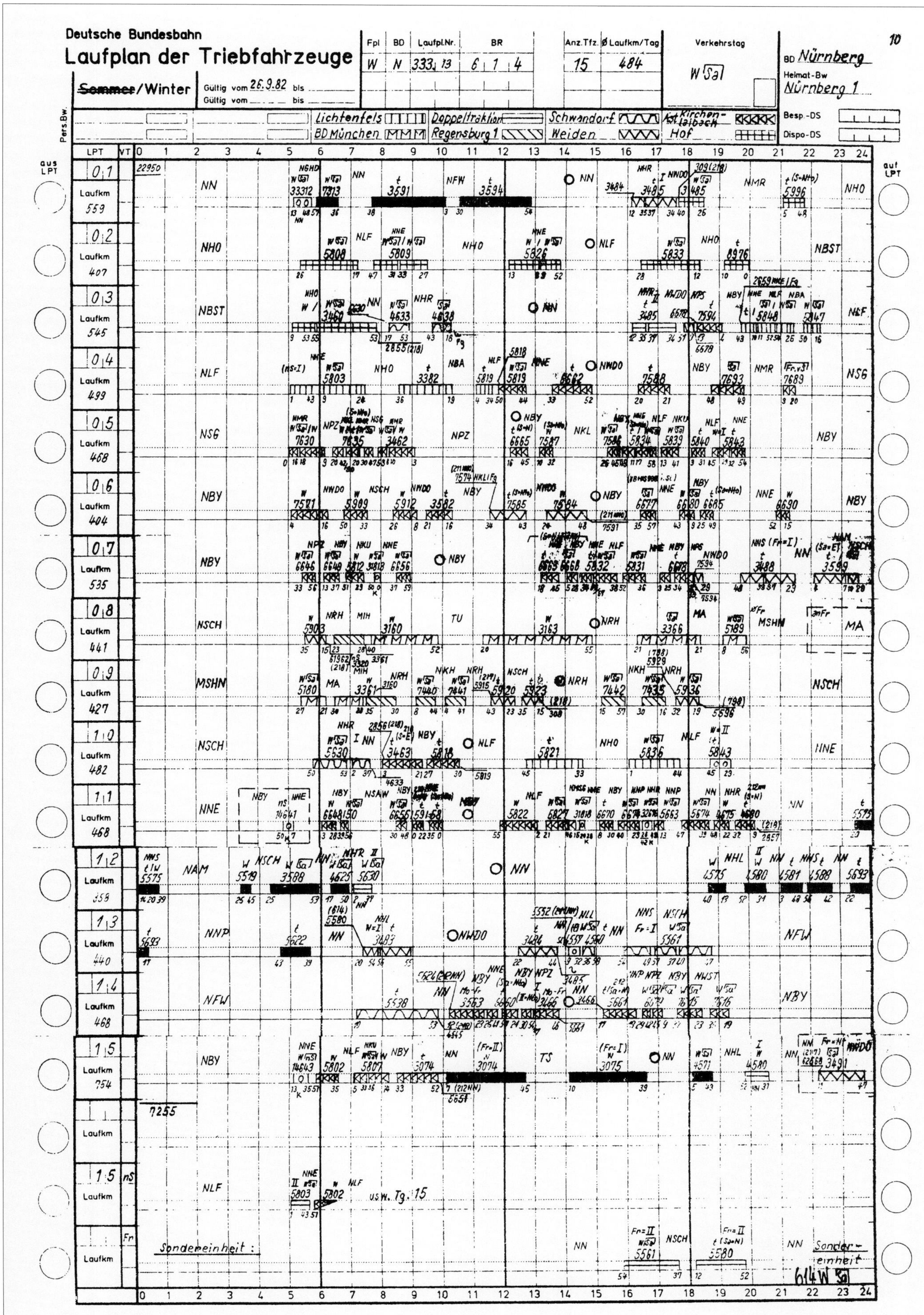

Bild 112 – Umlaufplan 33313 des Bw Nürnberg Hbf, gültig ab dem 26. September 1982 für 15 VT. Abbildung: Sammlung Jürgen Goller

Bild 113 – Noch aus Dampflokzeiten mit einem Wasserkran sowie einem stationären Portalkran ausgestattet zeigt sich dieser Bereich im oberpfälzischen Bw Schwandorf. Im Umfeld dieser klassischen Infrastruktur verweilt dort 614 030 am 15. August 1981 für eine Einsatzpause. AUFNAHME: ROLF KÖSTNER

Bild 114 – Bei Riegling haben 614 040 + 914 020 + 614 039 soeben die im Hintergrund sichtbare Donaubrücke überquert. Am heißen 16. Juli 1982 verschaffte sich der Lokführer des Et 3366 (Regensburg – Augsburg) über eine geöffnete Tür des Gepäckraumabteils etwas Zugluft in seinen Führerstand – eine bei Hitze vielfach übliche Praxis auf dem 614. AUFNAHME: MARTIN WELZEL

1982/1983

Im bis zum 28. Mai gültigen Umlauf setzte das Bw Nürnberg seine 614er in einem neun- und einem fünfzehntägigen Plan mit durchschnittlich 400 km/Tag bzw. 482 km/Tag ein. Es wurden Leistungen auf nachfolgenden Kursbuchstrecken gefahren:

KBS 785:	Stuttgart – Backnang – Nürnberg
KBS 804:	Gemünden – Bad Kissingen
KBS 810:	Würzburg – Hof
KBS 812:	Schweinfurt – Gerolzhofen
KBS 813:	Schweinfurt – Ebenhausen – Bad Kissingen/ Mellrichstadt
KBS 820:	Nürnberg – Bamberg
KBS 837:	Hof – Bad Steben
KBS 840:	Nürnberg – Schnabelwaid – Neuenmarkt-Wirsberg/ Schirnding
KBS 843:	Bayreuth – Warmensteinach
KBS 844:	Bayreuth – Weiden
KBS 850:	Hof – Regensburg
KBS 853:	Hof – Selb Stadt
KBS 860:	Nürnberg – Furth im Wald
KBS 861:	Weiden – Neukirchen bei Sulzbach-Rosenberg
KBS 869:	Nürnberg – Großhabersdorf
KBS 891:	Fürth (Bay) – Markt Erlbach
KBS 892:	Fürth (Bay) – Cadolzburg
KBS 890/895:	Nürnberg Hbf – Nürnberg-Dutzendteich – Nürnberg Rbf („Rutschn“)
KBS 911:	Saal (Donau) – Regensburg

Bereits entfallen waren die Leistungen von Regensburg nach Augsburg und Ulm. Absehbar war der Ersatz im Raum Schweinfurt durch lokbespannte Wagenzüge sowie der Abzug von der Strecke Saal (Donau) – Kelheim, deren Bedienung durch die BR 614 zu Beginn des Winterfahrplans 1983/84 endete.

1983

Es wurden Überlegungen laut, die Triebzüge der Baureihe 614 mit dem fortschreitenden Ausbau des elektrifizierten Nürnberger S-Bahn-Netzes nach Hof umzubeheimaten. Noch trugen sie die Haupt-

Bild 115
Zugkreuzung im Bahnhof Selbitz, fast in Streckenmitte der KBS 837 zwischen Bad Steben und Hof Hbf gelegen. Über viele Jahre war die Baureihe 614 hierzu sehen. Am 22. August 1982 hat 614 045 (der spätere 719 045) Ausfahrt als N 8965 nach Hof. Auch der Gegenzug N 8966 verlässt bereits den Bahnhof, wie an der Abgasfahne des führenden Triebwagens gut zu erkennen ist. Bei allen auf dem Bild sichtbaren 614ern wurden erst jüngst einzelne Farbpartien im Bereich der Führerstände ausgebessert.

AUFNAHME: ULRICH WEHMEYER

Bild 116
Saal (Donau) im Zuge der elektrifizierten „Donautalbahn“ zwischen Regensburg und Ingolstadt war zum Aufnahmezeitpunkt noch Abzweigbahnhof für die knapp fünf Kilometer kurze Stichbahn nach Kelheim. 614 042 (links) hat am 21. März 1983 Zugkreuzung mit dem entgegenkommenden 614 021, der bereits von einigen Reisenden am Bahnsteig erwartet wird.

AUFNAHME: ROLF KÖSTNER

last des fränkischen Dieselnahverkehrs, würden aber vermutlich ab Mitte der achtziger Jahre nicht mehr voll ausgelastet sein. Gleichwohl – der Wechsel ins oberfränkische Hof wurde nicht realisiert.

1984

Der Nürnberger 614-Bestand erhielt zum Sommerfahrplan Verstärkung durch 934er-Mittelwagen. Es kamen 934 422, 441, 442, 448, 449 (Braunschweig) sowie 934 443, 444, 445 und 565 (Osnabrück). Im ab dem 3. Juni 1984 gültigen fünftägigen Umlauf für vierteilige Garnituren wurden im Durchschnitt 255 km/Tag erreicht, bei Tagesleistungen von 165 bis 357 km an Werktagen außer Samstag. In den Kombinationen 614 + 914 + 914 + 614 oder 614 + 934 + 934 + 614 kamen die Züge nach Bayreuth, Cadolzburg, Fürth (Bay) Hbf, Hersbruck (rechts Pegnitz) Nürnberg Hbf, Nürnberg-Dutzendteich, Neunkirchen am Sand, Neuhaus (Pegnitz), Neukirchen (bei Sulzbach-Rosenberg), Pegnitz und Simmelsdorf-Hüttenbach. Vom Fahrpersonal bemängelt wurde die erheblich geringere Geschwindigkeit der vierteiligen Einheiten.

Zum Beginn der Fahrplanperiode waren nachfolgende Vierteiler zusammengestellt:

614 021 + 934 443 + 934 445 + 614 022
614 023 + 934 441 + 934 442 + 614 024
614 025 + 934 444 + 934 448 + 614 026
614 035 + 914 011 + 914 018 + 614 036
614 037 + 914 012 + 914 019 + 614 038
614 045 + 934 422 + 934 449 + 614 046

Am 31. Juli 1984 verunglückte 614 016 in Neubäu (gelegen zwischen Bodenwöhr Nord und Roding im Zuge der Strecke Schwandorf – Cham (Oberpf) schwer. Nach der Kollision mit einem von der Baureihe 218 gezogenen Güterzug wurde der Motorwagen aber vergleichsweise schnell im AW Kassel instandgesetzt und kehrte noch im selben Jahr wieder in den Einsatz zurück. Zwischenzeitlich erhielten die Zugteile 914 008 und 614 015 eine unfallbedingte Untersuchung und fuhren danach im Verbund mit 614 040.

1985

Ohne bedeutende Änderungen hatten die ab dem 2. Juni 1985 gültigen Umlaufpläne 51 (für vierteilige) und 52 (für dreiteilige Garnituren) Bestand. Allerdings entfielen im Jubiläumsjahr der

Bild 117
Während der gesamten Einsatzzeit war Fürth (Bay) Hbf ein konstanter und wichtiger Dreh- und Angelpunkt für die Baureihe 614. Entsprechend häufig finden sich immer wieder auch Szenen aus Frankens zweitgrößter Stadt in diesem Buch. Diese mit 614 020 und 614 047 vom 22. August 1984 bezieht ihren besonderen Charme aus dem damals noch so selbstverständlichen Ladegeschäft am Gleis 7.

AUFNAHME: ROLF KÖSTNER

Bild 118
Im schönsten Abendlicht des 22. August 1985 rollt 614 011 seinem nächsten Halt in Pommelsbrunn entgegen. Das schöne Gebäude rechts im Bild war eine ehemalige Blockstelle, die sich heute längst in privater Nutzung befindet. Inzwischen ist die Strecke bis Hartmannshof Teil der S-Bahn Nürnberg und elektrifiziert.

AUFNAHME: JOSEF HÖGEMANN

Bild 119 – Vor der Kulisse des sogenannten „Drei-Kirchen-Blicks" in Sulzbach-Rosenberg kommt dem Fotografen am 28. August 1985 bei Streckenkilometer 53,2 der als E 3572 nach Nürnberg Hbf fahrende 614 013 entgegen. AUFNAHME: DR. BRIAN RAMPP

Bild 120 – Nur wenige Tage vor der Einstellung des Personenverkehrs auf der bereits umfassend vom Busverkehr konkurrenzierten „Biberttalbahn" (ehem. KBS 894) konnte die von der BR 614 gefahrene Leistung des Nt 7330 (Nürnberg Hbf – Großhabersdorf) bei bestem Herbstwetter fotografisch festgehalten halten werden. Am 22. September 1986 führte 614 041 bei Vincenzenbronn den mit Gepäck- und Fahrradbeförderung ausgewiesenen Zug über die letzten drei Streckenkilometer. AUFNAHME: GERHARD STRIEGEL

Bild 121
Als erste Einheit ihrer Baureihe überhaupt versah das AW Kassel den Nürnberger 614 036 + 914 018 + 614 035 mit den neuen Produktfarben in Minttürkis. Die Umlackierung wurde sogar vorgezogen, damit der Zug zur Eröffnung des Taktverkehrs auf der „Rangaubahn" im modernen Farbkleid präsentiert werden konnte. Die eigentlich damit einhergehende Revision erfolgte dann vier Monate später.

AUFNAHMEN (2) VOM 25. MAI 1987: PETER GROßE

Bild 122
914 018 zeigt sich am 25. Mai 1987 im neu angelegten Farbkleid Minttürkis, noch getrennt von seinen zugehörigen Triebköpfen 614 035/036 im AW Kassel.

Deutschen Bundesbahn „150 Jahre Deutsche Eisenbahnen" im Kursbuch die Kennzeichnungen der Triebwagenleistungen, die künftig so mancher als sehr hilfreiche Zusatzinformation vermisste.

Ausgelöst durch eine Entgleisung von 614 025 wurde auch der hinter ihm gekuppelte 934 444 beschädigt. Damit einher ging auch eine mehrmalige Neukonfiguration der vierteiligen Einheiten. So kam es, dass – abweichend von allen bisherigen Zusammenstellungen – auch die Kombination 914/934 gemeinsam in einem Zugverband eingereiht war.

In derartiger Zusammenstellung fuhren:

614 032 + 914 013 + 934 448 + 614 026.

In der zweiten Oktoberhälfte (bis vermutlich Ende November) fand dann 934 448 Betätigung zwischen 614 049 und 614 050, so dass dieser Mittelwagen auch in den Einsatz bis nach Stuttgart gelangt.

1986

Abweichend zu den bekannten vierteiligen Einheiten fuhren aktuell zusammen:

614 019 + 934 443 + 934 445 + 614 020
614 035 + 914 010 + 914 018 + 614 036.

Die aus dem bisherigen Verband herausgelöste Einheit 614 021 + 914 011 + 614 022 weilte wegen Untersuchungspflicht im AW Kassel (FKX 21.02.86).

Für den Sommerfahrplan existierten bei vorhandenen 27 dreiteiligen Garnituren sowie acht zusätzlichen Mittelwagen VM 934 zwei Umlaufpläne für insgesamt 24 Triebzüge. Freitags wurden zwei weitere Züge als Verstärkung benötigt, so dass dann 26 von 27 Einheiten unterwegs waren!

Plan 1 regelte den Einsatz von zwanzig dreiteiligen Einheiten mit durchschnittlich 496 km/Tag, Plan 2 war für vier vierteilige

Bild 123
In den weitläufigen und damals noch in Teilen genutzten Anlagen des Bw Bamberg pausiert 614 049 bis zur Bereitstellung für seine nächste Leistung am 13. August 1987. Die einstige Heimat der V 80 (BR 280) zeigt sich heute in einem ganz erbärmlichen Zustand des Verfalls. Vom damaligen Rundschuppen stehen nur noch die Grundmauern.

AUFNAHME: MALTE WERNING

Bild 124
Auf dem Weg von Bayreuth über Neuenmarkt-Wirsberg in Richtung Lichtenfels haben 614 036 + 914 018 + 614 035 vor kurzem Trebgast verlassen. Dieser Zug wurde als erster seiner Baureihe in die neuen Produktfarben Minttürkis/Lichtgrau umlackiert und so Ende Mai 1987 auf der „Rangaubahn" vorgestellt. Seine Revision ohne Modernisierung, wie das noch vorhandene Gepäckabteil erkennen lässt, erhielt er gleichwohl erst einen Monat vor dieser Aufnahme vom 24. Oktober 1987.

AUFNAHME: HELMUT SCHEIBA

Einheiten mit durchschnittlich 262 km/Tag ausgelegt und damit um einen Tag gekürzt. Hier änderte sich immer wieder die Zusammensetzung der Garnituren. Im Mai verkehrten folgende vierteilige Kombinationen:

614 021 + 934 445 + 934 443 + 614 022
614 023 + 934 442 + 934 441 + 614 024
614 025 + 934 448 + 934 444 + 614 026
614 035 + 914 018 + 914 011 + 614 036
614 037 + 914 012 + 914 019 + 614 038.

Die Mittelwagen 914 013, 934 422 und 934 565 waren als Reservefahrzeuge abgestellt, 934 443 und 934 445 verkehrten noch im klassischen Purpurrot, wobei der erste von beiden noch im Oktober in Ozeanblau/Beige umlackiert wurde (FKX 09.10.86).

Haupteinsatzgebiete in beiden Plänen waren die KBS 840 (Hersbruck (rechts Pegnitz) – Bayreuth –Kulmbach), 851 (Hersbruck – Weiden (Oberpf), 891 (Fürth – Cadolzburg), 892 (Fürth – Markt Erlbach). Nicht mehr mit der Baureihe 614 bedient wurde die Strecke Hof – Selb. Neu hingegen war jeweils ein Zugpaar auf den Strecken Münchberg – Helmbrechts und Lichtenfels – Pressig-Rothenkirchen.

Ab dem 28. September 1986 sah der Laufplan 51 für dreiteilige Garnituren für 20 (+2) Einheiten durchschnittliche Tagesleistungen von 486 Kilometern vor, die am Plantag 3 mit 247 km/Tag am geringsten und am Plantag 11 mit 681 km/Tag am höchsten ausfielen. Als geographische Eckpunkte können gelten: Saal (Donau), Stuttgart, Pressig-Rothenkirchen und Schirnding.

Im Laufplan 52 liefen vier vierteilige Einheiten im Durchschnitt 262 km/Tag, bei einer Minimumleistung von 181 km am Tag 2 und einem Maximum von 340 km am Tag 4 im bekannten Einsatzgebiet.

1987

Mit Beginn des Sommerfahrplans am 31. Mai 1987 wurde auf der KBS 891 zwischen Fürth (Bay) Hbf und Cadolzburg der Taktverkehr eingeführt. Im Rahmen einer Vorstellungsfahrt am selben Tag wurde mit 614 035, 914 018 und 614 036 auch der erste, erst kurz zuvor in die neuen Produktfarben Minttürkis/Lichtgrau lackierte Triebwagen der Baureihe 614 auf der „Rangaubahn" vorgestellt.

Bemerkenswert ist, dass dieser feierliche Anlass offenkundig auch wegen der Anwesenheit des Präsidenten der BD Nürnberg,

weiter Seite 67

Bild 125 – Am klassischen Motiv mit der Burg Veldenstein bei Neuhaus (Pegnitz) eilen 614 027 + 914 014 + 614 028 vorbei. Sie waren möglicherweise nur ein „Beifang" für den auf einen Dampfsonderzug wartenden Fotografen. Der am 21. Juli 1986 in Szene gesetzte E 3665 repräsentiert aber sehr schön den hier über Jahrzehnte vorherrschenden normalen Betriebsalltag.

Aufnahme: Joachim Bügel/Eisenbahnstiftung

Bild 126 – Auch die sogenannte „Hartmannshofer Steige" auf der Strecke nach Neukirchen (bei Sulzbach-Rosenberg) weist bemerkenswerte 25-‰-Rampenabschnitte auf. Am 22. August 1987 hat der Triebzug mit 614 018 in Etzelwang das Gröbste hinter sich und harmoniert gut mit dem Bahnhofsgebäude, das sehr liebevoll mit Blumenschmuck dekoriert ist.

Aufnahme: Josef Högemann

Bild 127 – Zu einer weit über die Region hinaus bekannten betrieblichen Besonderheit der KBS 891 zählte die sich unmittelbar an den Zirndorfer Bahnhof anschließende „Ortsdurchfahrt" im Straßenplanum. Als Nt 4136 nach Cadolzburg passiert 614 045 am 13. März 1987 im annähernden Schritttempo (Vmax 10 km/h) die damalige Engstelle.
AUFNAHME: FERDINAND VON RÜDEN

Bild 128 – Die „Schiefe Ebene" hat wahrlich schon viele Fahrzeugtypen gesehen und ihnen auch stets einiges abverlangt. Der Streckenabschnitt bleibt auch ohne Dampfzüge und bei vergleichsweise überschaubarer Zugfolge dennoch ein lohnendes Fotoziel. 614 001 rollt am 24. August 1987 ganz unangestrengt in Richtung Neuenmarkt-Wirsberg hinab. Ging es für die schwach motorisierten Triebzüge allerdings in die Gegenrichtung nach Marktschorgast, hatten sie so ihre liebe Mühe …
AUFNAHME: JOSEF HÖGEMANN

Bild 129 – Am 13. August 1987 erwartet eine Reisende den 614 034 am Haltepunkt Höllenthal, der bei Streckenkilometer 24,2 in einer sehr engen Kurvenlage angelegt ist. Die Baureihe 614 hatte zwischen Hof und Bad Steben die Baureihe 211 mit vierachsigen Umbauwagen abgelöst und quälte sich durch die sichtbar kleinen Radien. Anfang der neunziger Jahre übernahmen dann Schienenbusse der Baureihe 798 die Streckenbedienung. AUFNAHME: STEFAN GOLDSCHMIDT

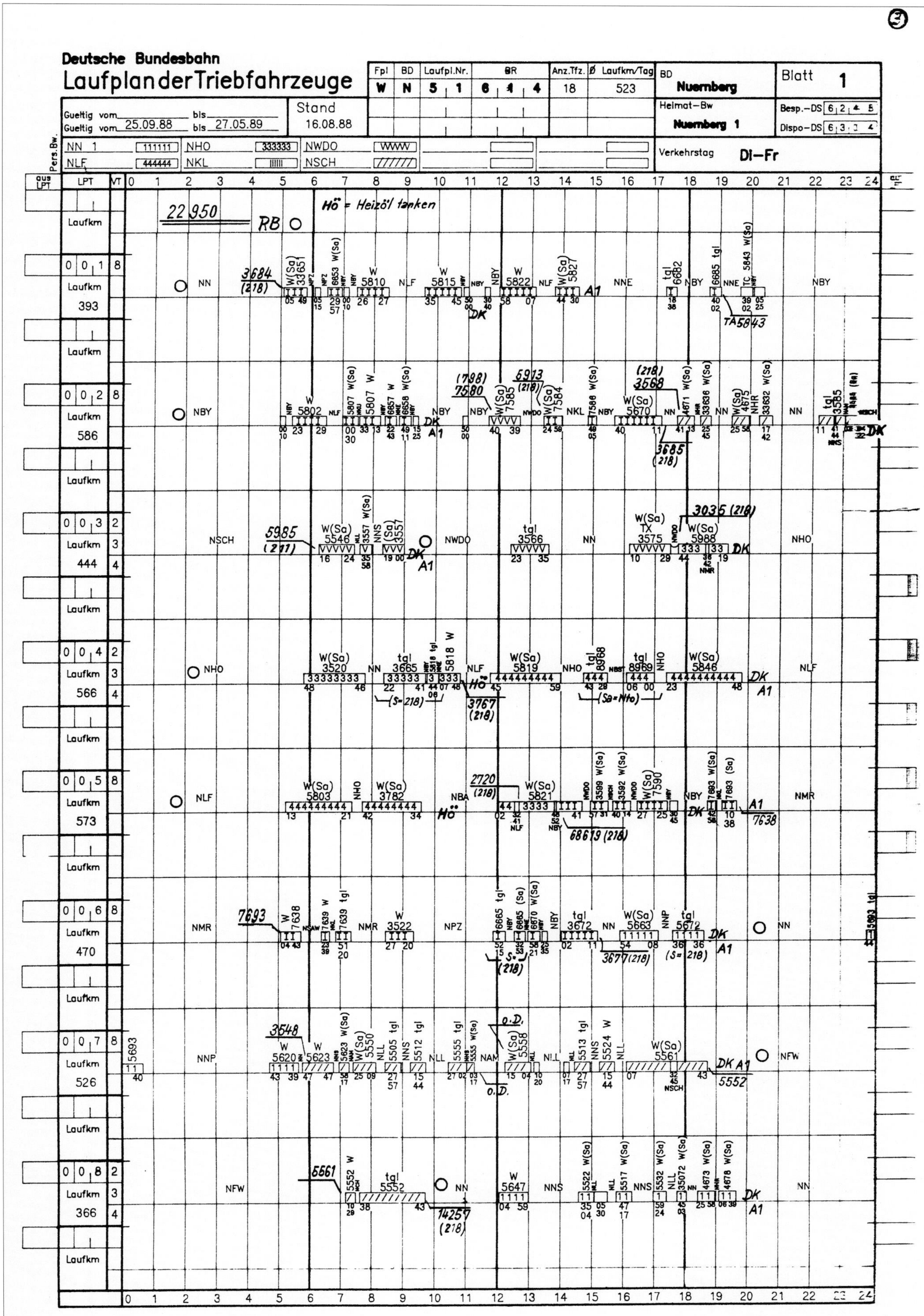

Bild 130 – Umlaufplan 51 (Auszug) des Bw Nürnberg Hbf, gültig Di bis Fr vom 25. September 1988 bis zum 27. Mai 1989 für 18 VT. ABBILDUNG: SAMMLUNG ERNST ANDREAS WEIGERT

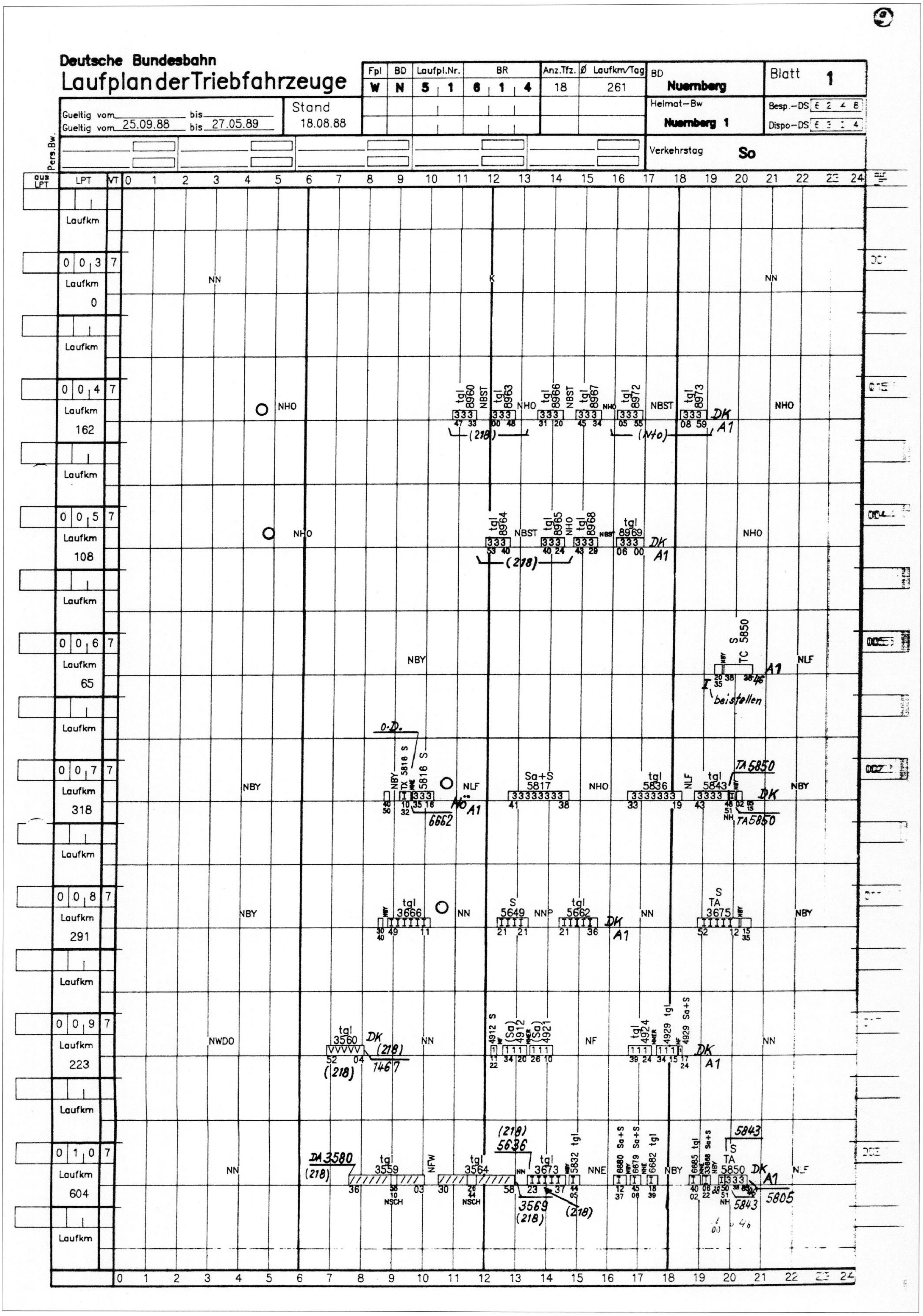

Bild 131 – Umlaufplan 51 (Auszug) des Bw Nürnberg Hbf, gültig an So vom 25. September 1988 bis zum 27. Mai 1989 für 18 VT. ABBILDUNG: SAMMLUNG ERNST ANDREAS WEIGERT

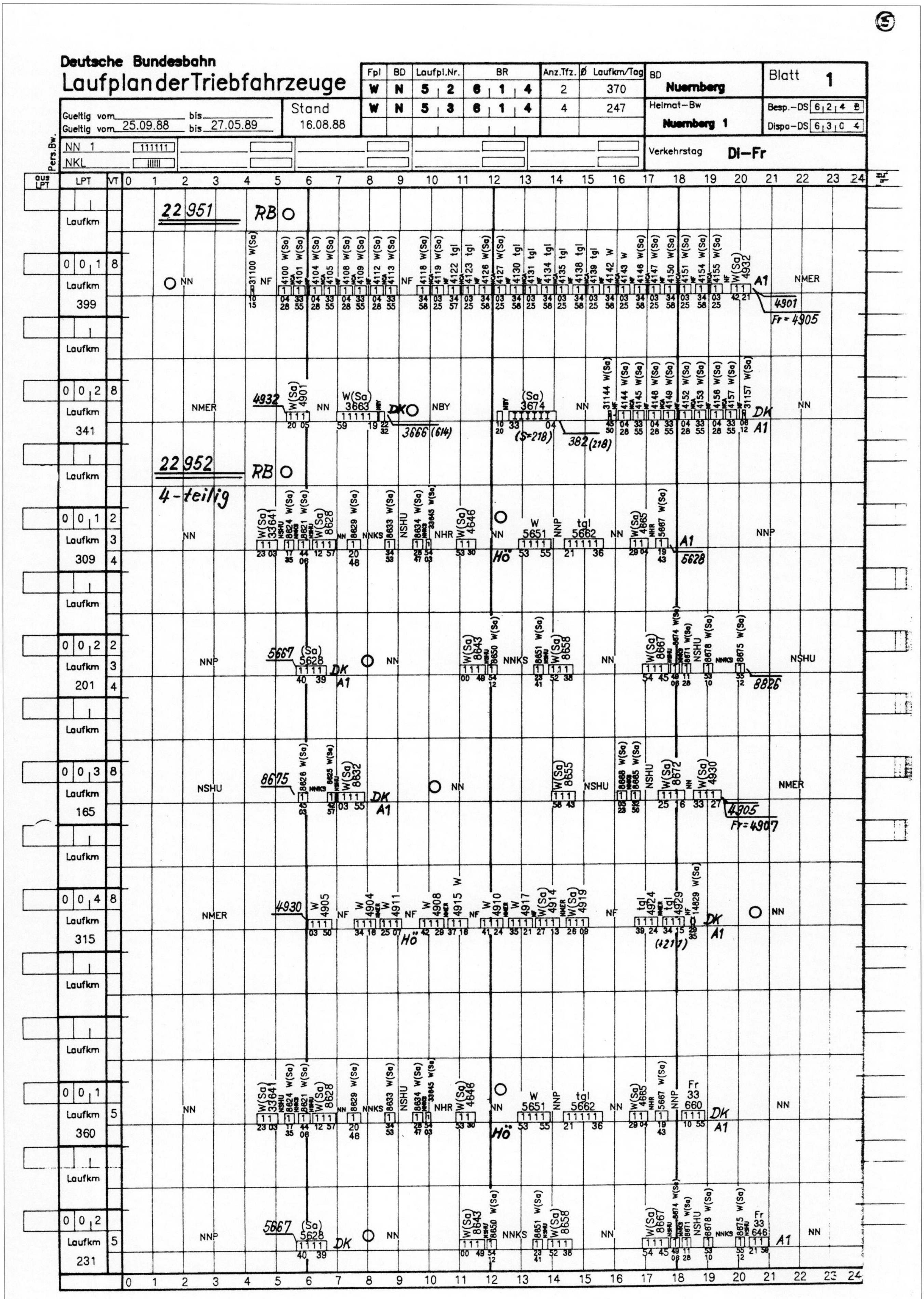

Bild 132 – Umlaufpläne 52 und 53 (Auszug) des Bw Nürnberg Hbf, gültig Di bis Fr vom 25. September 1988 bis zum 27. Mai 1989 für 2 und 4 VT. ABB.: SAMMLUNG ERNST ANDREAS WEIGERT

Bild 133 – Mit noch weitestgehend intakter Infrastruktur in Falls konnte 614 004 auf dem Weg nach Hof beim kurzen Zwischenhalt im (ehemaligen) Bahnhof festgehalten werden. Zwar war der letzte Anschlusszug nach Gefrees hier schon vor 15 Jahren abgefahren, aber am 22. August 1988 versprühten Fußgängersteg und Stationsgebäude noch ein schönes Flair.
Aufnahme: Josef Högemann

Bild 134 – An der bekannten „Steinernen Brücke" in Neuenmarkt-Wirsberg nimmt der N 5817 am 9. Juli 1989 Anlauf für den Anstieg der 6,8 km langen Schiefen Ebene. Für den 614 040 war die Bewältigung des vor ihm liegenden Höhenunterschiedes von 157,7 m bis nach Marktschorgast recht mühsam. Im weiteren (nicht sichtbaren) Streckenverlauf besteht seit dem 10. Juni 2001 der Abzweig zur Schlömener Kurve in/aus Richtung Bayreuth.
Aufnahme: Malte Werning

Bild 135 – Lange Zeit zählte die im Straßenplanum verlegte „Ortsdurchfahrt" Zirndorf zu den betrieblichen Kuriositäten der Strecke Fürth (Bay) – Cadolzburg. Unmittelbar hinter dem Bahnhof musste die Querung der Bahnhofstraße von einem Posten gesichert werden. Rar ist sicherlich auch die Kombination aus Straßenverkehrsschild (Andreaskreuz) und Eisenbahnsignal (Geschwindigkeitstafel) an einem gemeinsamen Mast, der hier von 614 043 am 12. Juli 1989 im Schritttempo passiert wird. AUFNAHME: MALTE WERNING

Bild 136 – Zugkreuzung auf der knapp 18 km langen „Zenngrundbahn", die in Siegelsdorf von der Hauptstrecke Nürnberg – Würzburg abzweigt und nach Markt Erlbach führt. Im Bahnhof Langenzenn begegnen sich 614 017 als Nt 4928 aus Fürth (Bay) kommend und 614 021 als Nt 4929 aus Markt Erlbach. Leider nicht erkennbar bleibt auf dieser Aufnahme vom Mai 1991, dass der Zug auf Gleis 1 eine von der BR 211 gezogene bunte „Mischlingsgarnitur" war. AUFNAHME: GERHARD STRIEGEL

Lokführer-Erinnerungen – Dienst auf dem VT 614

von Volker Kabisch

Blicken wir zurück auf das Jahr 1992. Wir stehen mit unserem dreiteiligenTriebwagenzug der BR 614 auf Gleis 21 des Nürnberger Hauptbahnhofs zur Fahrt als N 5613 nach Neuhaus (Pegnitz) zur Abfahrt bereit. Die Fahrgäste, um diese Tageszeit meist Ausflügler in die Hersbrucker Schweiz, machen es sich auf den gut gepolsterten Sitzen der 2. Klasse bequem. In der 1. Klasse erwartet diese sogar etwas Plüschatmosphäre. Das Redesign dieser Dieseltriebzüge, welches eine neue Bestuhlung und den Wegfall des Gepäckabteiles in den Triebköpfen bringen wird, hat erst begonnen.

Es ist 10:05 Uhr, die Ausfahrt ist frei. Mit einem lauten Knall schlagen die Einstiegstüren zu, der Zugführer gibt das Abfahrtssignal, und mit dem typisch rasselnden Ton der beiden MAN-Dieselmotoren Typ D 3650 HM 12 U verlassen wir den Hauptbahnhof. Zurück bleibt die charakteristische blaue Abgaswolke der vor der Abfahrt schon längere Zeit im Leerlauf gelaufenen Motoren.

Seit Einsatzbeginn der „Pendolini" vom Typ VT 610 auf den nordbayerischen Strecken im Mai 1992 ist der 614er eines Großteils seines ursprünglichen Einsatzraums im sogenannten „Bezirksverkehr" beraubt und fast ausschließlich nur noch auf den nicht elektrifizierten Strecken im Nürnberger Umland unterwegs. Neben diesem Einsatzgebiet gehörte einst z. B. auch Stuttgart, Hof, Bayreuth, Weiden und Furth im Wald zu den Zielen der in Nürnberg beheimateten 614er. Mit dem Einsatz auf der Strecke Schweinfurt – Erfurt ab Dezember 1992, teilweise mit Durchlauf über Gera bis Greiz, kam er für ein paar Jahre nochmals zu größeren Langstreckenehren.

Bild 137 – Kurz vor dem Zwischenhalt in Rupprechtstegen verlässt am 8. Mai 1994 der 614 009 den 256 m langen Vogelherd-Tunnel. Im direkten Anschluss daran überquert der Triebzug die Pegnitz sowie die in ihrem Tal verlaufende Kreisstraße nach Neuhaus.

Aufnahme: Ferdinand von Rüden

Mit unserem Nahverkehrszug erreichen wir den ersten Halt in Nürnberg Ost. Nach dem Fahrgastwechsel ertönt das Abfahrtssignal, und ich kann wieder auf dem nur leicht gepolsterten Holzstuhl bis zum nächsten Halt Platz nehmen. Mühsam nehmen wir wieder Fahrt auf. Üppig motorisiert ist der Dieseltriebzug mit seinen 2×-450-PS-Motoren nun wirklich nicht. Bis vor kurzem waren noch Einheiten mit zwei Mittelwagen im Einsatz, was sie noch schwerfälliger machte.

Als knapp 70 km/h erreicht sind, heißt es für mich schon wieder auf Leerlauf abschalten und für den nächsten Halt Nürnberg-Erlenstegen einbremsen.

Bis Behringersdorf sind es nun 4,5 km. Endlich Gelegenheit, richtig Fahrt aufzunehmen. Und auch erstmals würde nun im Winter – bedingt durch den Staudruck an der Heizung – etwas mollige Wärme bzw. im Sommer etwas Frischluft in den Führerstand strömen. Sicher, wir Lokführer könnten uns auch Warmluft bzw. Frischluft an den Arbeitsplatz blasen lassen und dafür den Führerstandslüfter einschalten, doch dieser wird wegen des unangenehmen Lärms nur ungern genutzt. Klimaanlagen waren zur Bauzeit des 614er noch ein Fremdwort.

Überhaupt haben uns Lokpersonalen die Konstrukteure bei diesem Fahrzeug nicht allzu viel Komfort am Arbeitsplatz gegönnt. Wenig Beinfreiheit, nur ein leicht gepolsterter Holzstuhl und schwache Lüftung bzw. Heizung machten den Dienst auf dem VT 614 nicht gerade angenehm.

Bis Neunkirchen am Sand folgen wieder recht kurze Halteabstände. Für die beiden Dieselmotoren gibt es in diesem Abschnitt eigentlich nur noch zwei Drehzahlbereiche: Leerlauf und Volllast.

Hinter Hersbruck (rechts Pegnitz) biegen wir in den schönsten Teil des Pegnitztales ein. Nach dem Halt in Vorra (Pegnitz) muss ich das Fahrgastraumlicht händisch mittels Kippschalter für die folgenden sieben Tunnel einschalten und nach dem Durchfahren wieder ausschalten.

Wir erreichen den Endbahnhof Neuhaus (Pegnitz). Im Gepäckraum hinter dem Führerstand ist der Zugführer dabei, mit Hilfe einer Plastikkurbel den Zielfilm für die Rückfahrt auf Nürnberg Hbf einzustellen. Jeder Zielbahnhof hat eine Nummer, die auf einer angebrachten Liste verzeichnet ist. Und nur wenn diese Zahlenkombination dann exakt im Kontrollfenster zu sehen ist, wird von der Außenseite auch der Zielbahnhof vollständig zu lesen sein.

Nun habe ich knapp 10 Minuten Zeit, die Triebwagen-Garnitur für die Rückfahrt vorzubereiten. Das heißt: mit Vollbremsung den Zug sichern und das Führerbremsventil verschließen, den Fahrtrichtungsschalter (Knochen) in „0" zu verlegen, abzuziehen und ganz, ganz wichtig – die Sifa mit dem Absperrhahn zu deaktivieren. Würde man dies vergessen, käme man bei der Abfahrt in die Gegenrichtung nicht weit, da die Sifa-Zwangsbremsung vom unbesetzten Führerstand einsetzt. Dann wäre wieder ein Gang zum unbesetzten Führerstand zur Deaktivierung der Sifa nötig mit der daraus folgenden Verspätung.

Auf dem Führerstand der Gegenrichtung sind der Fahrtrichtungsschalter wieder zu verlegen, die Sifa zu aktivieren und eine Wendebremsprobe auszuführen. Dann noch den Schreibstreifen der Indusi mit Datum, Namen und Zugnummer beschriften. Fertig für die Rückfahrt.

Wir halten wieder auf allen Stationen. Unterwegs füllt sich unser Zug immer mehr mit Fahrgästen, die zum Einkaufen, Arztbesuch oder zu Behördengängen nach Hersbruck, Lauf bzw. Nürnberg fahren. Mein Zugführer ist voll mit der Fahrkartenkontrolle beschäftigt und hält auch mal ein Schwätzchen mit den weiblichen Fahrgästen. Er kennt ja seine Stammfahrgäste.

In Hersbruck (rechts Pegnitz) und Lauf (rechts Pegnitz) steht wie immer bei diesem Mittagszug der örtliche Postbeamte mit seinem Karren am Bahnsteig, um die Post nach Nürnberg mitzugeben. Im Rahmen der kollektiven Zusammenarbeit mit dem Zugführer werde ich nach dem Halt die Ladetüren von innen öffnen, die Postsäcke entgegennehmen und im Gepäckabteil verstauen. Nur wenige Jahre später wird die Post die Eisenbahn nicht mehr als Transportmittel nutzen, sondern allein auf den Straßentransport setzen.

Wir erreichen pünktlich wieder den Nürnberger Hauptbahnhof. Nachdem die Postsäcke entladen sind, verabschiedet sich mein Zugführer von mir. Laut Dienstplan habe ich jetzt knapp eine Stunde Zeit bis zur nächsten Runde nach Neuhaus (Pegnitz).

Gelegenheit, mir mal eine Brotzeit in der Kantine zu gönnen.

Bild 138
Begegnung auf der KBS 860 bei Streckenkilometer 8,1 zwischen Nürnberg-Erlenstegen und Behringersdorf am 24. Juli 1992. Der nach Neuhaus (Pegnitz) fahrende Triebfahrzeugführer grüßt aus dem Führerstand des 614 002 seinen im nagelneuen Pendolino 610 512 gen Nürnberg eilenden Kollegen.

AUFNAHME: FERDINAND VON RÜDEN

Dr.-Ing. E.h. Horst Weigelt, und lokaler politischer Prominenz so bedeutsam und werbewirksam erschien, dass für die Präsentation des Zuges die Neulackierung vorgezogen und die anstehende Hauptuntersuchung B 2.0 dann erst im September 1987 im AW Kassel ausgeführt wurde. Dies ist mit den Revisionsdaten FKX 22.09.87 (614 035), FKX 16.09.87 (914 018) und FKX 28.09.87 (614 036) belegt.

Zum 27. September 1987 erfolgte mit der Integration in den VGN (Verbund Großraum Nürnberg) ein weiterer wichtiger Schritt, der die Nachfrage auf der als Regionalbahn ausgewiesenen „R 11"-Strecke nach Cadolzburg weiter steigerte.

Mit 614 023 (FKX 07.07.1987), 914 012 (FKX 10.07.1987) und 614 024 (FKX 02.07.1987) stand nur zwei Monate später die zweite Einheit in den neuen Produktfarben von Nürnberg aus im Einsatz. Ihr folgten im August noch die beiden Triebköpfe 614 051 und 614 052, während 614 037 (FKX 01.03.88) und 614 038 (FKX 11.03.88) ihren Neulack wieder im traditionellen Kieselgrau/Orange erhielten.

Das langjährig als 614er-Stammleistung geltende Zugpaar E 3074/E 3075 nach Stuttgart war mit dem Planwechsel auf einen Wagenzug mit Regensburger 218 übergegangen. Damit verließen die Nürnberger Triebwagen ihre Heimatdirektion nicht mehr planmäßig, kamen aber im Rahmen von Sonderzugeinsätzen noch immer in „andere Gefilde" außerhalb der BD Nürnberg.

Der Laufplan 51 für den Winterfahrplan 1987/88 sah an Werktagen (außer Samstag) für 19 dreiteilige Triebzüge durchschnittliche Tagesleistungen von 502 Kilometern vor. Am Plantag 11 wurde mit 341 km der niedrigste, am Plantag 16 mit 626 km der höchste Tageswert erreicht.

1989/1990

Winterfahrplan

- Plan 51: für 18 dreiteilige Züge
  Di – Fr: 517 km/Tag, Sa: 330 km/Tag, So: 244 km/Tag
  Einsatzgebiet umgrenzt mit Bayreuth, Hof, Schwandorf, Furth im Wald
- Plan 52: für zwei vierteilige Züge
  Di – Fr: 370 km/Tag, Sa: 291 km/Tag, So: 126 km/Tag
  Einsatzgebiet vorrangig umgrenzt mit Bayreuth, Cadolzburg, Markt Erlbach
- Plan 53: für zwei vierteilige Züge
  Di – Fr: 293 km/Tag, Sa/So: 17 km/Tag
  Einsatzgebiet umgrenzt mit Simmelsdorf-Hüttenbach, (Nürnberg/Fürth) – Markt Erlbach
- Plan 54: für zwei dreiteilige Züge
  Di – Fr: 296 km/Tag, Sa/So: 0 km/Tag
  Einsatzgebiet umgrenzt mit Neuhaus (Pegnitz), Simmelsdorf-Hüttenbach, Pegnitz – Kirchenlaibach

Wegen der vergleichsweisen hohen Auslastung der Züge (24 von 27 Garnituren waren in die Laufpläne eingebunden) kam es ab und an zu Ersatzgestellungen durch Hofer 211 mit Wagengarnituren, wie z. B. bisweilen beim E 3663 Nürnberg – Bayreuth.

Improvisation war auch angesagt, wenn der Eiltriebwagen E 3559 (Nürnberg – Furth im Wald) vierteilig gefahren wurde. Dann nämlich musste auf die Mitnahme des planmäßig vorgesehenen Behelfspackwagens vom Typ MDyg verzichtet werden. Ersatzweise erfolgte dann die Beladung der beiden jeweils 6 m^2 großen Gepäckabteile in den Triebwagen bis zur Maximalauslastung.

1992

Bedingt durch die Einführung der Nürnberger „Pendolini" zum Sommerfahrplan am 31. Mai 1992 musste die Baureihe 614 einige Leistungseinbußen im bisherigen Einsatzgebiet hinnehmen. Die neuen VT 610 fuhren jetzt die RE-Leistungen auf den für Neigetechnik ertüchtigten Strecken von Nürnberg nach Bayreuth, Furth im Wald, Hof sowie Weiden (Oberpf) und wurden jeweils in Pegnitz bzw. Neukirchen (bei Sulzbach-Rosenberg) geflügelt bzw. vereinigt.

Die Erhöhung der Taktfrequenz auf den klassischen 614er-Strecken nach Neuhaus (Pegnitz) und den anderen von Nürnberg bzw. Fürth (Bay) ausgehenden Linien sorgte einerseits für einen Teilausgleich der entfallenen Einsätze, ermöglichte aber anderseits absehbar auch den Verzicht auf das Fahren vierteiliger Einheiten. Diese Vierteiler zählten ja vornehmlich wegen der untermotorisierten Triebköpfe und der ohnehin schon schwerfälligen Beschleunigung bekanntlich nicht zu den Lieblingen der Nürnberger Lokführer.

Die Umlackierung in die neuen DB-Produktfarben kam beim AW Kassel ins Stocken und führte überraschend wieder zu Neulackierungen im bewährten und nach wie vor zeitlosen Kieselgrau/Orange. Somit waren nach wie vor in den sog. „Popfarben" unterwegs: die Triebwagen 614 001 bis 614 022, 614 025 bis 614 034, 614 037 bis 614 050, 614 053 und 614 054 sowie die Mittelwagen 914 001 bis 914 011, 614 014 bis 614 017, 614 019 und 614 025 bis 614 027.

Bild 139 – Die von Bamberg aus eingesetzten Triebwagen der BR 614 wurden mit einzelnen Leistungen nach Nürnberg an ihr Heimat-Bw angebunden. In einem solchen Dienst stehen 614 021 + 914 011 + 614 022, als sie einen kurzen Zwischenhalt in Eltersdorf einlegen. Heute dient diese Bahnhofsszenerie vom 2. April 1994 allein der Erinnerung, die Schallschutzwand-Realitäten der Neuzeit reizen hier keinen Fotografen mehr, auf den Auslöser zu drücken. AUFNAHME: SAMMLUNG GÜNTER DILLIG

1992/1993

Im November 1992 waren drei dreiteilige Züge mit folgenden VM 934 durchsetzt:
614 031 + 934 422 + 614 032
614 053 + 934 441 + 614 054
614 001 + 934 442 + 614 002.

Die popfarbenen 614 025 + 026 fuhren in der Kombination mit dem 914 013 in Minttürkis, der im Mai 1993 wiederum durch 934 441 ersetzt wurde.

Winterfahrplan

Offizielles Einsatzende vierteiliger Garnituren 614 + 914 + 914 + 614 und 614 + 934 + 934 + 614. Die vorhandenen Mittelwagen 934 dienten zunächst noch als Reserve für 914.

Im Mai 1993 wurde mit 614 023 + 914 012 + 914 013 + 614 024 doch wieder eine vierteilige Garnitur zusammengestellt, die u. a. am 19. Mai im Sonderzugverkehr Ansbach – Neustadt (Weinstraße) zum Einsatz kam.

In Regionalbahnfarben unterwegs waren: 614 023, 024, 035, 036, 051, 052 und 914 012, 013, 018 und 026.

Am 8. Juli 1992 erfolgte die Z-Stellung von 934 443, 444, 448 und 565, die übergangsweise im Bf Nürnberg-Ost hinterstellt waren und ab 16. Oktober 1992 ins Bw Nürnberg 3 gebracht wurden.

Im Bh Hof beheimatete 628^4 übernahmen mit Beginn des Sommerfahrplans ab dem 23. Mai 1993 einen Großteil der 614er-Leistungen in der Oberpfalz. Für einen gewissen Ausgleich sorgen neue Einsatzstrecken zwischen Bayern und Thüringen die als Projekt der deutsch-deutschen Wiedervereinigung beschlossen und im Zuge des jüngst vollendeten Lückenschlusses jetzt auch bedient werden können.

Am 31. Dezember endete formal die Zeit der Deutschen Bundesbahn.

1994

Seit dem 1. Januar ist die Deutsche Bahn AG Rechtsnachfolgerin der ehemaligen Deutschen Bundesbahn und der Deutsche Reichsbahn. Mit der Aufteilung in unterschiedliche Geschäftsbereiche gehörten die Triebzüge der Baureihen 614/914 jetzt alle zur DB Regio AG, ohne dass dies etwas an der Zugehörigkeit der Fahrzeuge zu den Heimatwerken Nürnberg (Regio Bayern) und Braunschweig (Regio Niedersachsen) änderte. Neben den kleinen obligatorischen Anschriftendetailänderungen (Halterzugehörigkeit an den Fahrzeugrahmen) schlich sich am augenfälligsten die sukzessive Anbringung des neuen DB-Logos an den Einheiten ab.

Die dreiteilige Garnitur 614 041 + 914 021 + 614 042 wurde als Erprobungsträgerin für neu entwickelte Trieb- und Laufgestelle der AEG (bzw. Adtranz) mit radial einstellbaren Achsen genutzt.

Bild 140
Von der Anlieferung am 22. Juli 1974 bis zum 3. Januar 2007 war das Bw Nürnberg Hbf mit all seinen zwischenzeitlich angenommenen Namensänderungen die Heimatdienststelle des 614 033. Noch vor der Kulisse des Quelleturms hat sich der bestens gepflegte Triebwagen am 20. Mai 1993 auf ein etwas verstecktes Abstellgleis zurückgezogen.

AUFNAHME: FERDINAND VON RÜDEN

236

Nt 8622 W (Sa) Simmelsdorf-Hüttenbach - Neunkirchen am Sand

Tfz 614+914+614 **Mbr 59 R**

1	2	3a	3b	4	5	6	7	8	9
Zulässige Geschwindigkeiten ab km	km/h	**Betriebsstellen** verkürzter Vorsignalabstand { Geschwindigkeiten auf Signal Hp 2 in km/h Zugbahnfunk (Kanalnummern)	Lage in km	Vor der Trapeztafel hält Zug	Ankunft	Abfahrt	Kreuzung mit Zug	überholt / wird überholt durch Zug	Zuglaufmeldung durch / Art
	50	Simmelsdorf-H	9,8			14.03			Zf Fa
9,3									
	60	Hedersdorf Hp	6,4		14.08	08			
5,6									
	50								
4,9		Üs ▽, Schnaittach	4,9		10	11			
4,7									
	60	Rollhofen Hst	3,4		13	14			
3,3									
	50								
3,1									
	60	Speikern Hp	1,5		17	14.17			
		- ZBF A 64 -							
0,6		Esig	0,6						
	30	Neunkirchen am S	0,0		14.20				

Bild 141a (oben) – DB Netz, RB Nürnberg, Bfpl 981, ab 29.05.1994, für die Strecke Simmelsdorf-Hüttenbach – Neunkirchen am Sand

Bild 141b (rechts) – DB Netz, RB Nürnberg, Bfpl 981, ab 29.05.1994, für die Strecke Fürth (Bay) Hbf – Cadolzburg: ABBILDUNGEN (2): SAMMLUNG JÜRGEN GOLLER

1995

Ab 24. September 1995 wurden eingesetzt im:

Laufplan 50: 16 Triebzüge mit 441 Laufkilometer/Tag
Laufplan 52: 1 Triebzug mit 662 Laufkilometer/Tag
Laufplan 53: 3 Triebzüge mit 604 Laufkilometer/Tag

Anlaufpunkte waren (in alphabetischer Reihenfolge):
Amberg, Bamberg, Bad Kissingen, Bayreuth, Cadolzburg, Cham (Oberpf), Ebenhausen, Eisenach, Fürth (Bay) Hbf, Helmbrechts, Hersbruck (rechts Pegnitz), Hof Hbf, Kirchenlaibach, Lauf (links Pegnitz), Lichtenfels, Markt Erlbach, Marktredwitz, Meiningen, Münchberg, Neuenmarkt-Wirsberg, Neunkirchen am Sand, Neuhaus (Pegnitz), Neukirchen (bei Sulzbach-Rosenberg), Nürnberg

32

RB 4138 Fürth Hbf Pbf - Cadolzburg
Tfz 614+914+614 **Mbr 85 R**

				4138			
1	2	3a	3b	4	5	4	5
	60	- ZBF A 17 -					
		Bft Fürth Pbf {	0,0		14.33		
		Asig {	0,2				
1,1							
	50	Fü-Westvorst Hst {	1,6	14.35	35		
1,8							
	60	Fü-Dambach Hp {	2,5	37	37		
3,1							
	50	Alte Veste Hp {	3,2	39	39		
3,5							
	60						
4,5							
	50						
5,0		Zirndorf {	5,0	14.42	14.44		
	40						

zwischen Zirndorf und Cadolzburg Zugleitbetrieb

1	2	3a	3b	4	5	6	7	8	9
Zulässige Geschwindigkeiten ab km	km/h	**Betriebsstellen** verkürzter Vorsignalabstand { Geschwindigkeiten auf Signal Hp 2 in km/h Zugbahnfunk (Kanalnummern)	Lage in km	Vor der Trapeztafel hält Zug	Ankunft	Abfahrt	Kreuzung mit Zug	überholt / wird überholt durch Zug	Zuglaufmeldung durch / Art
	40	- ZBF A 17 -							
		Zirndorf {	5,0		14.42	14.44			Zf Fa
5,3									
	60	Weiherhof Hp {	7,8		48	49			
		Egersdorf Hp {	10,9		52	14.53			
12,3		Esig ⊢ {	12,3						
	30	Cadolzburg {	12,7		14.57				Zf Ak

H 981

Hbf, Pegnitz, Regensburg, Schwandorf, Selb Stadt, Simmelsdorf-Hüttenbach, Vilseck, Weiden (Oberpf), Würzburg Hbf.

Eine neue Farbkombination fand sich in der Zusammenstellung der Garnitur 614 042 (Minttürkis/Lichtgrau) + 934 442 (Ozeanblau/Beige) + 614 024 (Minttürkis/Lichtgrau).

In der Reihung 614 051 + 914 026 + 614 060 (ehemals Braunschweig) war in Nürnberg die erste komplett modernisierte Einheit der Baureihe im Einsatz. Äußerliche Haupterkennungsmerkmale für die neue Inneneinrichtung und Bestuhlung waren der Wegfall des Gepäckraums mit seinen charakteristischen Flügeltüren, das in den Triebköpfen nicht mehr vorhandene WC (zu Gunsten eines Dienstabteils) und das im Mittelwagen angeordnete Mehrzweckabteil.

Bild 142
Noch ist 614 010 nach Neuhaus (Pegnitz) in seiner bemüht klingenden Anfahrphase, die sich nach dem Halt in Hersbruck (rechts Pegnitz) noch bis kurz vor Hohenstadt (Mittelfr) hinziehen wird. Links verläuft das Verbindungsgleis aus/nach Pommelsbrunn, im Hintergrund steht die bis heute existierende Signalbrücke. Das Foto entstand am 8. Mai 1994 in Höhe des Bahnübergangs der hier kreuzenden Kreisstraße „Lau30“.

AUFNAHME: FERDINAND VON RÜDEN

Bild 143
In Neukirchen (bei Sulzbach-Rosenberg) trennt sich die aus Nürnberg kommende Strecke in die Äste nach Amberg – Schwandorf und Vilseck – Weiden. Zu Dampfzeiten war der Bahnhof noch mit einem eigenen Bahnbetriebswerk ausgestattet, in dem stets Loks für die Schiebedienste auf der „Kleinen Schiefen Ebene“ zwischen Hartmannshof und Etzelwang bereitstanden. Bis zur Einführung der „Pendolini“ (BR 610) war hier u. a. die BR 614 alltäglich, wie die Begegnung von 614 050 und 614 019 vom 19. Mai 1990 zeigt.

Aufnahme:
Ulrich Wehmeyer

Bild 144
Klassische Portraitaufnahme einer verkehrsroten dreiteiligen Einheit im Heimat-Bw Nürnberg. Diese Farbgebung wurde bis zur Abstellung kennzeichnend für die von DB Regio eingesetzten 614er. Am 4. Oktober 1997 ist in der Zugmitte eingereiht 914 001, umgeben von 614 025 und 614 026, bei denen die unterschiedliche Anbringung bzw. Nichtanbringung des gelben 1.-Klasse-Strichs an den Fahrzeugenden auffällt.

Aufnahme:
Ferdinand von Rüden

Bild 145
Die in früheren Jahren von Bamberger V 80 (BR 280) noch bis Maroldsweisach führende KBS 826 wird heute nur noch bis Ebern bedient. Im rückgebauten Bahnhof Baunach geht es am 19. Dezember 1997 trotz des trüben Wetters recht bunt zu. Die von der verkehrsroten 212 272 geschobene Wendezuggarnitur mit Steuerwagen in Regionalbahnfarben und klassischem Silberling hat Zugkreuzung mit 614 072 in verkehrsrotem Neulack, während sich der führende (gerade noch erkennbare) 614 071 in Minttürkis/Lichtgrau zeigt.

Aufnahme:
Ferdinand von Rüden

Mit 614 023 + 914 012 + 614 054 (Rückkehrer aus Braunschweig) stand dem Betrieb seit Spätherbst die zweite Garnitur im „Redesign“ zur Verfügung. Dabei hatte das Werk Kassel die beiden Triebköpfe und das Werk Wittenberg den Mittelwagen an die neuen Anforderungen angepasst.

1996

Die kieselgrau/orange Einheit 614 005 + 914 003 + 614 006 wurde als künftiges Museumsfahrzeug auserkoren und behielt damit seinen farblichen Ursprungszustand bei. Hingegen erhielt, wie perspektivisch alle Fahrzeuge der Baureihen 614/914, auch diese Garnitur absehbar die standardisierte Innenraumaufarbeitung.

Die Rückkehr der dritten modernisierten Garnitur in der Reihung 614 035 + 914 013 + 614 052 belegte, dass nunmehr auch für die Nürnberger Bestände die nummernreine Zusammenstellung der Züge zunächst mal außer Kraft gesetzt war. In diesem Zusammenhang sei an dieser Stelle auf die Tabelle im Kapitel 11 zu den Lackierungsdaten und Farben der Baureihen 614 und 914 hingewiesen.

Nach den 1987 eingeleiteten Aktivitäten zur Attraktivitätssteigerung auf der „Rangaubahn“, einer der dauerhaften Stammstrecken der Baureihe 614, erfolgte zwischen Fürth (Bay) Hbf und Cadolzburg mit der Bedienung im Halbstundentakt ab dem 2. Juni die finale Ausweitung des Fahrtenangebotes. Im Vorfeld dessen war auch das (bei Fotografen so beliebte) Nadelöhr im Zuge der Zirndorfer „Ortsdurchfahrt“ beseitigt worden. Bahnkörper und Straßenplanum verlaufen hier nun kreuzungsfrei.

Ab Herbst diente die Garnitur 614 003 + 614 004 als Zweiteiler der Erprobung eines neu von Talbot entwickelten Neigetechniksystems. Beide Triebköpfe wurden u. a. mit speziellen Drehgestellen und erkennbar großen Seitenwandbeklebungen versehen. Die Versuchsfahrten fanden ohne Fahrgäste vornehmlich an den prädestinierten kurvenreichen Strecken von Mosel und Altmühl statt.

Nach Abschluss der zweimonatigen Testreihe und erfolgtem Ausbau der NEITEC-Einrichtungen, aber nach wie vor mit auffälliger Seitenbeklebung und inzwischen wieder ergänztem Mittelwagen 914 002, war der Zug zurück im normalen Fahrgastbetrieb. Durch diese augenfällige optische Besonderheit wähnte sich so mancher mitreisende Fahrgast in dem Eindruck, in einem Fahrzeug mit aktiver Neigetechnik zu sitzen.

Die ebenfalls noch popfarbenen Triebwagen 614 019 und 614 020 (im Verband mit 914 010) erhielten als erste ihrer Baureihe Versuchsmotoren von Cummins, die mit einer installierten Leistung von 448 kW dem Zug zu bisher nicht bekannten Beschleunigungswerten verhalfen.

Weniger wirtschaftlich war die Durchführung der Zugleistung RB 8718/8719 auf der 20 km langen Stichstrecke von Bamberg nach Ebern und zurück. Hierzu wurde eine Triebwagengarnitur eigens aus dem Stilllager des Schweinfurter Plans von dort nach Bamberg und retour überführt – gleichwohl als Leerfahrt.

1997

Abweichend von der Regel-Zusammenstellung fuhren bedingt durch das recht schleppend verlaufende Modernisierungsprogramm zwischenzeitlich Kombinationen aus modernisierten und noch nicht modernisierten Zugteilen.

Hierzu zählten: 614 015 + 934 442 + 614 024. In „korrekter“ Konfiguration liefen hingegen: 614 009 + 914 005 + 614 010.

Gleichzeitig schien das Lackierungsschema in den Produktfarben „RSB“ ein absehbares Ende zu finden, denn mit 614 045 kam der erste Triebkopf in der neuen Kernfarbe von DB Regio – Verkehrsrot – mit Revisionsdatum FKX 20.05.1997 aus Kassel zurück. Das neue Farbschema trugen im Laufe der Zeit (mit Ausnahme der Museumsgarnitur) alle Züge der Baureihe 614/914 und kleidete sie auch bestens. Günstig für das Erscheinungsbild wirkte sich bei den Triebwagen – in Abweichung von den Lokomotiv-Anstrichen – der Verzicht auf lichtgraue Kontrastbalken an den Fahrzeugfronten aus. Noch im laufenden Kalenderjahr stand mit den Triebköpfen 614 045 + 614 046 (dem späteren LIMEZ III) und dem Mittelwagen 914 013 die erste komplett verkehrsrote Einheit im Betriebsdienst.

1998

Ab 24. Mai 1998 galten folgende Laufpläne für die Baureihen 614 + 914 + 614

Laufplan N0: 10 Triebzüge mit 504 Laufkilometer/Tag
Laufplan N1: 5 Triebzüge mit 214 Laufkilometer/Tag
Laufplan N2: 2 Triebzüge mit 457 Laufkilometer/Tag
Laufplan N3: 1 Triebzug mit 504 Laufkilometer/Tag
Laufplan N4: 4 Triebzüge mit 515 Laufkilometer/Tag

Anlaufpunkte waren (in alphabetischer Reihenfolge, neue Ziele unterstrichen):
Amberg, Bamberg, Bad Kissingen, Bayreuth, Cadolzburg, Cham (Oberpf), Ebenhausen, Ebern, Eisfeld, Furth im Wald, Fürth

Bild 146
Aus technischen Gründen wird die Nebenbahn von Bayreuth Hbf nach Warmensteinach seit dem 1. Januar 1993 nur noch bis Weidenberg befahren. Am neuen Endpunkt der Strecke war am 5. Juli 1996 der 614 054 (mit nicht sichtbaren 614 023) als N 7602 nach Bayreuth anzutreffen. Heute reicht meist ein solo fahrender VT 650 der agilis zur Bedienung der Bahnlinie.

AUFNAHME: RAINER NENNINGER

Bild 147 – 614 036 + 914 018 + 614 035 war die erste umlackierte Einheit ihrer Baureihe. Vor dem imposanten Empfangsgebäude des Hofer Hauptbahnhofes legt der Zug am 06. August 1996 eine kurze Pause ein. Die Region Oberfranken war langjähriges Einsatzgebiet für die Züge, aber beheimatet blieben sie stets in Mittelfranken. AUFNAHME: ROLAND HERTWIG

(Bay) Hbf, Grimmenthal, Helmbrechts, Hersbruck (rechts Pegnitz), Hof Hbf, Kirchenlaibach, Kulmbach, Lauf (links Pegnitz), Lichtenfels, Markt Erlbach, Marktredwitz, Meiningen, Münchberg, Neuenmarkt-Wirsberg, Neunkirchen am Sand, Neuhaus (Pegnitz), Neukirchen (bei Sulzbach-Rosenberg), Nürnberg Hbf, Pegnitz, Regensburg, Rentwertshausen, Schwandorf, Schweinfurt, Selb Stadt, Simmelsdorf-Hüttenbach, Vilseck, Weiden (Oberpf), Weidenberg, Würzburg Hbf

1999

Mit 614 005 + 914 003 + 614 006 fand das Modernisierungsprogramm im Innenbereich aller 42 Einheiten dieser Baureihe seinen Abschluss. Auch in Zeiten von DB Regio blieb der Triebzug (als einziger) dauerhaft in seinem ursprünglichen Farbkleid Kieselgrau/Orange.

Ungeachtet der geplanten musealen Zukunft könnte für die Beschlussfassung „Neulack in alten Farben“ durchaus auch die anhaltende Popularität des Fahrzeugs für Sonderzugeinsätze eine Rolle gespielt haben. Im selben Farbschema waren nur noch die Einheiten 614 007 + 914 004 + 614 008 und 614 019 + 914 010 + 614 020, letztere als bisher einzige probeweise neu-motorisierte, unterwegs.

In insgesamt sechs Laufplänen waren 22 Triebzugeinheiten verplant.

- Laufplan SRN0 brachte sechs Züge auf durchschnittlich 531 km/Tag
- Laufplan SRN1 war aufgestellt für fünf Züge bei einem Tagesschnitt von 438 km
- Laufplan SRN2 bescherte zwei Zügen bescheidene 124 km/Tag
- Laufplan SRN3 sah für zwei Einheiten täglich 457 km vor
- Laufplan SRN4 verplante drei Einheiten mit 275 km/Tag und
- Laufplan SRN5 brachte vier Einheiten auf 515 Tageskilometer.

Im letztgenannten Plan waren speziell die Leistungen Schweinfurt – Meiningen, Meiningen – Eisfeld und Schweinfurt – Bad Kissingen sowie ein Zugpaar nach Würzburg (RE 20712/20719) gebündelt.

Weitere Modernisierungsmaßnahmen zielten auf die farbliche Anpassung bereits innen neu ausgestatteter Fahrzeuge im jetzt gültigen Farbschema „Verkehrsrot“ ab, während die Neu-Motorisierung mit stärkeren Cummins-Antriebsaggregaten bis zum nächsten Jahr noch perspektivisch blieb.

2000

Ersatzteilprobleme bei Motoren und Getrieben bedingten einen kontinuierlichen Tausch von revisionierten Motorwagen aus bzw. defekten Triebköpfen nach Kassel. Gleichzeitig standen erste Hauptuntersuchungen der Pendolino-BR 610 an, so dass auch hierfür Ersatzleistungen erbracht wurden. Das führte dazu, dass der Braunschweiger 614 049 + 914 027 + 614 050 in hiesigen Plänen aushalf.

Wegen eines Fahrzeug-Mehrbedarfs zwischen Bad Kissingen, Schweinfurt und Würzburg wurden zwei Triebwagen von der Relation Meiningen – Schweinfurt abgezogen.

Zum Fahrplanwechsel am 28. Mai übernahmen 614er den Gesamtverkehr zwischen Bamberg und Ebern von der BR 212, mit Ausnahme des Schülerzugpaares 20990/20991. Damit waren diese Einsätze getauscht, war doch bis dahin der Schülerzug einzige 614er-Leistung auf dieser Strecke.

Langsam in Gang kam der Einbau leistungsstärkerer 16-Zylinder-Serienmotoren vom Typ Cummins QSK 19, die 448 kW leisten. Das traditionell installierte 12-Zylinder-Aggregat MAN D 3650 HM 12 U brachte es auf 368 kW. Es war maßgeblicher Grund für die schwerfällige Beschleunigung und die fehlenden Leistungsreserven auf Steigungsstrecken. Über einen längeren Umbauzeitraum wurden insgesamt 32 Triebköpfe mit neuen Antrieben ausgestattet, achtundzwanzig davon mit Serien- und vier mit Versuchsmotoren.

Bild 148 – Ein über Jahrzehnte hinweg klassisches Motiv und beliebter Fotografentreffpunkt war der Bahnübergang Ottostraße in Fürth, der am 4. Oktober 1997 von 614 022 passiert wird. Hier laufen die Strecken aus Cadolzburg, Markt Erlbach, Würzburg und Bamberg zusammen. Entsprechend oft waren die Schranken unten. Das reizvolle Stellwerk, ein gerne ins Bild gesetztes Kleinod, fiel im Februar/März 2010 dem Abriss zum Opfer. Hohe, umfassend „verzierte" Schallschutzwände rechts und links der Streckengleise bilden heute hier die nicht mehr einer Dokumentation werte Kulisse. AUFNAHME: FERDINAND VON RÜDEN

Bild 149 – Noch mit den nicht zu übersehenden Folien „NeiTec" by Talbot waren 614 004 + 614 003 (mit Ausnahme des 914 002) beklebt, als sie in der Triebwagenhalle ihres Heimatwerkes dokumentiert wurden. 1996 erhielt der Zug für Erprobungsfahrten u. a. im Raum Trier neu entwickelte Neigetechnik-Drehgestelle. Diese waren offenkundig zum Zeitpunkt der Aufnahme am 3. August 1997 noch eingebaut. AUFNAHME: FERDINAND VON RÜDEN

Bild 150
Wie eine Vorahnung auf die künftige Konfiguration als LIMEZ III wirkt das Gespann aus 614 046/045 bei Pechbrunn. In der für Nürnberger Verhältnisse seltenen zweiteiligen Zusammenstellung ohne Mittelwagen ist die RB 5969 am 17. April 1996 von Hof aus auf dem Weg nach Weiden.

AUFNAHME:
GERALD HOCH

Bild 151
Auf dem Weg von Weiden (Oberpf) nach Neukirchen (b S-R) legt 614 043 am Haltepunkt Thansüß bei Streckenkilometer 32,2 einen kurzen Zwischenhalt ein. Rechts zu sehen ist der am spätherbstlichen 22. Oktober 1989 noch regelmäßig genutzte Gleisanschluss des Mineralmahlwerkes Gottfried Feldspat GmbH.

AUFNAHME:
STEFAN GOLDSCHMIDT

Bild 152
Noch mit Flügelsignalen wird dem in Richtung Neukirchen (b. Sulzbach-Rosenberg) fahrenden 614 011 + 914 006 + 614 012 am 19. Januar 1999 der nächste Halt in Hersbruck (links Pegnitz) angekündigt. An dieser Stelle verkehrt heute die S-Bahn Nürnberg als S 1 mit Triebzügen der Baureihen 442 bzw. 1440. Mit der Ertüchtigung der Strecke einher ging neben der Elektrifizierung auch der zweigleisige Streckenausbau bis Hartmannshof.

AUFNAHME:
FERDINAND VON RÜDEN

Bild 153 – Der Bahnhof Wilhermsdorf im Zenngrund kann mit Fug und Recht als echtes Kleinod gelten. Es gibt noch Leben im privat genutzten Stationsgebäude, eine klassische gelbe Telefonzelle und die funktionierende Bahnhofsuhr vermitteln Flair und Verlässlichkeit gleichermaßen. Auch 614 076 steht am 25. April 1999 für eine Jahrzehnte lange Beständigkeit der Baureihe im Einsatz nach Markt Erlbach. AUFNAHME: FERDINAND VON RÜDEN

Bild 154 – Der Flusslauf der Fränkischen Saale ist ein nahezu permanenter Begleiter auf der 47 km langen Bahnstrecke zwischen Bad Kissingen und Gemünden (Main). Als die Leistungen auf der KBS 803 noch von DB-Regio erbracht wurden, entstand diese Aufnahme. Ein kleines Stauwehr in Gräfendorf, am Fuße der Südrhön gelegen, diente am 18. September 2001 als Fotostandort für die verkehrsrote Garnitur, bestehend aus 614 028 + 914 014 + 614 027. AUFNAHME: ULRICH WEHMEYER

6 Heimat Braunschweig – Alltag in Niedersachsen, Schleswig-Holstein und Westfalen

Einleitende Hinweise:

- Auch das Bw Braunschweig Hbf, zeitweise Bw Braunschweig 1, ist inzwischen wieder umbenannt und firmiert aktuell unter dem Kürzel HBS als Werk Braunschweig in der Zuständigkeit von DB Regio Niedersachsen. In der Folge wird es jedoch entweder als Heimatwerk oder Bw Braunschweig bezeichnet.
- Die Bezeichnungen der Kursbuchstrecken (KBS-Nummern) orientieren sich auch in diesem Kapitel an den zum Berichts- und/oder Aufnahmezeitpunkt gültigen Nummerierungen und nicht an den heutigen Streckennummern.
- Die Betrachtung der Einsatzgebiete und die damit erreichten Tagesleistungen erfolgen chronologisch und werden selektiv dargestellt. Auf eine für alle Jahre durchgängige, jeweils zum Fahrplanwechsel aktualisierte Darstellung wird bewusst verzichtet, da sie nur eine begrenzte Aussagekraft hat.

Noch während der Fertigungszeit der ersten Bauserie erteilte die Deutsche Bundesbahn einen Folgeauftrag für weitere 15 dreiteilige Garnituren der BR 614/914, die komplett bei MAN in Nürnberg (Triebwagen) und O&K in Berlin (Mittelwagen) gebaut wurden.

Da die Beschaffung in die Zeit des gerade beschlossenen neuen Farbkonzeptes Türkis/Beige fiel, erhielten die komplett für die Beheimatung in Braunschweig vorgesehenen Züge auch erstmals ein bisher für sie ungewohntes Farbkleid im neuen „Ozeanblau/Beige", wie die Lackierung dann schließlich bezeichnet wurde. Zwei zusätzlich angebrachte dünne Zierlinien unterhalb des Fensterbandes und oberhalb des Fahrzeugrahmens lockerten das Gesamtbild positiv auf und verliehen auch den Triebzügen 614 055 + 914 028 + 614 056 bis 614 083 + 914 042 + 614 084 ein durchaus attraktives Erscheinungsbild.

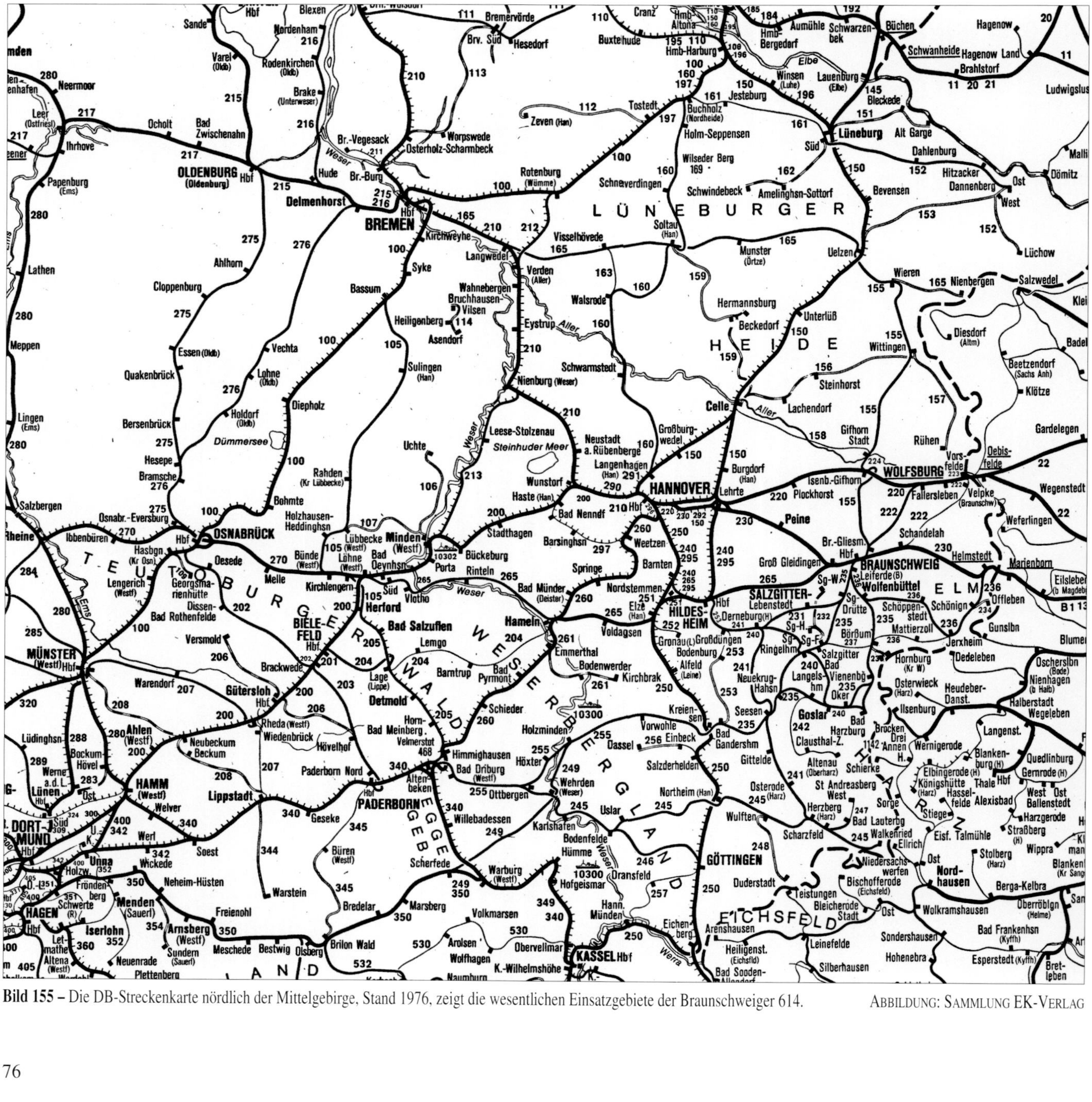

Bild 155 – Die DB-Streckenkarte nördlich der Mittelgebirge, Stand 1976, zeigt die wesentlichen Einsatzgebiete der Braunschweiger 614. ABBILDUNG: SAMMLUNG EK-VERLAG

Bild 156
Wenige Tage vor seiner offiziellen Abnahme durch die Deutsche Bundesbahn zeigt sich 914 041 am 23. April 1976 im AW Kassel. Als vorletzter seiner Baureihe wurde er am 6. Mai 1976 in Dienst gestellt. 2019 ereilte ihn, nunmehr im Eigentum der SKPL, im polnischen Ostrów Wielkopolski seine Zerlegung.

AUFNAHME: SAMMLUNG FERDINAND VON RÜDEN

Bild 157
1976/77 fuhren Braunschweiger 614 bis zum deutsch/niederländischen Grenzbahnhof Bad Bentheim, der im Streckenzulauf der DB noch nicht elektrifiziert war. Dabei wurden einige Leistungen bis nach Hengelo/NL durchgebunden. Am 20. April 1977 zeigt sich dort auf Gleis 2 der soeben eingetroffene 614 060 neben einer abgestellten D-Zug-Garnitur der Deutschen Bundesbahn. Seit 2018 gibt es einen durchgehenden Zuglauf Bielefeld – Osnabrück – Hengelo und zurück. Die von KEOLIS Deutschland (Eurobahn) gefahrene RB 61 „Wiehengebirgs-Bahn" verkehrt nunmehr komplett unter Fahrdraht und verbindet die beiden Streckenendpunkte bei rund 2 ¼ Stunden Fahrzeit im Stundentakt.

AUFNAHME: SAMMLUNG FERDINAND VON RÜDEN

Dies ist insofern erwähnenswert, weil die neuen DB-Farben mit ihrer Einführung keineswegs Begeisterungsstürme auslösten und auch zahlreichen Fahrzeugen durch die konsequente Aufteilung der Farbflächen viel ihres ursprünglichen Aussehens und Charakters nahmen.

Die komplette Zuteilung der zweiten Serie beim Bw Braunschweig erfolgte von Oktober 1975 bis September 1976. Damit war für fast achtzehn Jahre eine eindeutige Festschreibung der Beheimatung gegeben. In Nürnberg wurden ausschließlich die popfarbenen Dreiteiler der Nummern 614 001 bis 614 054 samt Mittelwagen 914 001 bis 914 027 beheimatet, während in Braunschweig die ozeanblau/beigen Triebzüge der o. g. Nummernfolge gebündelt wurden.

Die neuen Züge übernahmen vornehmlich Leistungen im Weserbergland und im Vorharz, die sie zum Teil in Mischplänen mit der BR 634 fuhren. Durch die Neuanlieferung konnten bis 1976 alle hier noch vorhandenen Triebwagen der BR 624 nach Osnabrück abgegeben werden, wo die Baureihe nunmehr komplett beheimatet war.

Bild 158 – Wenn auch keine typische, so doch dokumentarisch interessante Abrundung stellt die Frontansicht des verunfallten 614 064 dar. Als Et 3500 war er bei Höxter in einen Bahnübergangsunfall verwickelt und stand dann über die Weihnachtsfeiertage im Bw Holzminden hinterstellt, wo er am 24. Dezember 1978 angetroffen wurde. Nach seiner Ausbesserung war der Triebkopf noch bis 2008 bei der DB in Dienst und wurde 2011 nach Rumänien verkauft. AUFNAHME: PROF. DR. WILLI HAGER/EISENBAHNSTIFTUNG

1978/1979

Der vom 1. Oktober 1978 bis 26. Mai 1979 gültige Winterfahrplan 1978/79 sah für zwölf Einheiten der BR 614 eine durchschnittliche Laufleistung von 549 km/Tag vor. In der BD Hannover war dies beachtlich, verfügte diese Bundesbahndirektion doch zu diesem Zeitpunkt noch über die größte Baureihenvielfalt an Triebwagen und -zügen. Bei den in Hameln, Hildesheim und Rheine beheimateten Akkufahrzeugen der Baureihen 515/815 variierten die Tagesleistungen zwischen 240 und 305 km/Tag, die Braunschweiger 613/913 liefen zwischen 492 und 532 km/Tag, die BR 627 kam auf 319 km/Tag, die BR 628 auf 443 km/Tag und die BR 798/998 (seinerzeit alle ebenfalls in Braunschweig) fuhr (nur noch) zwischen 153 und 247 km/Tag.

Lediglich die Osnabrücker 624 erreichten mit Tagesleistungen von 475 bis 624 km etwas mehr Laufleistung als die BR 614. Diese fuhren u. a. auf den Strecken:

- Wittingen – Uelzen – Bremen
- Braunschweig – Kreiensen – Ottbergen/Altenbeken
- Goslar – Vienenburg – Altenbeken
- Wolfsburg – Hannover – Soltau
- Braunschweig – Göttingen
- Hildesheim – Braunschweig
- Wolfsburg – Lehrte.

1980

Rolf Köstner, der bereits verantwortlich für das Kapitel 9 „Mischlinge – BR-934-Mittelwagen zwischen BR-614-Triebwagen“ zeichnet, ist auch der Tipp- und Bildgeber für die nachstehend dokumentierte, kurze leihweise Einsatzepisode Braunschweiger 614er beim Bw Osnabrück 1.

Intermezzo – Kurze Gastspiele in Osnabrück

Zwar waren bis zur Elektrifizierung der Strecke Löhne (Westf) – Osnabrück – Bad Bentheim im Jahre 1976 neben Osnabrücker 624/634 auch Braunschweiger 614 im Eil- und D-Zug-Dienst zwischen Hannover und dem Grenzbahnhof zu den Niederlanden auf Durchreise in der Friedensstadt. Leihweise allerdings kam die Baureihe erstmals im Frühjahr 1980 mit 614 071/914 036/614 072 hierher. Von offizieller Seite verlautete, es solle ein vorübergehender Fahrzeugengpass bei den hier beheimateten 624/634 abgefedert werden …

Vielmehr wollten die Braunschweiger Kollegen auf dem „kleinen Dienstweg“ Amtshilfe beim sehr erfahrenen damaligen örtlichen Werkmeister einholen, denn im Vergleich zu den hier beheimateten Vorgängerbaureihen waren die 614 recht schwerfällig in der Anfahrt und neigten außerdem zu starker Rußbildung. Schnell wurden die Einspritzdüsen des 614 als Verursacher der Probleme identifiziert.

Eine ordentliche Reinigung und regelmäßige Wartung verringerte nachhaltig die Rußproblematik. Kamen gar die Düsen aus der BR 624/634 zum Einbau, war auch die Beschleunigung wesentlich besser. So fuhr die o. g. Einheit von Anfang April bis vermutlich Ende Mai 1980 in einem Umlauf Vechta – Osnabrück – Delmenhorst – Osnabrück – Vechta, der aus dem 624er-Plan ausgekoppelt wurde. Ob allerdings mit der Rückkehr ins Heimat-Bw Braunschweig nachhaltige Umsetzungen der in Osnabrück gewonnenen Erkenntnisse einhergingen, ist nicht überliefert.

Für eine zweite kurze Einsatzperiode in Osnabrück im Juni 1983 wurde dann die Einheit 614 061/914 031/614 062 aus Braunschweig überstellt. Diesmal allerdings galt es wirklich, den wegen anstehender Hauptuntersuchungen und Unfallinstandsetzungen stark geminderten 624/634-Bestand zu verstärken. Dabei kam die Leihgarnitur in einem Umlauf Osnabrück – Bramsche – Vechta – Osnabrück – Delmenhorst – Bramsche zum Einsatz.

Für die in der Nachschau sehr standorttreue Baureihe 614 waren dies die beiden einzig bekannten leihweisen Einsätze außerhalb ihres Heimatbetriebswerkes Braunschweig. Nürnberger 614er-Leihgaben sind nicht bekannt, abgesehen von der kurzzeitigen Überstellung zweier Garnituren zum Bw Trier im Jahre 2004 für Lokführerschulungen und Probefahrten.

Bild 159
Bei Osnabrück-Eversburg ist am 13. Mai 1980 mit 614 071 + 914 036 + 614 072 eine Braunschweiger Leihgarnitur im Einsatz als N 8340 (Delmenhorst – Osnabrück Hbf). Der Zug passiert gerade ein ehemaliges Bahnwärterhaus der Großherzoglich Oldenburgischen Eisenbahn.

AUFNAHME: ROLF KÖSTNER

Bild 160 – Aus der zweiten Periode des Braunschweiger VT 614-Leiheinsatzes in Osnabrück stammt diese Aufnahme vom 22. Juni 1983. Im schönsten Abendlicht verlassen 614 061 + 914 031 + 614 062 den Hauptbahnhof von Gleis 13 zur Fahrt in den Feierabend. Als Kulisse für den Leertriebwagen dient das markante Fahrdienstleiterstellwerk Of. Über die sog. Schinkelkurve wird das betreuende Bw Osnabrück erreicht. Aufnahme: Rolf Köstner

Bild 161 – Der bekannte Fußgängersteg über den Osnabrücker Hauptbahnhof Pu diente als Aufnahmeort für den hier nur kurzzeitig eingesetzten 614 062 + 914 031 + 614 061. Als N 8328 aus Richtung Bramsche hat die Braunschweiger Leihgarnitur am 22. Juni 1983 Einfahrt auf Gleis 11. Aufnahme: Rolf Köstner

Bild 162 – Exakt auf halber Strecke zwischen Nordstemmen und Elze (Han) befand sich der längst aufgelassene Haltepunkt und frühere Bahnhof Poppenburg. Auch das 1951 im sachlich nüchternen Baustil errichtete Stellwerk der Bauart „DRI" im Vordergrund ist mit der neu gebauten Straßenüberführung im Zuge der Bundesstraße 1 entbehrlich geworden und 1984 abgerissen worden. Auf dem Weg von Hildesheim nach Hameln passiert 614 067 im Jahre 1978 das inzwischen historische Ensemble. AUFNAHME: HELMUT SCHEIBA

1981/1982

Im ab 27. September 1981 gültigen Laufplan 13556 waren für zwölf dreiteilige Züge durchschnittlich 602 Laufkilometer/Tag während der Winterfahrplan-Periode 1981/1982 vorgesehen. Die Bandbreite der Tagesleistungen reichte dabei von minimal 449 km am Plantag 9 bis maximal 795 km am Plantag 7.

1982

Dieser Bedarf setzte sich auch weitgehend im Sommer 1982 im gleichnamigen Laufplan 13556 (gültig ab 23. Mai 1982) fort, bei nunmehr 553 Laufkilometern/Tag. Hier erreichte die Bandbreite der täglichen Laufkilometerleistungen ein Spektrum von 261 km am Tag 12 bis zu beachtlichen 886 km am Tag 7.

1982/1983

Im ab dem 26. September 1982 geltenden Umlauf für den Winterfahrplan 1982/1983 erreichten wiederum zwölf eingesetzte Garnituren einen Durchschnitt von 570 Laufkilometern/Tag bei gleichem Minimal- und Höchstwert der gefahrenen Tageskilometer.

Mit diesen in jeder Hinsicht weitestgehend stabilen Größenordnungen konnten bei fünfzehn hier beheimaten Einheiten und

weiter Seite 89

Bild 163
An der damaligen KBS 240 (heutige KBS 320) lag zwischen Salzgitter-Ringelheim und Goslar der nach Abriss seiner Dienstgebäude seit 1972 unbesetzte Haltepunkt Dörnten. Am 9. Mai 1978 konnte hier 614 067 gut zwei Jahre nach seiner Indienststellung beim Bw Braunschweig abgepasst werden. Züge nach Hildesheim und Goslar hielten letztlich nur noch bis zum 30. Mai 1983.

AUFNAHME: WOLF-DIETMAR LOOS

Bild 164
Historisch und aus heutiger Sicht durchaus reizvoll ist die Begegnung des kantigen 614 065 mit dem vergleichsweise runden Renault 6 vom 8. Juli 1978. Dieser Fahrzeugtyp wurde zwischen 1968 und 1980 gefertigt, in Deutschland aber brachte er es nur zu überschaubarer Popularität. Der acht Bahnkilometer von Soltau entfernte Bahnhof Frielingen (Kreis Fallingbostel) wird seit Jahren nicht mehr von Zügen bedient. Das Stationsgebäude nutzt der neue Eigentümer heute als Café.

Bild 165
Längst hält auch im ehemaligen Turmbahnhof Plockhorst kein Zug mehr. 614 079 ist am 1. April 1977 auf der Hauptstrecke in Richtung Lehrte unterwegs. Oben kreuzen die Bahnsteiggleise der ehemaligen Verbindung Braunschweig – Celle. Bereits am 27. Mai 1962 erfolgte die Stilllegung des Personenverkehrs in Richtung Braunschweig-Gliesmarode, die nach Celle am 23. Mai 1971. Das Bahnhofsgebäude fiel 1980 der Spitzhacke zum Opfer, der obere Bahnhofsteil wurde endgültig am 1. Juni 1991 stillgelegt. Schallschutzwände blenden heute die einstige Herrlichkeit komplett aus.

Bild 166
Am Streckenposten 42 westlich von Salzgitter-Ringelheim gelang am 3. August 1978 dieser stimmungsvolle Nachschuss auf 614 070. Was aus heutigem Blickwinkel in Höhe von Streckenkilometer 63,0 durchaus idyllisch erscheinen mag, ist der spartanisch ausgestattete Arbeitsplatz des Schrankenwärters. Aufmerksam, aber wohlwollend beobachtet er das Tun des Fotografen.

Aufnahmen (3):
Wolf-Dietmar Loos

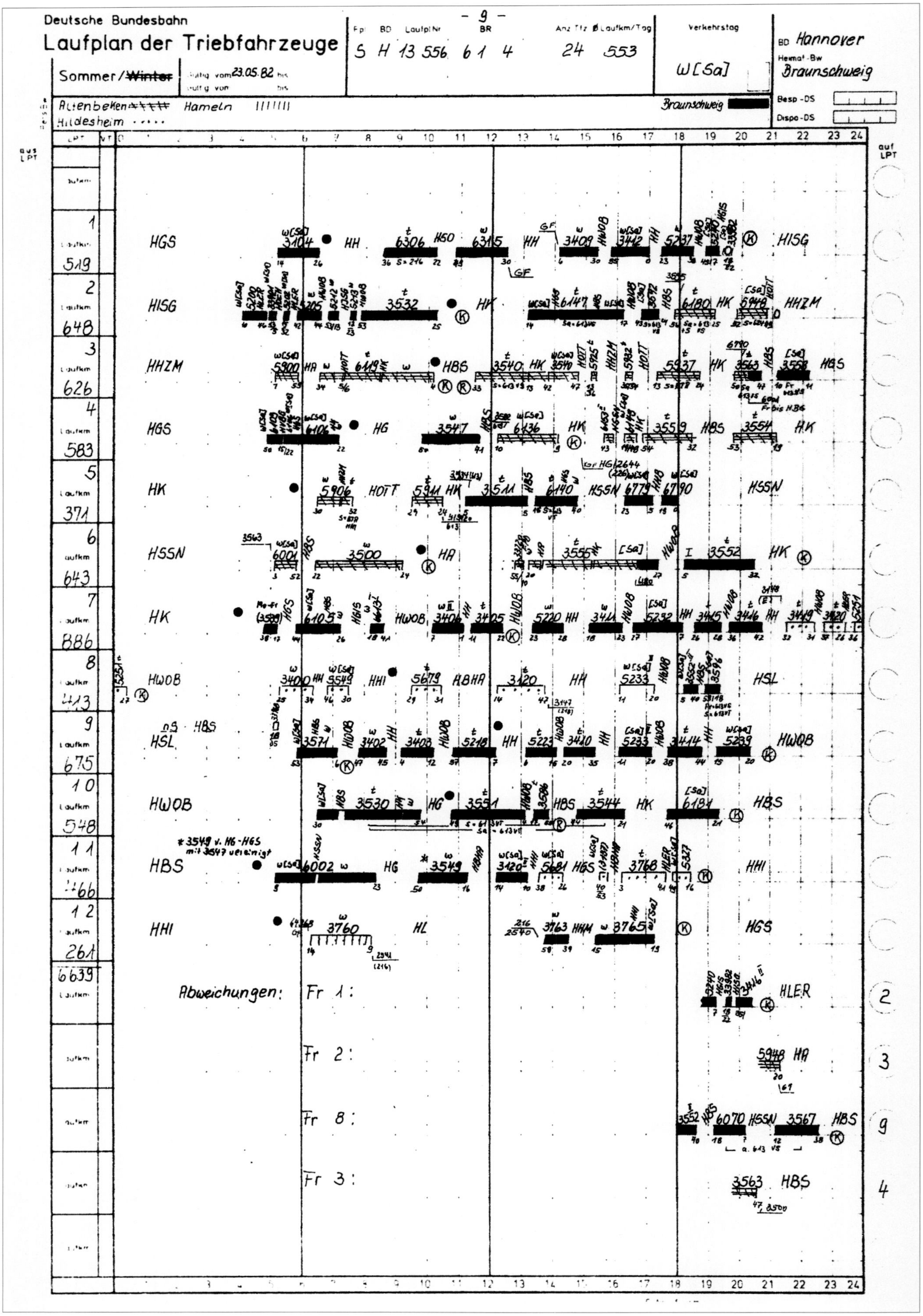

Bild 167 – Umlaufplan 13556 (Auszug) des Bw Braunschweig, gültig w [Sa] ab dem 23. Mai 1982 für 18 VT. ABBILDUNG: SAMMLUNG DR. JÜRGEN HÖRSTEL

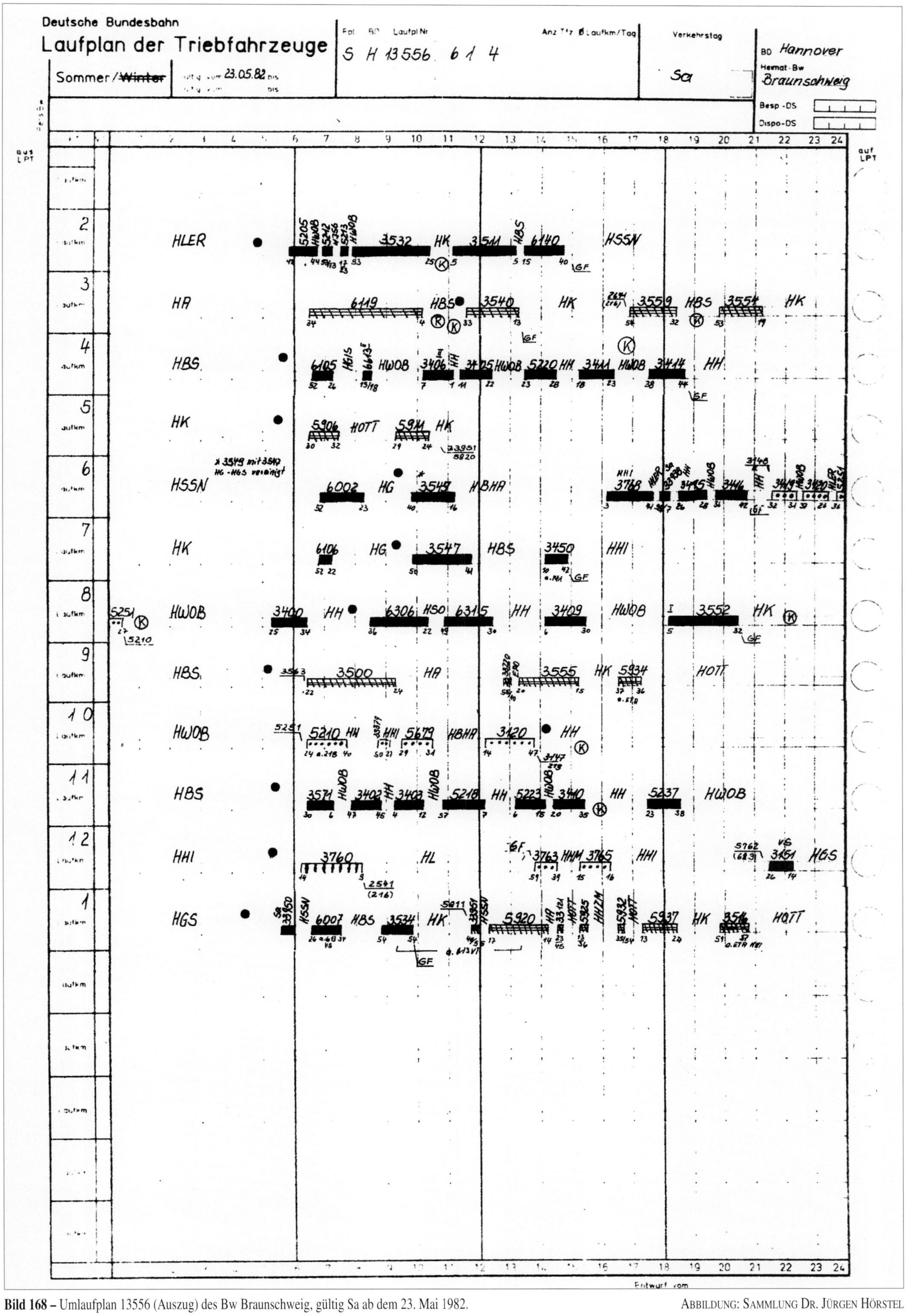

Bild 168 – Umlaufplan 13556 (Auszug) des Bw Braunschweig, gültig Sa ab dem 23. Mai 1982. ABBILDUNG: SAMMLUNG DR. JÜRGEN HÖRSTEL

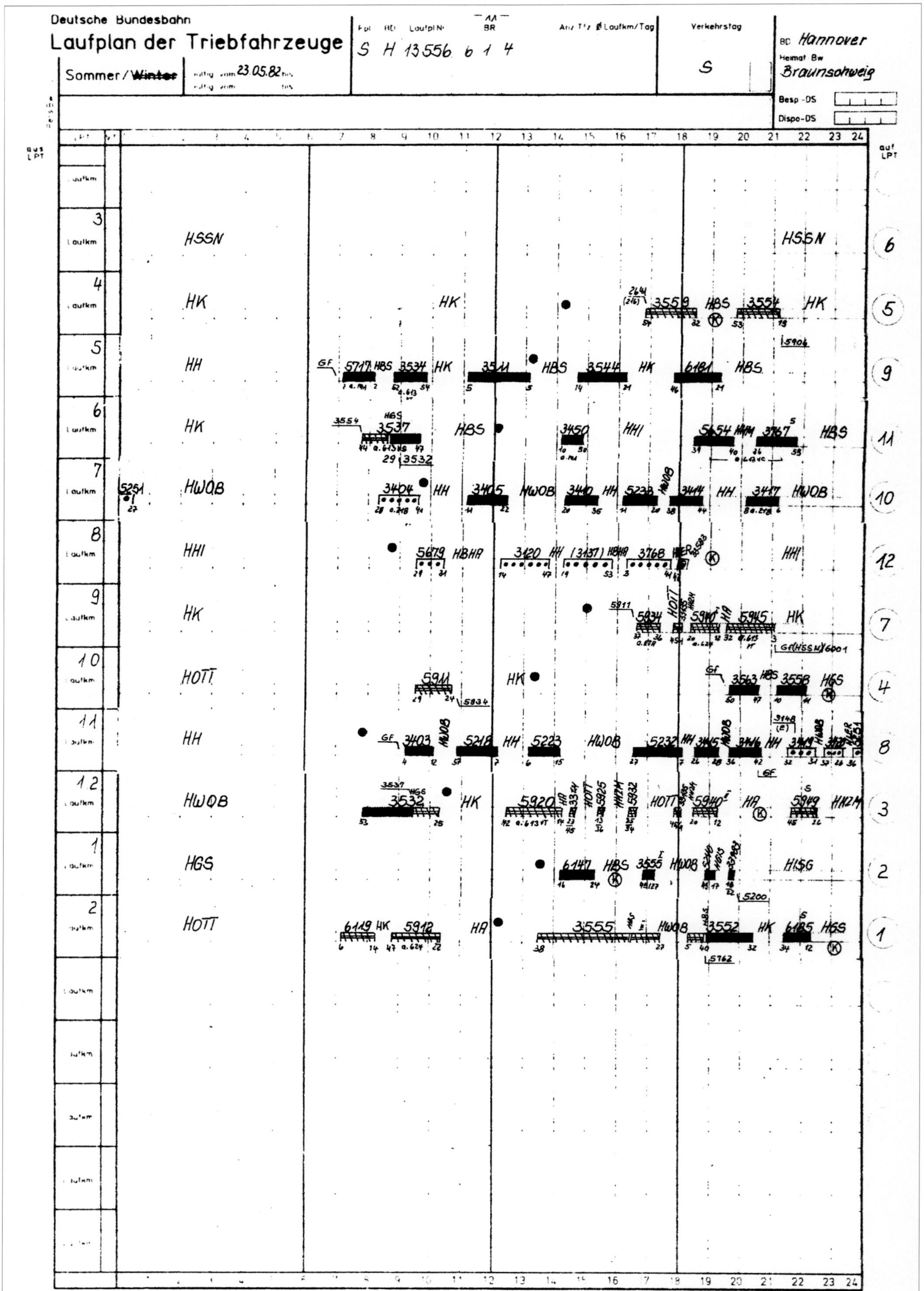

Bild 169 – Umlaufplan 13556 (Auszug) des Bw Braunschweig, gültig So ab dem 23. Mai 1982. ABBILDUNG: SAMMLUNG DR. JÜRGEN HÖRSTEL

Bild 170
Im Alltag des ersten Einsatzjahrzehnts der Nürnberger und Braunschweiger 614 war die Mitnahme von Expressgut, Post und Gepäck im nur sechs Quadratmeter großen Laderaum unmittelbar hinter dem Führerstand eine Selbstverständlichkeit. Das Foto aus Gifhorn Stadt mit 614064 als N 6647 vermittelt diese typische, auch schon mehr als vierzig Jahre zurückliegende Szenerie vom 14. April 1980.

AUFNAHME:
PROF. DR. DIETMAR BÖNKE

Bild 171
Begeisterungsstürme hat das neue ozeanblau/beige Farbschema bei seiner Einführung 1974 keineswegs ausgelöst. Die drei derart umlackierten 220012, 023, 060 sowie zahlreiche Schwesterloks der BR 221 galten exemplarisch als farblich missratene Dieselloks. Die Baureihe 614 hingegen, so wurde es allgemein empfunden, kleidete die Farbgebung durchaus, nicht zuletzt auch wegen der beiden eingefügten dünnen Zierlinien. Vier Jahrzehnte nach dem Entstehen dieses Fotos vom 8. Mai 1980 hat die Gegenüberstellung von 220060 und 614081 als N 5929 in Paderborn Hbf gleichwohl ihren ganz eigenen Reiz.

AUFNAHME:
ROLF KÖSTNER

Bild 172
Interessante Betriebsamkeit am 18. Mai 1980 im Bahnhof der Kurstadt von Bad Gandersheim. Für den als Et 3081 fahrenden 614063 steht die Ausfahrt in Höhe des Stellwerkes Gwf. 212003 wartet derweil mit ihrem aus offenen Wagen gebildeten Güterzug in Höhe des Kilometersteins 100,1 die Vorbeifahrt des Dieseltriebzugs ab.

AUFNAHME:
PETER BÄUCHLE

Bild 173 – In den Ausläufern des Egge-Gebirges zwischen Langeland und Bad Driburg (Westf) befindet sich der 245 m lange Reelsener Tunnel. Am 27. März 1981 haben 614 083 + 614 084 wieder die freie Strecke erreicht und werden dabei am motivlich sehr schönen Tunnelportal vom Fotografen abgepasst. AUFNAHME: JOSEF HÖGEMANN

Bild 174 – Am 16. April 1981 war der Fotograf in Ildehausen Alter Bahnhof zur Stelle, als für den E 3542 die Ausfahrt auf Hp1 stand. 614 073 + 914 037 + 614 074 + 614 055 + 914 029 + 614 056 bilden die dokumentierte Doppeleinheit. AUFNAHME: ROLF KÖSTNER

Bild 175 – Klein, aber gepflegt wirken die Anlagen des Bw Holzminden. Dem Drehscheiben-Idyll alter Tage (vorne mit Kurbelkasten für die Handbedienung) verleiht der Braunschweiger 614 im Oktober 1981 eine seinerzeit moderne Note. AUFNAHME: ROLF KÖSTNER

Bild 176 – Stelldichein zweier Triebwagen-Generationen im heimatlichen Bw Braunschweig am 22. Juli 1982. Umgeben von zwei Schienenbus-Garnituren zeigt sich 614 079, der als einer der wenigen seiner Baureihe hier durchgängig vom 23. Juli 1976 bis zum 2. April 2008 beheimatet war. AUFNAHME: FERDINAND VON RÜDEN

Bild 177 – Im Gegensatz zu den Nürnberger Gepflogenheiten wurden die zusammengehörigen 614er-Einheiten des Bw Braunschweig meist „wild“ mit anderen gerade verfügbaren Mittelwagen gekuppelt. Bei dem am 14. September 1982 in Seesen am Hausbahnsteig einfahrenden 614 068 + 914 034 + 614 067 hingegen war diese Regel die Ausnahme. Rechts neben dem charakteristischen Stellwerk Sof lugt eine damals hier noch stationierte Bahnhofs-Köf hervor. AUFNAHME: ROLF KÖSTNER

Bild 178 – Mensch, welch eine Triebwagenvielfalt war das noch in den achtziger Jahren … Meist zog es die zahlreichen Fotografen zu jener Zeit an die Gleise, um das bevorstehende Einsatzende der „Eierköpfe“ zu dokumentieren. Aber der Reiz, den am 27. März 1983 aus Kreiensen ausfahrenden 613 616 + 913 015 + 613 605 mit gleich zwei ozeanblau/beigen Vertreterinnen der Baureihen 624 und 614 im Bild festzuhalten, schien auch damals – Beifang hin oder her – schon vorhanden gewesen sein. AUFNAHME: ROLF KÖSTNER

Bild 179
Westlich von Harriehausen passiert 614 076 am 15. August 1984 mit deutlich sichtbaren Abgasfahnen den Block Vogelberg mit seinem unmittelbar daneben verlaufenden Bahnübergang. Als Et 3530 hat der Triebwagen durchaus seine liebe Mühe mit dem Anstieg aus dem Leinetal, während sich der Zugbegleiter derweil in den hinteren Führerstand zurückgezogen hat.

AUFNAHME: PETER BÄUCHLE

zwölf verplanten Garnituren kontinuierlich 80 % des 614/914-Bestandes in die Umläufe integriert werden. Diese sicherten den Zügen auch ein weitgehend konstantes Einsatzgebiet, das mit Personalen der Einsatz-Bw Altenbeken, Braunschweig, Hildesheim und Uelzen abgedeckt wurde.

Angefahren wurden vornehmlich (in alphabetischer Reihenfolge):
Altenbeken (HA), Bad Harzburg (HBHA), Braunschweig (HBS), Derneburg (HDBG), Gifhorn Stadt (HGIS), Göttingen (HG), Goslar (HGS), Hameln (HHM), Hannover (HH), Helmstedt (HHLM), Hildesheim Hbf (HHI), Höxter (HHX), Holzminden (HHZM), Isenbüttel-Gifhorn (HISG), Kreiensen (HK), Lehrte (HLER), Löhne (Westf) (HL), Ottbergen (HOTT), Paderborn Hbf (EPD), Seesen (HSSN), Soltau (HSO), Wolfsburg (HWOB).

1984

Im zwölftägigen Braunschweiger Umlauf wurden durchschnittlich 585 km/Tag erreicht. Der hauptsächliche Einsatz erfolgte in Ost-West-Richtung auf den KBS:

Bild 180 – Die Stadtsilhouette von Höxter (Weser) bildete schon zu Zeiten der früher hier eingesetzten Triebwagen der Baureihen 515 und 613 einen schönen Hintergrund. Bestens ins Bild gesetzt und gut vor die Kulisse der zweitürmigen evangelischen Kirche St. Kiliani passte am 25. Mai 1983 aber auch der dreiteilige, als Nt 5920 fahrende 614.
AUFNAHME: ROLF KÖSTNER

Bild 181
Einfahrt frei für den Et 3586, der aus Richtung Wolfsburg/Fallersleben über die sog. „Schuntertalbahn“ kommend am 12. November 1983 den Bahnhof Braunschweig-Gliesmarode erreicht. Vorne sichtbar sind die beiden eingleisigen Strecken Braunschweig – Nordkurve Hafen, die früher bis Celle weiterführte sowie Braunschweig – Gifhorn – Uelzen. Als Mittelwagen zwischen 614 077 und 614 078 ist 914 030 eingereiht, abweichend vom regulär „zuständigen“ 614 039.

Aufnahme:
Prof. Dr. Dietmar Bönke

Bild 182
Der ehemalige Haltepunkt und Block Hembsen galt in den siebziger Jahren als beliebte Pilgerstätte für Anhänger der Baureihe 044. In der Steigung zwischen Ottbergen und Bad Driburg konnten seinerzeit die „Jumbos“ bei voller Kraftentwicklung direkt vom Bahnsteig aus festgehalten werden. Weniger spektakulär als zu Dampfzeiten fiel am 26. Mai 1984 die Begegnung mit 614 075 + 914 035 + 614 076 als N 5920 an derselben Stelle aus.

Aufnahme:
Rolf Köstner

Bild 183
Helmstedt, 36 km östlich von Braunschweig und 45 km westlich von Magdeburg gelegen, kann man heute ganz selbstverständlich in geographischer Mittellage zwischen diesen beiden Städten in Niedersachsen und Sachsen-Anhalt verorten. Während der innerdeutschen Teilung lag der Bahnhof in unmittelbarer Zonenrandlage zur damaligen DDR und war vom Transitaufkommen bis 1990 die für den Bahnverkehr bedeutsamste Nahtstelle zwischen den beiden Machtblöcken. Der langsam ausfahrende 614 059 stellte damals eine Anschlussverbindung nach Braunschweig her.

Aufnahme (am 17. April 1984):
Sammlung Ferdinand von Rüden

Bild 184 – In herrlich fotogener, von Telegrafenmasten gesäumter Eisenbahn-Landschaft ist die von 614 069 geführte Triebzuggarnitur bei Amelunxen unterwegs. Am 7. Juli 1984 leistete (wieder einmal) ein Schaffner dem Triebfahrzeugführer Gesellschaft und genoss mit ihm aus dem Führerstand die landschaftlichen Reize der Sollingbahn. AUFN.: DR. JÜRGEN HÖRSTEL

Bild 185 – Regelmäßig waren Braunschweiger Dieseltriebzüge in Kreiensen anzutreffen. Bis zu ihrer bevorstehenden Abstellung galt die besondere Aufmerksamkeit der Fotografen den „Eierköpfen" der Baureihe 613. Ideal zum direkten Farben- und Formenvergleich von Alt und Neu pausieren 613 616 und 613 606 (ex VT 08 516 und VT 08 506) am 29. September 1984 neben 614 063. Zumindest in Bezug auf einen Leistungsvergleich sahen „die Neuen" aber ganz alt aus. AUFNAHME: WOLFGANG BÜGEL/EISENBAHNSTIFTUNG

220 Wolfsburg – Hannover
265 Braunschweig – Löhne (mit Spitzen nach Herford)

und im Süden über die KBS 285, 255, 245, 246 nach Altenbeken sowie bis nach Göttingen. Interessant waren diese als Doppeleinheiten gefahrenen Leistungen:

- E 3412 / Wolfsburg – Hannover (Mo-Sa) 614 + 614
- E 3552 / Wolfsburg – Goslar (Mo-Sa) 614 + 614
- E 3578 / Wolfsburg – Göttingen (So) 614 + 614

Gar mit drei zusammengekuppelten Garnituren verkehrten:

- Lt 33966 Braunschweig – Goslar (Mo-Fr) 614 + 614 + 614

Bild 186
Vor schöner Flügelsignalkulisse läuft 614 071 aus Altenbeken kommend in Vienenburg ein. Zum Aufnahmezeitpunkt am 15. August 1984 war der Ort noch nahezu 30 Jahre von der Eingemeindung als Stadtteil von Goslar entfernt.

AUFNAHME:
FERDINAND VON RÜDEN

Bild 187
In der Nähe von Hessisch Oldendorf (Landkreis Hameln-Pyrmont) zwischen Rinteln und Hameln gelegen, passte der Fotograf am 19. August 1984 einen dreiteiligen 614 ab. Als Nt 5640 rollte dieser über die von klassischen Telegrafenmasten gesäumte Strecke.

AUFNAHME:
PROF. DR. DIETMAR BÖNKE

Bild 188
Dem in seiner etwas trägen Beschleunigungsphase befindlichen E 6966 setzen die Jugendlichen am 2. Juli 1994 mit ihrem Außenborder am Schlauchboot ein akustisches Kontra. Auf jeden Fall verleiht die Begegnung mit 614 069 dem Weser-Idyll in Bad Karlshafen eine willkommene Dynamik.

AUFNAHME:
ROLF KÖSTNER

Bild 189
Blick vom sogenannten „Feldherrenhügel" auf die zweigleisige Strecke Braunschweig – Bad Harzburg – Seesen – Kreiensen. Am 14. November 1984 hat der von 614 055 geführte dreiteilige Triebzug soeben die Blockstelle Orxhausen mit dem unmittelbar benachbarten Bahnübergang passiert und strebt nun Kreiensen entgegen.

AUFNAHME:
DR. JÜRGEN HÖRSTEL

Von Montag bis Samstag wurde der E 3541 Warburg – Altenbeken – Braunschweig nunmehr mit 614 gefahren. Dieser verkehrte als Ersatzzug für einen durch Stilllegung der KBS 249 entfallenen Eilzug, stellte aber mit einer um zwei Stunden längeren Fahrzeit wahrlich keine Alternative dar.

Zwei der hier verbliebenen und bisher wenig genutzten Mittelwagen der BR 934 wurden jetzt doch zur Bildung dreiteiliger 634 genutzt bzw. verkehrten einzeln als 914er-Ersatz zwischen Triebwagen der BR 614.

1985

Eingesetzt wurden die Braunschweiger 614 während des Sommerfahrplans in einem zwölftägigen Umlauf, der sie im Schnitt auf Tagesleistungen von 759 km brachte. Haupteinsatzgebiete waren die Strecken im Harz und Weserbergland.

Angefahren wurden zudem:

- Hannover – Wolfsburg
  davon Et 3866 Mo – Sa, Et 3874 und Et 3879 (beide Mo – Fr)
- Braunschweig – Bad Harzburg mit Et 3542 an So als Doppeleinheit.
- Weitere Ziele waren Helmstedt, Göttingen und Uelzen.

1985/1986

Nahezu wie gehabt setzte das Bw Braunschweig im Laufplan 81 im Fahrplanabschnitt vom 29. September 1985 bis 31. Mai 1986 wieder zwölf ihrer fünfzehn vorhandenen 614er-Garnituren mit durchschnittlich 553 km/Tag ein.

Ein Großteil der Leistungen wurde auf den von Braunschweig ausgehenden Strecken nach Kreiensen, Uelzen und Wolfsburg gefahren, außerdem im Dreieck Kreiensen – Ottbergen – Göttingen sowie zwischen Wolfsburg und Hannover.

Einsätze mit nur einzelnen Fahrten bzw. nur wenigen Leistungen erbrachten die Triebwagen auf den KBS:

- 160: Soltau – Hannover
- 165: Uelzen – Soltau
- 231: Braunschweig – Salzgitter-Lebenstedt
- 236: Braunschweig – Helmstedt
- 240: Goslar – Hildesheim
- 255: Ottbergen – Altenbeken
- 265: Braunschweig – Hameln
- 340: Altenbeken – Warstein
- 340: Altenbeken – Paderborn.

Vornehmlich an Wochenenden bestanden einige Züge aus zwei 614er-Garnituren:

Samstag:
Zugnummer / Strecke

- 3480 / Wolfsburg – Braunschweig
- 3530 / Goslar – Kreiensen
- 3543 / Göttingen – Braunschweig
- 3552 / Wolfsburg – Braunschweig
- 3568 / Braunschweig – Göttingen

Sonntag / Feiertag:
Zugnummer / Strecke

- 3542 / Braunschweig – Bad Harzburg
- 3864 / Wolfsburg – Hannover

Bild 190 – Auf der wahrlich imposanten Eisenbahnbrücke zwischen Meinbrexen und Wehrden überquert ein Braunschweiger 614 am 16. Mai 1985 als Nt 6969 die Weser. Er ist unterwegs auf der „Sollingbahn“ Ottbergen – Northeim (Han). Im früheren Bahnhof Wehrden (heute Haltepunkt) gab es bis zur Stilllegung der ehemaligen KBS 249 im Jahr 1984 noch die Möglichkeit zum Umstieg in Züge der Linie Holzminden – Scherfede. Aufnahme: Peter Bäuchle

Bild 191 – Bei dieser Aufnahme des aus Jerxheim ausfahrenden 614 061 kommen durchaus zwiespältige Gefühle auf. Das imposante Stationsgebäude und die relativ frischen Spuren des umfassend vorgenommenen Rückbaus früherer Gleisanlagen lassen die einstige Bedeutung des ehemaligen Bahnhofes erahnen. Gleichzeitig verkörpert die Aufnahme vom 13. September 1985 leider auch den sprichwörtlichen Rückzug der Bahn aus der Fläche. AUFNAHME: DR. JÜRGEN HÖRSTEL

Werktag (außer Samstag)
Zugnummer / Strecke

- 3866 / Wolfsburg – Hannover
- (3874 / Wolfsburg – Hannover)
- (3879 / Hannover – Wolfsburg)
- 6613 / Gifhorn Stadt – Wolfsburg

Bemerkenswert war auch die spätabendliche Leistung Braunschweig – Goslar, die als Leerfahrt Lt 33968 an Sonntagen aus einer Doppelgarnitur 614 mit einem geschleppten Akkutriebwagen der Baureihe 515 bestand.

1986

Im Sommerfahrplan vom 1. Juni bis zum 27. September kamen die wiederum zwölf im Laufplan 13556 eingesetzten Triebwagen auf einen Tagesdurchschnitt von 493 km. Einsatzschwerpunkte waren vornehmlich (Teil-)Leistungen auf den Kursbuchstrecken (KBS):

- 155 Uelzen – Gifhorn – Braunschweig
- 200 (Hamm –) Bielefeld – Herford – Minden – Hannover
- 220 Oebisfelde – Wolfsburg – Braunschweig – Hannover
- 230 Hannover – Braunschweig – Helmstedt
- 235 Kreiensen – Seesen – Braunschweig

Bild 192
Längst dampffrei ist Ottbergen, das seine legendäre „Berühmtheit“ u. a. als langjährige Heimatdienststelle zahlreicher „Jumbos“ der Baureihe 044 erlangte. Im Jubiläumsjahr „150 Jahre Deutsche Eisenbahnen“ sollte nun auch die Einsatzgeschichte der formschönen „Eierköpfe“ ihr Ende finden. Vier Tage vor ihrer z-Stellung waren deshalb 613 606 + 913 004 + 613 616 am 27. Mai 1985 neben 614 062 als Et 6969 ein überaus willkommenes Motiv.

AUFNAHME: PETER BÄUCHLE

- 240 Hannover – Hildesheim – Goslar – Bad Harzburg
- 245 Walkenried – Herzberg – Northeim – Ottbergen
- 250 Hannover – Göttingen (– Bebra – Kassel)
- 255 Altenbeken – Ottbergen – Holzminden – Kreiensen
- 265 Braunschweig – Hildesheim – Hameln – Vlotho – Löhne
- 340 Paderborn v Altenbeken

1986/1987

Laufplannummer und Anzahl der eingesetzten Triebwagen blieben auch im aktuellen Winterfahrplan vom 28. September 1986 bis zum 30. Mai 1987 konstant, die Tagesleistung lag aber leicht erhöht bei nunmehr durchschnittlich 509 km.

1987

Der zwölftägige Umlauf für die Baureihe 614 enthielt wieder eine Reihe Leistungen, die mit gekuppelten Einheiten erbracht wurden:

Werktag (außer Samstag)
Zugnummer / Strecke

- 3715 / Hameln – Hildesheim
- (3729 / Hameln – Hildesheim)
- (3552 / Braunschweig Hbf – Goslar)

Sonntag / Feiertag:

- 3862 / Wolfsburg – Hannover Hbf
- 33634 / Goslar – Kreiensen
- 33908 / Wolfsburg – Isenbüttel Gifhorn

- 5636 / Hildesheim – Hameln (614/914/614 + 624/ 924/624)
- 8147 / Bielefeld – Löhne (624/924/624 + 614/914/614)

1988/1989

Im Winterfahrplanabschnitt vom 25. September 1988 bis 27. Mai 1989 waren nunmehr dreizehn Einheiten planmäßig im Einsatz. Die bedienten Strecken lagen wie gehabt schwerpunktmäßig im Harz und im Weserbergland.

Die Laufpläne sorgten an Werktagen (außer Samstag) für durchschnittliche 553 Laufkilometer/Tag. An Samstagen wurden 448 km/Tag, an Sonntagen 406 km/Tag gefahren.

Bild 193
Am Abzweig Rössing ist in Höhe der Kilometertafel 49,6 im September 1986 eine aus Elze (Han) kommende Doppeleinheit auf dem Weg nach Hildesheim. Die führende Garnitur 614 066/065 ist mit den Triebwagen 614 060/059 gekuppelt.

Aufnahme:
Helmut Scheiba

Bild 194
Auch dieses Kuriosum gab es einmal – das Hochwasser der Weser überflutete die Bundesstraße 6 derart, dass auf der bereits 1968 vom Reisezugverkehr befreiten ehemaligen Kursbuchstrecke 219b kurzfristig ein „Straßenersatzverkehr" eingerichtet wurde. Im Stundentakt vermieden 614 082 + 914 039 + 934 423 + 614 081 für zahlreiche Autofahrer einen kilometerlangen Umweg. Am 30. März 1987 hat E 26967 gerade aus der nur 4 km entfernten Kreisstadt Nienburg (Weser) den Bahnhof des zur Gemeinde Marklohe gehörenden Örtchens Lemke erreicht.

Aufnahme:
Dr. Jürgen Hörstel

Bild 195 – Neben der heutigen Museumsgarnitur 614 005 + 914 003 + 614 006 ist die Einheit 614 083 + 914 035 + 614 084 im Jahre 2020 die einzige, die aktuell (Stand 08/2020) noch in Deutschland existiert, wenn auch „nur“ als Ersatzteilspender. Noch während ihrer Einsatzblüte kommt der Triebzug am 29. Januar 1987 im verschneiten Neuekrug-Hahausen dem bei frostigen Temperaturen wartenden Fotografen entgegen. AUFNAHME: DR. JÜRGEN HÖRSTEL

Bild 196 – Die Braunschweiger Triebzüge der Baureihe 614 hatten immer wieder ihre Wintertauglichkeit unter Beweis zu stellen. Eine eisig kalte Schneelandschaft durcheilt der letztgebaute 614 084 am 4. März 1987 hier bei Stroit, einer nördlich gelegenen Ortschaft der Stadt Einbeck im Landkreis Northeim. AUFNAHME: DR. JÜRGEN HÖRSTEL

Bild 197
Im Zentrum des Weserberglandes liegt Holzminden. Im Bahnhofsgelände waren am 24. September 1988 der bis zum nächsten Planeinsatz pausierende 614 080 und eine vierteilige 624-Sonderzugeinheit zu Gast. Gut zu erkennen sind der dort eingereihte Gesellschaftswagen und die aufgemalte, für den Triebwagen 624 641 eher untypische Pufferumrandung.

AUFNAHME: VOLKHARD STERN

Bild 198
Unterwegs nach Hameln ist diese von 614 068 geführte dreiteilige Einheit des E 3717. Reizvoll zeigt sich am herbstlichen 01. Oktober 1988 der Streckenverlauf entlang der Weser, wie hier bei der Ausfahrt aus dem Bahnhof Vlotho.

AUFNAHME: MALTE WERNING

1989

Völlig unerwartet brachten die politischen Umwälzungen in der damaligen DDR zum 9. November offene Grenzen zwischen Ost und West. Der seit 1945 unterbrochene Durchgangsverkehr zwischen Altenbeken, Northeim und Nordhausen fand seitdem auf dieser Relation nur noch im deutsch-deutschen Güterverkehr über Walkenried und den bestens bewachten Bahnhof Ellrich eine Fortsetzung in erheblich geringerem Umfang.

Aber bereits drei Tage nach dem Fall der Grenzzäune übernahmen Braunschweiger 614-Garnituren ab 12. November bestens nachgefragte Pendelverkehrsleistungen zwischen Ellrich und Walkenried. Schon ab dem 15. November wurden zwei zusätzliche Lok-bespannte Eilzugpaare zwischen Nordhausen und Northeim eingelegt, weitere zwei Tage später folgten nochmals zwei Zugpaare.

Allein in den ersten beiden Monaten überquerten so bis zu 5.000 Personen täglich auf dieser Strecke die ehemalige innerdeutsche Grenze und sorgten kurzzeitig für ein wiederaufblühendes Leben im ansonsten wenig frequentierten Bahnhof der Gemeinde Walkenried.

1990/1991

Fahrzeugmangel führte vermutlich seit dem Planwechsel im Dezember 1990 dazu, dass mit 614 017 + 914 009 + 614 018 erstmals eine kieselgrau/orange Garnitur aus Nürnberg in Braunschweiger Plänen aushalf. Sichtungen vom 22. Dezember 1990 in Kreiensen, am 23. Januar 1991 mit Et 6954 zwischen Bodenfelde und Göttingen und am 16. Oktober 1991 in Holzminden belegen eindeutig einen längeren Einsatzzeitraum. Ob damit seinerzeit auch eine Umbeheimatung einherging, wie sie ab 1993 wahr wurde, bleibt leider offen.

1993

Ab März 1993 erfuhren nachfolgende drei Triebwagenzüge (alle in veränderter Mittelwagen-Konstellation!) im AW Kassel eine Teilmodernisierung. Diese erfolgte im Hinblick auf den vorgesehenen Einsatz in Thüringen in der gelisteten Reihenfolge:

614 071 + 914 038 + 614 072
614 075 + 914 032 + 614 076
614 083 + 914 035 + 614 084

Bild 199
Ein Foto vom langjährigen Heimatbahnhof der Braunschweiger 614 darf an dieser Stelle nicht fehlen. Den Zeitläufen geschuldet, ist der ehemals große Büssing-Löwe längst unter dem Dach der M A N „gelandet". Da 614 063 und sein Gegenstück 614 064 ihren Ursprung im Nürnberger Werk des Herstellers hatten, vermittelt dieses Foto vom 9. September 1989 auch eine gewisse Symbolkraft.

AUFNAHME: ROLF KÖSTNER

Bild 200
Immer wieder reizvoll war die Szenerie mit dem sehr improvisiert wirkenden Schrankenposten 55 bei Bockenem. Am 2. Mai 1990, gut drei Wochen vor dem Ende des Reisezugeinsatzes auf der Strecke Derneburg – Seesen passiert 614 074 dieses herrliche Kleinod. Am 25. Mai 1990 fand mit dem Zugpaar N 6786/N 6791 die letzte Fahrt auf dieser seitdem vom „Personenverkehr befreiten" Nebenbahn statt.

AUFNAHME: JOSEF HÖGEMANN

Nach Abschluss der Arbeiten wurden die Züge direkt nach Nürnberg abgegeben. Im „Naturalausgleich" für die o.g. genannten Garnituren kamen mit

614 047 + 914 024 + 614 048
614 049 + 914 025 + 614 050
614 053 + 914 027 + 614 054

erstmals popfarbene 614er (alle mit ihren ursprünglichen Mittelwagen) aus dem Bw Nürnberg nach Braunschweig und brachten hier Abwechslung in den ozeanblau/beige geprägten Fahrzeugalltag.

In diesem Zusammenhang sei auch die vielfach formulierte Annahme widerlegt, dass ozeanblau/beige Fahrzeuge der Baureihe 614 (also in Braunschweig beheimatete Triebwagen) nie in Nürnberg liefen. Ein Foto von Dieter Dettelbacher vom 17. September 1978 belegt, dass der Nt 4904 in Fürth (Bay) in der Kombination 614 069 (Ozeanblau/Beige) und 614 052 mit einem unbekannten 914 (beide in Popfarben) verkehrte. Das Foto findet sich im Buch von Dieter Beck „Vom Moggerla zur Rangaubahn" auf Seite 172.

Ein weiteres Novum ergab sich aus der Tatsache, dass neben der bereits früheren Praxis, 934er-Mittelwagen zwischen 614er-Triebwagen einzureihen, nunmehr erstmals auch unterschiedliche Endwagenbaureihen vereint miteinander liefen. Damit konnte man sich betrieblich die volle Kompatibilität der Baureihen 614 und 634 zunutze machen, die im Hinblick auf Steuerung und Kupplung identisch waren.

In dieser Konfiguration kam folgender Trieb- und Mittelwagen-Mix zustande:

634 633 + 914 036 + 614 068
634 618 + 914 039 + 614 081
634 625 + 914 040 + 614 056

Zwar war das Ende der 634/934-Unterhaltung im Bw Braunschweig schon absehbar. Da sich aber wegen der verzögerten Ablieferung der Nachfolgebaureihe 628/928 die Abgabe zum Bw Osnabrück bis nach dem Fahrplanwechsel verschob, blieben die derart gemischten Einheiten wohl bis zum Jahreswechsel zusammen.

Bild 201 – Walkenried zählte bis zur Öffnung der innerdeutschen Grenze im Personenverkehr zu den recht bescheiden frequentierten Endbahnhöfen. Gleichwohl war der Streckenast von Northeim (Han) bis hierhin als Hauptbahn geführt, was vornehmlich dem Güterverkehr mit der ehemaligen DDR über den nur 4 km entfernten und bestens abgeriegelten Bahnhof Ellrich geschuldet war. Für die Fahrt über Scharzfeld und Herzberg in Richtung Northeim steht 614 071 als einer der ganz wenigen mit orientrotem DB-Keks an der Front des Triebwagens am 13. Juli 1990 zur Abfahrt am Hausbahnsteig bereit. AUFNAHME: JOSEF HÖGEMANN

Bild 202 – Seit 1898 ist die Kleinstadt Bad Sachsa, etwa 50 km östlich von Göttingen und 20 km nordwestlich von Nordhausen gelegen, auf der Schiene erreichbar. 1913 wurde aus dem Haltepunkt ein Bahnhof, seit 1953 um Anlagen für den Güterverkehr ergänzt. Als 614 055 am 14. Juli 1990 die schöne Station am Südrand des Harzes erreicht, war sie bereits wieder zum Haltepunkt degradiert, aber immerhin zeitweise personell besetzt. AUFNAHME: JOSEF HÖGEMANN

Bild 203 – Blick auf die unter Denkmalschutz stehende Signalbrücke im Bahnhof Bad Harzburg. Der „Motivklassiker" ist hier allerdings nicht von der Bahnsteigseite her ins Bild gesetzt, sondern vom Bereich des Gleisvorfeldes gegenüber dem Stellwerk Hf. Am 24. Mai 1992 wartet der Fotograf dort auf den ausfahrenden 614 069. AUFNAHME: JOSEF HÖGEMANN

Bild 204 – Zwischen den Ortschaften Wehrden und Meinbrexen quert die Sollingbahn auf einer 428 m langen Eisenbahnbrücke die Weser. Gut zu erkennen sind die beiden unterschiedlichen Ausführungen des Bauwerkes. Während für die Flutbereiche sog. Vollwandträger eingebaut sind, erfolgt die eigentliche Flussquerung auf parallelgurtigen Fachträgern. Der popfarbene 614 passiert im Sommer 1992 gerade das Bauwerk im Zuge der KBS 356 auf dem Weg nach Ottbergen. AUFNAHME: FRITZ ENGBARTH

Bild 205
Seit Juni 1984 war für Personenzüge in Bad Lauterberg Endstation auf der ursprünglich von Scharzfeld nach St. Andreasberg verlaufenden Stichstrecke. Nach seiner Umbeheimatung nach Braunschweig war hier am 29. Mai 1993 mit dem früheren Nürnberger 614 053 + 914 027 + 614 054 eine für die Harzregion (noch) ungewohnte Lackierungsvariante anzutreffen. Seit 2007 ist auch dieser einst noch verbliebene Streckenabschnitt abgebaut.

AUFNAHME:
ROLAND HERTWIG

1994

Im März des Jahres gehörten folgende dreißig Triebköpfe der Baureihe 614 zur Bildung von fünfzehn Einheiten zum Bestand des Bw Braunschweig (in Klammern: letztes REV-Datum des AW Kassel):

Kieselgrau/Orange
614 047 (FKX 06.09.1993)
614 048 (FKX 17.12.1986)
614 049 (FKX 29.01.1987)
614 050 (FKX 27.01.1987)
614 053 (FKX 02.02.1994)
614 054 (FKX 02.02.1994)

Ozeanblau/Beige
614 055 (FKX 08.02.1991)
614 056 (FKX 08.02.1991)
614 057 (FKX 02.10.1989)
614 058 (FKX 09.10.1989)
614 059 (FKX 03.04.1992)
614 060 (FKX 07.12.1984)
614 061 (FKX 29.04.1992)
614 062 (FKX 22.05.1992)
614 063 (FKX 21.07.1992)
614 064 (FKX 05.09.1989)
614 065 (FKX 07.09.1992)
614 066 (FKX 08.09.1992)
614 067 (FKX 26.07.1991)
614 068 (FKX 27.08.1991)
614 069 (FKX 05.10.1992)
614 070 (FKX 05.10.1992)
614 073 (FKX 03.11.1992)
614 074 (FKX 03.11.1992)
614 077 (FKX 17.06.1993)
614 078 (FKX 17.06.1993)
614 079 (FKX 01.12.1992)
614 080 (FKX 02.12.1992)
614 081 (FKX 24.06.1992)
614 082 (FKX 22.06.1992)

Mit Neubautriebwagen der BR 628[4] erwuchs den knapp zwanzig Jahre älteren Braunschweiger 614ern insbesondere im Einsatzgebiet in Südniedersachsen Konkurrenz aus dem eigenen Heimatwerk.

Aber noch immer wurden zwölf Plantage mit durchschnittlich 512 Laufkilometer/Tag erbracht, wobei die maximale Laufleistung bei respektablen 742 km/Tag lag. Vergleichsweise bescheiden nahm sich dagegen die minimale Tagesleistung von 348 km aus.

Auf einigen für die neuen 628 vermeintlich weniger imageträchtigen Strecken fanden nun die 614er ein Hauptbeschäftigungsfeld. Dazu zählten:

- Hildesheim – Groß Düngen – Bodenburg (KBS 373). Ausnahme: Samstags verkehrten die Mittags-Züge 7615/7616, 7619/7620 mit BR 628.
- Seesen – Osterode – Herzberg – Scharzfeld – Bad Lauterberg
- Bodenfelde – Göttingen

Konkreter Hintergrund hierfür war die Zusicherung der Deutschen Bahn, auf vertraglich festgelegten Strecken nur Neubaufahrzeuge einzusetzen. Nach wie vor kamen die Triebwagen nach Bad Harzburg, Bielefeld, Bünde und Paderborn sowie mit drei Nahverkehrsleistungen auf die KBS 312

- Helmstedt – Wolfenbüttel – Braunschweig.

1996

Seit dem Fahrplanwechsel am 2. Juni erreichten die Braunschweiger Triebzüge von Bielefeld aus über Warendorf (KBS 406) auch Münster (Westf). Folgende Leistungen wurden in dieser Relation erbracht:

- 3570/3571 (Mo-Sa)
- 3574/3577, 3582/83 (beide Zugpaare Mo-Fr) und
- 3580/3583 (So)

Neu angefahren wurde zudem Lage (Lippe) mit den Zügen

- 7930 (Mo – Sa)
- 7961 (Mo – Fr)

sowie Halberstadt mit nachfolgenden Diensten:
- 5871/5874 (Mo – So)
- 5861/5864 (Mo – Fr)

Bild 206
Bei der Einfahrt in den Bf Oker passiert 614 082 am 23. Februar 1994 als E 3534 einen der letzten Formsignalausleger der DB.

Bild 207
Qualmende Schornsteine und zahlreiche Halden der verschiedensten Okerschen Hüttenwerke bestimmten einst über Jahrzehnte das Bild des industriell geprägten Stadtteils östlich von Goslar. Zwischen einer solchen Halde und dem Gleisanschluss der im Jahr 2000 aufgegebenen Zinkhütte Harlingerode bahnt sich der von 614 075 + 914 040 + 614 076 gefahrene E 3542 am 10. September 1989 seinen Weg.

AUFNAHME:
ROLF KÖSTNER

Bild 208
Kurz vor der Gabelung der Strecken Oker – Bad-Harzburg/Vienenburg passiert der 614 058 als E 3528 am 26. September 1994 eines der letzten Zeugnisse der Bleihütte von Oker.

AUFNAHMEN (2):
GERALD GROSS

Bild 209
Nur für kurze Zeit waren die umbeheimateten 614 aus Nürnberg in ihrem kieselgrau/orangen Farbkleid in Braunschweig zu sehen. Hier am 13. Juni 1995 in Braunschweig Hbf der 614 050 neben seinem Braunschweiger „Bruder“, dem noch ozeanblau/beigen 614 077.

Aufnahme:
Gerald Gross

Bild 210
Offenkundig noch nicht abgeschlossen war die begonnene Farbausbesserung an der Front des 614 074. Dieses Phänomen war des Öfteren an den extrem kilometerintensiv laufenden Loks der BR 103 zu beobachten. Bei der BR 614 war solch ein Einsatz im „unfertigen Zustand“ hingegen sehr ungewöhnlich, konnte aber ausnahmsweise am 31. Oktober 1995 beim Fahrtrichtungswechsel in Göttingen beobachtet werden.

Aufnahme:
Roland Hertwig

Bild 211
Im nunmehr winterlichen Bad Lauterberg ist am 4. Januar 1995 der Braunschweiger 614 064 mit neuem DB AG-Logo zu Gast. Für die einst bis St. Andreasberg führende Strecke ist hier seit 1984 Endstation.

Aufnahme:
Dr. Jürgen Hörstel

Bild 212
Die 1993 von Nürnberg nach Braunschweig noch in Pop-Lackierung umbeheimatete Garnitur 614 053 + 914 027 + 614 054 erhielt zwischenzeitlich einen nicht bekannten ozeanblau/beigen Ersatztriebkopf für 614 054. In gemischter Farbzusammenstellung präsentiert sich die neu formierte Einheit am 9. Juli 1995 an der Spitze einer als Doppelgarnitur gefahrenen Leistung in Hildesheim Hbf.

AUFNAHME: ROLF KÖSTNER

- 5863/5866 (Sa – So)
- 5865/5870 (So).

Die Zugleistungen im Harzvorland und Weserbergland bildeten nach wie vor den Einsatzschwerpunkt mit den Eckpunkten (in alphabetischer Reihenfolge):
Bad Lauterbach, Bielefeld, Braunschweig, Göttingen, Paderborn, Salzgitter-Lebenstedt.

Zudem bediente von Montag bis Freitag das Zugpaar 6223/6228 die KBS 312 Helmstedt – Jerxheim – Wolfenbüttel (–Braunschweig). Zwei Zugpaare 7782/7785 und 7758/7765 verkehrten Montag bis Freitag zwischen Bielefeld und Paderborn über Brackwede – Hövelhof – Sennelager auf der „Sennebahn" (KBS 403).

1997

Gemischte Triebzugzusammenstellungen waren ja aus Braunschweig bekannt, bunte Züge hingegen auch hier nicht ganz alltäglich. Die laufende Modernisierung ermöglichte immer wieder das Abrufen einzelner Triebwagenteile (und damit die Trennung der Zugeinheiten) durch das zuständige AW Kassel. Auch eine verspätete Rückkehr aus dem Instandhaltungswerk führte zu neuen Konfigurationen, bisweilen auch zu Ersatzleistungen der BR 628 im Plan der BR 614. Es wurden gesichtet:

614 053 (popfarben) + 914 030 (ozeanblau/beige) + 614 059 (ozeanblau/beige) und
614 056 (minttürkis) + 914 0XX (popfarben) + 614 068 (ozeanblau/beige).

1998

Alle fünfzehn in Braunschweig stationierten Triebwageneinheiten der BR 614 waren inzwischen modernisiert und präsentierten sich entweder in Minttürkis/Lichtgrau oder im neuen Verkehrsrot. Beide Farbkombinationen waren für sich gesehen ansprechend bis sehr kleidsam für die Züge. Trafen sie hingegen im Zugverband bunt gemischt zusammen, wurde das ästhetische Empfinden des aufmerksamen Betrachters doch arg strapaziert.

Bild 213
Seit inzwischen etwas mehr als drei Jahren zählt der ehemalige Nürnberger 614 053 zum Bestand des Bw Braunschweig. In der großen Fahrzeughalle seines Heimatwerkes zeigt sich der nach wie vor in kieselgrau/oranger Ursprungslackierung eingesetzte Triebkopf am 7. Mai 1996 mit ausgebautem Antriebsdrehgestell auf der Hebebühne neben einer ebenfalls hier beheimateten orientroten Diesellok der Baureihe 218.

AUFNAHME: CHRISTIAN ERNST

Bild 214
Zur Inbetriebnahme der Neubaustrecke Vienenburg – Stapelburg (– Wernigerode) am 1. Juni 1996 verkehrten auch Sonderreisezüge. Neben dem Nürnberger „Pendolino“ 610 001 kam auch die Farbexotin 234 304 mit einem Doppelstock-Wendezug auf die neue Strecke. Der im Plandienst Bad Harzburg – Braunschweig eingesetzte 614 065 zeigte sich deshalb im Bahnhof Vienenburg während seines kurzen Zwischenhaltes durchaus prominent umrahmt.

AUFNAHME:
ROLAND HERTWIG

Bild 215
Im Zuge einer Hauptuntersuchung B 3.0 weilt der Braunschweiger 614 080 im AW Kassel. Die Umlackierung in das verkehrsrote Farbschema von DB-Regio ist am 24. September 1997 bereits erfolgt, die weiteren Arbeiten am Fahrzeug werden sich aber noch bis Mitte Oktober hinziehen (FKX 17.10.97).

AUFNAHME:
CHRISTIAN ERNST

Bild 216
Nach erfolgter Hauptuntersuchung im AW Kassel kehrt der verkehrsrote 614 069 am 22. Juli 1997 in seine Heimat Braunschweig zurück, aufgenommen in der Nähe von Beulshausen.

AUFNAHME:
GERALD GROSS

Bild 217 – Am 26. Oktober 1998 erfolgt die Einfahrt von 614 074 aus Hildesheim auf Gleis 2 des Bahnhofs Bodenburg und gibt damit den Blick auf die Spitze des noch vorhandenen Wasserturms frei. Während sich am Hausbahnsteig die inzwischen üppige Vegetation in herbstlichen Farben zeigt, sind nunmehr auch die ersten 614er in Verkehrsrot im Einsatz.

AUFNAHME: ROLF KÖSTNER

Bild 218 – Seit dem vollzogenen Lückenschluss am 1. Juni 1996 ist die Kleinstadt Ilsenburg im Nordharz nunmehr wieder von Heudeber-Danstedt und Bad Harzburg/Vienenburg aus erreichbar. Auf dem erkennbar noch frischen Gleisbett verlässt 614 055 am 24. April 1998 den Bahnhof, offenkundig nicht nur vom Fotografen beobachtet. AUFNAHME: MALTE WERNING

Bild 219
In Höhe des früheren Bahnübergangs verlässt 614 047 am 26. April 2000 als RB 25067 den Bahnhof Goslar in Richtung Oker und passiert dabei das Stellwerk Go. Auf Gleis 3 wartet eine „Ludmilla" auf ihre Rückfahrt nach Halberstadt.

AUFNAHME:
HENNING FOLZ

Bild 220
Vor schöner Flügelsignalkulisse erreicht im Sommer 1999 der inzwischen in „neue Produktfarben" gekleidete Vorserientriebzug 614 001 den Bahnhof Goslar. Da bereits erste Einheiten der Baureihe im nunmehr ganz aktuellen Verkehrsrot von DB Regio unterwegs sind, zeichnet sich auch für diesen Zug nochmals ein Farbwechsel ab.

AUFNAHME:
FRITZ ENGBARTH

Bild 221
Zwischen Salzgitter-Ringelheim und Salzgitter-Bad ist am 26. April 2000 der minttürkise Vorserien-614 002 in Höhe des Streckenkilometers 62,2 als RB 25302 unterwegs.

AUFNAHME:
HENNING FOLZ

7 Sonderfahrt – Auf zu anderen Zielen

Es ist über den langen Einsatzzeitraum der Triebwagen weder relevant noch seriös recherchierbar, welche Fahrtziele – und insbesondere wann – die Baureihe 614 im Rahmen von Sonderfahrten alle angesteuert haben. Dennoch ist es gelungen, einen weitgehenden Einblick in die Vielzahl der zum Teil weit über den alltäglichen Einsatzradius hinausgehenden Strecken zu ermöglichen und soweit belegt, auch mit Datumsangabe zu versehen. Diese Fahrten zeigen bei näherer Betrachtung, dass die Blütezeit ihrer Durchführung eindeutig in der Ära „Deutsche Bundesbahn“ zu verorten ist. Mit dem Übergang der Rechtsnachfolge von DB und DR auf die Deutsche Bahn AG ab 1. Januar 1994 finden derartige Sonderverkehre kaum mehr statt.

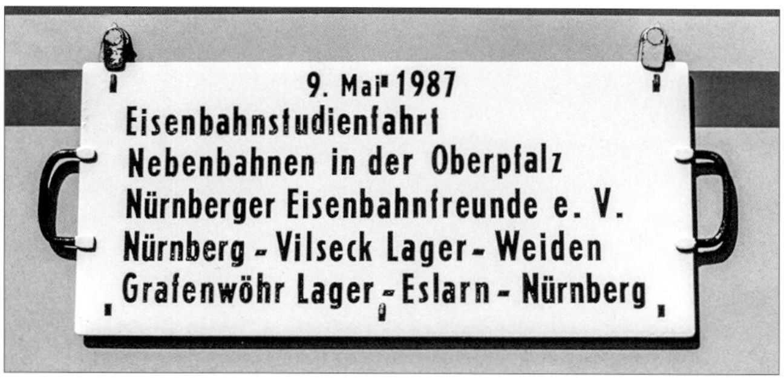

Bild 222 – Ein lebendiges Beispiel für die zahlreichen Eisenbahn-Studienfahrten der Nürnberger Eisenbahnfreunde e.V. (NEF) mit der BR 614 verkörpert dieses Zuglaufschild. Es war noch in altbekannter Weise an einer speziellen Haltevorrichtung am Triebwagen 614 037/038 angebracht und führte die Reiseteilnehmer an jenem 9. Mai 1987 auf diversen Nebenbahnen durch die Oberpfalz. AUFN.: SAMMLUNG FERDINAND VON RÜDEN

Es lässt sich festhalten, dass sich die Baureihe 614/914 sowohl an den Standorten Nürnberg als auch Braunschweig recht schnell auch für Sonderzugeinsätze etablierten. Die Vorgängerfahrzeuge der BR 624, die – zum Teil ergänzt mit einem Gesellschaftswagen – zuvor an den Standorten bereits recht rege unterwegs waren, kamen nun von Osnabrück aus zum Einsatz. In Braunschweig konnten die neuen 614er noch mit einigen 934ern für solche Zwecke verstärkt werden, in Nürnberg standen keine adäquaten, alternativen Fahrzeugparks für Sonderfahrten zur Verfügung. Das Nostalgiefahrten-

Bild 223 – Das typische UIC-Raster lässt erkennen, wie weitläufig die Baureihe 614 eingesetzt werden konnte, was ja insbesondere bei den mehrtägigen Sonderfahrten früherer Tage auch umfassend genutzt wurde. Das „D“ seines Heimatlandes hat sich hier bereits abgelöst ... In Glanzzeiten der Züge waren zeitweise auch Zulassungen für Belgien (B), Luxemburg (L), Italien (I) und die Deutsche Reichsbahn (DR) angebracht. Ganz rechts noch das in Klammern gesetzte „WC“, was nichts anderes als das geschlossene WC-System des Fahrzeugs symbolisiert. AUFNAHME: FERDINAND VON RÜDEN

programm der DB kam erst 1985 zum Tragen, gleichwohl unter ganz anderen Zielsetzungen und ist nicht vergleichbar mit der bisherigen Vermarktung der mit VT 614 gefahrenen Sonderzüge.

Insbesondere in Zeiten der Deutschen Bundesbahn konnten auch die einzelnen Generaldirektionen innerhalb einer Bundesbahndirektion sich noch oft sehr rührig für den Bereich Gruppen- und Sonderfahrten abseits des Planverkehrs einsetzen. Sie akquirierten zahlreiche Teilnehmer hierfür und bildeten damit zudem vielfach die Grundlage für regelmäßige Fahrtenprogramme. Aber auch zahllose Vereine, Gruppen und letztlich die gut organisierten Eisenbahnfreunde entdeckten die Baureihe 614 als beliebte Ausflugsfahrzeuge. Die Popularität hatte ihre guten Gründe, verfügten die Züge doch über:

- ein großes, modernes und variables Platzangebot
- zahlreiche internationale Zulassungen
- eine auch für Hauptstrecken taugliche Höchstgeschwindigkeit von 140 km/h
- die vergleichsweise leichte Erweiterungsmöglichkeit um Gesellschaftswagen der BR 934 (zumindest in Braunschweig)
- gute Verfügbarkeit aus den Wochenend-Stilllagern
- die für diese Zwecke sehr vorteilhafte Unabhängigkeit vom Fahrdraht
- zeitgemäßen Reisekomfort inklusive bequemer Luftfederung
- angemessene Ausstattung mit WC-Einrichtungen in jedem Wagen
- gute Einsatzmöglichkeit auf Nebenstrecken mit geringer Achslast

Bild 224

Der im Kapitel 9 „Mischlinge – Mittelwagen der Baureihe 934 zwischen Triebwagen der Baureihe 614“ zitierte 934 562 war, wie dort erwähnt, inoffiziell zu einem provisorischen Gesellschaftswagen umgestaltet worden. Auf dieser Aufnahme, am 8. Mai 1982 in Goslar angefertigt, ist am derart entstandenen Innenleben gut zu erkennen, warum dieses Fahrzeug nicht im Regelverkehr eingesetzt werden konnte.

AUFNAHME: PROF. DR. DIETMAR BÖNKE

- die Möglichkeit, bei fehlender Infrastruktur an eingleisigen Streckenendpunkten die Fahrtrichtung auch ohne Umsetzvorgang zu wechseln und
- heute fast vergessen, aber damals durchaus wichtig: zu öffnende Fenster!

Es etablierten sich über die Jahre hinweg regelmäßige Tagesausflugsziele der Deutschen Bundesbahn, u. a. im Rahmen des Programms „Der Schöne Tag" und zahllose Einsätze für Streckenbereisungen, sei es zu interessanten Bahnzielen im benachbarten Ausland oder in Kenntnis anstehender Streckenstilllegungen für den Personenverkehr oder gar dem bevorstehenden Abbau der Gleisinfrastruktur. Zu den regelmäßigen Charterkunden zählten zum Beispiel die Nürnberger Eisenbahnfreunde NEF).

Hier nun ein Auszug bekannter Sonderzug-Ziele der Nürnberger 614.

Undatiert bleiben:
- Gefrees – Wien
- Bischofsgrün – Hamburg

1975
- Wien (A): 07.06. (mit 614 029 + 914 015 + 614 030), Kältekammer Wien-Arsenal

1977
- Windsbach – Lübeck: 22.-24.09.

1978
- Nürnberg Rbf.: 03.08. „75 Jahre Rangierbahnhof Nürnberg" (mit 614 005 + 914 003 + 614 006)
- Montafon: 15.-17.09., Musikverein Ipsheim

1979
- Olpe (Biggesee): 25.08. (mit 614 049 + 914 025 + 614 050)

1980
- Rüdesheim (Rhein): 08.-09.05. (mit 614 049 + 914 025 + 614 050)
- Bad Nauheim: 13.07. (mit 614 026 + 914 013 + 614 025)

Bild 225
Mit seinen zahlreichen kulturellen und historischen Sehenswürdigkeiten, aber auch seinem Hochgebirge und dem Königsee ist Berchtesgaden ein beliebtes Ferien- und Ausflugsziel. 614 040 + 914 020 + 614 039 haben am 25. Juli 1981 den Bahnhof des bekannten Ferienortes im Rahmen einer Sonderfahrt erreicht. Die Garnitur zählte übrigens neben 614 005 + 914 003 + 614 006 zu den beiden letzten noch bis 2010 als Betriebsreserve vorhandenen Vertreterinnen ihrer Baureihe.

Aufnahme:
Henk Bouman

Bild 226
Von Mellrichstadt Bf zweigt die 18,4 km lange Strecke nach Fladungen ab. Hier ruht der Personenverkehr seit dem 30. Mai 1976. Die heutige Bekanntheit stützt sich vornehmlich auf das „Rhönzügle" des Zweckverbandes Fränkisches Freilandmuseum Fladungen, der hier saisonale Dampfzüge (u. a. mit 098 812) verkehren lässt. Als gut besetzter Sonderzug waren 614 038 + 914 019 + 614 037 am 5. April 1984 Gast auf der Strecke, hier beim Zwischenhalt in Ostheim vor der Rhön. Der Ort war eine thüringische Enklave in Bayern und ist formell erst 1977 Teil des Freistaates.

Aufnahme:
Rainer Nenninger

1981

- Berchtesgaden: 25.07.

1982

- Bischofsgrün: 01.08. (mit 614 005 + 914 003 + 614 006)
- Garmisch-Partenkirchen über Augsburg und Weilheim: undatiert

1984

- Fladungen/Bischofsheim (Rhön): 05.04.
- Bad Königshofen (i. Grabfeld): 05.05.
- Krefeld: 07.07.
- Ansbach – Wicklesreuth – Windsbach: 21.07
- Jubiläums-Sonderfahrten „125 Jahre Bahnhof Ansbach“ und „90 Jahre Nebenbahn Wicklesreuth – Windsbach“
- Sauschwänzle: 14.-16.09. (mit 614 023 + 614 024)
- München Hbf (Oktoberfest): 06.10. (mit 614 035 + 914 011 + 914 018 + 614 036)

„Der Schöne Tag“

- Bingen (Rhein): 02.06., 07.07., 04.08., 01.09., 06.10.
- Garmisch-Partenkirchen: 09.06., 14.07., 11.08., 08.09., 13.10.
- Friedrichshafen/Lindau: 16.06., 21.07., 18.08., 15.09.
- Marienbad (Mariánské Lázne): 05.05.
- Karlsbad (Karlovy Vary): 30.06., 20.10.
- Franzensbad (Frantiskovy Lázne): 29.09.

1986

Auch für die Sommermonate 1986 plante die Deutsche Bundesbahn wieder regelmäßige Sonderfahrten mit ihrem „Ausflugstriebwagen“. Die nachfolgenden Ziele wurden turnusmäßig samstags in gleichbleibender Reihenfolge angefahren:

- Bayrischzell: 10.05., 14.06., 12.07., 09.08., 13.09., 11.10.
- Friedrichshafen Hafen/Lindau: 17.05., 21.06., 19.07., 16.08., 20.09.
- Berchtesgaden (ab Bamberg): 24.05., 28.06., 26.07., 23.08., 27.09.
- Eger (Cheb)/Marienbad (Mariánské Lázne): 31.05.
- Pilsen (Plzeň): 27.09.

Bild 227
Da Bilder der Baureihe 614 aus der „Geburtsstadt“ von Vor- und der 1. Serie offenkundige Raritäten sind, möge der Besuch des 614 042 in Krefeld symbolisch an die Entstehung bei der Waggonfabrik im Stadtteil Uerdingen erinnern. Am 7. Juli 1984 erreichte der Nürnberger Dieseltriebwagen als Dt 19440 den Hauptbahnhof der niederrheinischen Stadt.

AUFNAHME: WOLFGANG BÜGEL/ EISENBAHNSTIFTUNG

Bild 228
Anlässlich der Jubiläen „125 Jahre Bahnhof Ansbach“ und „90 Jahre Nebenbahn Wicklesgreuth – Windsbach“ kam die Garnitur 614 045 + 914 023 + 614 046 als gut frequentierter Sonderzug zum Einsatz. Am 21. Juli 1984 passiert der Triebwagen bei der Ausfahrt nach Windsheim das markante Fahrdienstleiterstellwerks „Af“ in Ansbach.

AUFNAHME: FERDINAND VON RÜDEN

Sonstige:
- Kitzingen Hafenbahn: 19.04. (mit 614 035 + 914 011 + 914 018 + 614 036)
- Maroldsweisach: 07.09.
- Schweiz/Österreich: 12.-14.09. (mit 614 039 + 614 040) NEF Nürnberger Eisenbahnfreunde

1987
- Nebenbahnen in der Oberpfalz: 09.05. NEF Nürnberger Eisebahnfreunde e. V.
- Wörlsdorf – Hassenberg: 28.05.
- Rothenburg o.d.T. – Aschau: 04.07. (mit 614 035 + 914 018 + 614 036), Dt 19022/19023 „Ranch-Express“
- Wengerohr: 12.09. (mit 614 023 + 914 012 + 614 024)
- Trier: 18.09. (mit 614 045 + 914 023 + 614 046)

1988
- Rosenheim: 09.07.
- Stadtsteinach: 20.07.

Auf dem Fahrtenprogramm der Nürnberger 614 standen für den Herbst nachfolgende Tagesfahrten, alle jeweils samstags:

- Nürnberg – Crailsheim – Heidelberg: 10.09.
- Nürnberg – Donauwörth – Ulm – Friedrichshafen: 24.09.
- Mellrichstadt – Schweinfurt – Würzburg – Heidelberg: 08.10.
- Nürnberg – Marktredwitz – Schirnding – Karlsbad (Karlovy Vary): 15.10.

1989
- München-Olympiastadion: 19.04. (mit 614 037 + 914 019 + 914 011 + 614 038), Fußball UEFA-Cup FC Bayern München – SSC Neapel

1990
- Nordhalben: 15.07.

1992
- Erfurt – Schweinfurt: 18.12. „VT 614 Sonderfahrt der Deutschen Bahnen“ DR/DB

Bild 229
Vom 14. bis zum 16. September 1984 war der Sondertriebwagen 614 023/024 zweiteilig zu Gast im benachbarten Österreich. Wieder einmal waren es die Mitglieder des NEF e. V., die ihren „Frankenpfeil“ als ideales Gefährt für die Eisenbahn-Exkursion ins Murtal erachteten. Die Aufnahme entstand im verregneten Bahnhof Eisenerz.

AUFNAHME:
GERD JAHREIS

Bild 230
Augenscheinlich war die Baureihe (hier mit 614 025 + 614 026 samt zwei eingereihter 914er-Mittelwagen) beliebter, als so mancher zu DB-Einsatzzeiten ganz offen bekennen wollte. Am 19. Mai 1984 stand die Attraktivität der Baureihe aber eindeutig außer Frage. Nach diesem Fotohalt brachte der NEF-Sonderzug (Nürnberg – Röttingen) die Teilnehmer weiter nach Creglingen, Gebsattel und über Demantsfeld-Ühlfeld zurück in die Noris.

AUFNAHME:
GÜNTER DILLIG

Bild 231
Kitzingen am Main besaß von 1890 bis 1990 eine eigene Hafenbahn, die hier im Rahmen einer Sonderfahrt nochmals bereist wurde. Trotz des regnerischen Wetters am 19. April 1986 war dem Bildautor das Fotografenglück hold, kreuzte doch eine in Richtung Würzburg eilende 150 auf der Kitzinger Eisenbahnbrücke über den Main den gut besetzten vierteiligen Sonderzug mit 614 036 + 914 018 + 914 011 + 614 035.

AUFNAHME: ULRICH WEHMEYER

Bild 232
Unter dem Motto „Der Schöne Tag" hatte die BD Nürnberg ein gern nachgefragtes Reiseprogramm an Tagesausflügen und Mehrtagesfahrten aufgelegt. Im Rahmen solcher Sonderfahrten kamen die Triebzüge der Baureihe 614 ganz regelmäßig zum Einsatz. Am 27. September 1986 kam es im tschechischen Pilsen zur Begegnung von 614 042 + 914 021 + 614 041 mit der „Taucherbrille" T 478 4040 der ČSD.

AUFNAHME: ULRICH WEHMEYER

Bild 233
Eine Sonderfahrt (Dt 19023) von Rothenburg o. d. T. nach Aschau am 4. Juli 1987 führte die erste in den neuen Produktfarben Minttürkis/Lichtgrau lackierte Einheit 614 035 + 914 018 + 614 036 in den Chiemgau, wo sie mit dem ebenfalls in den neuen Produktfarben lackierte Chiemgaubahn-798 653 + 998 896 zusammentraf. Am späten Nachmittag fuhr der 614 als Dt 19022 zurück nach Rothenburg o. d. T.

AUFNAHME: ERNST ANDREAS WEIGERT

Bild 234
Es war ein offenkundig sehr warmer Sommertag, an dem 614 037 die nur 5 km lange Stichstrecke Stadtsteinach – Untersteinach befuhr. Die ehemalige KBS 419g wird seit dem 30. September 1956 nur noch im Güterverkehr bedient. Ausnahmsweise war das am 10. Juli 1988 anders, startete doch die katholische Gemeinde Stadtsteinach mit einem vierteilig gefahrenen Sondertriebwagen hier ihre Zugwallfahrt nach Altötting.

Aufnahme:
Stefan Goldschmidt

Bild 235
Am 19. April 1989 kamen 614 037 + 914 019 + 914 011 + 614 038 anlässlich des UEFA-Cup Fußballspiels FC Bayern München : SSC Neapel als Sonderfahrt in den Bahnhof Olympiastadion/Oberwiesenfeld in München. Ein Glücksfall für den anwesenden Fotografen, wurde doch der Bahnhof seit dem Sommerfahrplan 1988 offiziell nicht mehr im Personenverkehr angefahren, sondern nur noch bedarfsweise im Sonderzugverkehr bedient. Rechts erkennbar ist der Anschluss der Firma Bärlocher Chemie, der seinerzeit noch werktäglich (außer Samstag) einmal von einer Übergabe bedient wurde.

Aufnahme:
Ferdinand von Rüden

Bild 236
Am 26. Juni 2010 kamen 614 005 + 914 003 + 614 006 im Rahmen einer Sonderfahrt nochmal nach Augsburg und begegnen dabei der 218 461. In früheren Jahren wurde die Fuggerstadt planmäßig von Regensburg aus mit der Baureihe 614 bedient.

Aufnahme:
Jonas Briest

1993

- Ansbach – Neustadt (Weinstraße): 19.05.
- Karlsbad (Karlovy Vary): 17.07.

2010

- Augsburg: 26.06.
- Osnabrück: 18./19.09. (mit 614 005 + 914 003 + 614 006) „125 Jahre Bw Osnabrück“
- Osnabrück: 17.10. (mit 614 005 + 914 003 + 614 006)
- „Rund um Osnabrück“

Die Recherche bekannter Sonderzug-Ziele Braunschweiger 614 fällt leider etwas weniger umfassend aus. Undatiert bleiben:

- Kobern-Gondorf (diverse Fahrten an die Mosel)
- Neustadt (Holstein)

1975

- Hannover-Messebahnhof: 06.12. (mit 614 055 + 914 028 + 614 056)
- „140 Jahre Eisenbahnen in Deutschland“

1976

- Lübeck: 07.08.
- Plön: 22.09.

1977

- Lübeck: 26.06.

1982

- Hannover – Braunschweig – Hannover: 16.03. (mit 614 059 + 924 201 + 614 060)
- Jahrespressekonferenz der BD Hannover

1984

- Heidelberg: 05.05.

1986

- Amsterdam: 31.05.

Bild 237
Gerade einmal zwei Monate alt ist der am 6. Dezember 1975 aus Anlass des 140. Jubiläums „Eisenbahnen in Deutschland“ im Messebahnhof Hannover ausgestellte 614 055. Als erster seiner Baureihe wurde er in der Farbgebung Ozeanblau/Beige ausgeliefert und werksneu dem Bw Braunschweig zugeteilt. Hier waren in Folge alle Züge der zweiten Serie beheimatet.

Aufnahme: Helmut Scheiba

Bild 238
Die Holsteinische Schweiz war am 22. September 1976 das Ziel einer Sonderfahrt mit dem gerade mal einen Monat alten Braunschweiger 614 081, der zum Fototermin in Plön auch noch nahezu fabrikneu glänzte.

Aufnahme: Prof. Dr. Dietmar Bönke

1987

- Köln: 08.05.

1988

- Lübeck: 02.06.
- Eine der letzten Reisezugleistungen auf der Strecke Jever – Harle erbrachte am 10. Juli 1988 ein von Helmstedt aus eingesetzter Gesellschaftssonderzug, der mit 614 071 + 934 562 + 914 042 + 914 031 + 614 072 sogar fünfteilig gefahren wurde. Die inzwischen angelaufenen Umbauarbeiten im Harler Bahnhof verkürzten die nutzbare Bahnsteiglänge derart, dass der hintere Triebkopf während der Ausstiegs- und Wendezeit den Bahnübergang mit der Zufahrt zu den Parkplätzen am Anleger blockierte.

1989

- Westerland: 24.09.
- Frankfurt am Main: 26.10.

1990

- Lehrte: 27.05.

1993

- Koblenz: 18.09.

1996

- Halberstadt: 02.11.

Bild 239
Eine Sonderfahrt nach Frankfurt am Main brachte diese vierteilige Braunschweiger Einheit am 26. Oktober 1989 weit außerhalb ihres planmäßigen Einsatzgebietes. Hinter 614 067 läuft der zum Gesellschaftswagen umgebaute 934 563. Danach folgen 914 034 und 614 068. Nach der Ankunft befindet sich der Triebzug auf der Fahrt zur Abstellung im „Mainzer Becken." Die Hochhauskulisse hinter den Hallen des Frankfurter Hauptbahnhofs haben seit den neunziger Jahren eine starke Veränderung erfahren. Zahlreiche weitere Gebäude sind hinzu gekommen.

AUFNAHME: ERNST ANDREAS WEIGERT

Bild 240 – Die letzte von insgesamt drei Wochenendfahrten Vorsfelde – Amsterdam brachte am 31. Mai 1986 wieder eine neunteilige Garnitur in die Niederlande. Bei Deventer staunt der Fotograf über gleich fünf Personen im Führerstand des Sonderzuges 29182. Dieses Mal wurde mit 614 055 + 914 + 914 + 934 562 + 614 056 und 614 072 + 914 + 914 + 614 071 gefahren. AUFNAHME: HENK BOUMAN

Bild 241
Sonderzugeinsatz für 614 065 auf der Marschbahn. Vierteilig fuhr die farbreine, aber um einen Mittelwagen der Baureihe 934 ergänzte Triebwageneinheit am 24. September 1989 von Unterlüß (zwischen Celle und Uelzen gelegen) nach Westerland (Sylt), hier aufgenommen beim Unterwegshalt in Husum.

AUFNAHME:
PROF. DR. DIETMAR BÖNKE

Bild 242
Eine Sonderzugfahrt brachte den Braunschweiger 614 059 mit einem bereits umlackierten Mittelwagen der BR 934 am 18. September 1993 nach Koblenz. Hier passiert der Zug in Langsamfahrt das markante Reiterstellwerk „Km" mit seinem elektromechanischen Einreihenhebelwerk E 43 auf dem Weg zum Hauptbahnhof.

AUFNAHME:
BERND MELCHER,
SAMMLUNG GEORG DOLLWET

Bild 243
Als der Braunschweiger 614 070 anlässlich einer Sonderfahrt am 2. November 1996 zu Gast in Halberstadt war, konnte niemand erahnen, dass dieser Triebwagen einst eine durchaus langjährige Verbindung zur Stadt bekommen würde. Nach seinem Abgang bei der DB im Dezember 2012 wurde er als SN84-004-B bis Mai 2013 bei der ortsansässigen Verkehrs Industrie Systeme GmbH für die Schlesische Eisenbahn hergerichtet, musste aber bis zum Eigentumsübergang an die SKPL im September 2018 auf dem Firmengelände der VIS verbleiben. Seit Ende 2018 ist er als „PRZEPIOR" mit ex-914 031 und ex-614 069 in Polen im Einsatz.

AUFNAHME:
GEORG DOLLWET

8 Vielfalt – Bunte Zuggarnituren

Bei kaum einer anderen Baureihe ließen sich über die Dauer der Einsatzjahre so verschiedenartige und abwechslungsreiche Zugzusammenstellungen beobachten, wie bei den 614/914. Damit sind an dieser Stelle gar nicht mal die im Kapitel 9 behandelten „Mischlinge", noch die im Kapitel 11 thematisierten „Kostümwechsel" gemeint, sondern vielmehr eine Vielzahl in Kombination mit anderen Fahrzeugen erbrachte Einsätze.

Dazu zählen zum Beispiel die:

- Mitnahme von Güterwagen für Post- und/oder Expressgut
- Kombination mit Triebwagen anderer Baureihen
- Fahrten in Mehrfachtraktion mit bis zu drei Einheiten derselben Baureihe bzw. mit den BR 624/634
- unterschiedlichsten Einsätze mit Lokvorspann
- im Verband mit klassischen Reisezügen gefahrenen Leistungen
- diversen Abschlepp- oder Überführungsfahrten.

Die an dieser Stelle exemplarisch zusammengetragenen Bildbeispiele dokumentieren auf sehr interessante und unterschiedliche Weise die planmäßige Vielfalt des betrieblichen Alltags dieser Baureihe, gleichwohl ohne einen Anspruch auf Vollständigkeit erheben zu können.

Bild 244
Unerkannt blieben leider Zug- und Triebfahrzeugnummer des bei Pegnitz mit einem Stückgutwagen dokumentierten 614. Die Aufnahme vom 23. August 1985 ruft aber die Erinnerung wach an jene Zeit, als es für einen solchen Einzelwagenverkehr noch pragmatische Lösungen gab und Triebwagen deshalb auch noch mit klassischen Zug-/Stoßeinrichtungen ausgestattet waren.

Aufnahme: Ulrich Wehmeyer

Bild 245
Einen beachtlich langen Leer-Reisezug mit Ziel Bw Nürnberg Hbf hat 211 218 zwischen Laubendorf und Hardhof am Haken. Eine dreiteilige und zwei vierteilige Garnituren (letztere gebildet mit zwei roten 934er-Mittelwagen) bilden am 15. Mai 1985 den Lr 14335, der werktags außer Sa vor einem Feiertag verkehrte. In diesem Fall war dies der Mittwoch vor Christi Himmelfahrt.

Aufnahme: Gerhard Striegel

Bild 246
Offenkundig gab es nichts – oder nur wenig – was es in der Kombination mit der Baureihe 614 nicht gab. Am 6. Mai 1976 hat eine vierteilige 614/914-Garnitur sogar noch eine Einheit aus den Akkutriebwagen der Baureihe 515/815 am Haken. Der Zug wurde östlich des Bahnhofs Goslar von der Brückenstraße aus dokumentiert.

AUFNAHME: PROF. DR. WILLI HAGER

Bild 247
Leider undatiert ist dieses Gespann, bestehend aus 211 262 samt einem geschlossenen Güterwagen und angehängtem dreiteiligen 614 + 914 + 614. Festgehalten werden konnte diese Zugkomposition im westlichen Vorfeld des Nürnberger Hauptbahnhofes noch vor dem Bau des neuen Zentralstellwerkes, das am 20. November 1988 in Betrieb ging. Eingrenzen lässt sich der Aufnahmezeitraum aber durch die Beheimatung der Lok im Bw Nürnberg, die vom 25. September 1977 bis 28. Mai 1983 währte.

AUFNAHME: SAMMLUNG LUDWIG PRANDL

Bild 248
Einfahrt einer farbreinen ozeanblau-en Doppelgarnitur in den Bahnhof Kreiensen, aus 614 068 + 934 446 + 614 067 sowie 614 077 + 914 030 + 614 078 bestehend. Besonders bemerkenswert sind der am 16. Mai 1985 als erster Mittelwagen mitlaufende 934 mit seiner abweichenden Dachfarbgebung sowie links im Bild der noch purpurrote 624 628.

AUFNAHME:
ROLF KÖSTNER

Bild 249
Planmäßigen Vorspann von 211 142 erhielten 614 038 + 914 019 + 914 011 + 614 034 am 16. August 1985, hier festgehalten beim Eintreffen auf Gleis 6 in Fürth (Bay) Hbf. Die Garnitur kam als N 4929 aus Markt Erlbach.

AUFNAHME:
ROLF KÖSTNER

Bild 250
An Samstagen erhielt der E 3710 Braunschweig – Hameln Leervorspann durch die Baureihe 218. Im verschneiten Bahnhof Elze (Han) wartet die purpurrote 218 271 am 7. März 1987 mit der vom 614 069 angeführten Triebzuggarnitur auf Weiterfahrt zum noch rund 30 km entfernten Zielbahnhof der „Rattenfänger-Stadt".

AUFNAHME:
DR. JÜRGEN HÖRSTEL

Bild 251 – Motivlich auch an anderer Stelle des Buches festgehalten, darf aber das inzwischen längst abgetragene Wärterstellwerk 1 im Bahnhof Hersbruck (links Pegnitz) durchaus nochmals aus anderer Perspektive gezeigt werden. Immerhin gilt es am 24. Mai 1985, eine sechsteilige 614-Doppelgarnitur in schönstem Abendlicht zu dokumentieren.

AUFNAHME: PETER SCHIFFER/EISENBAHNSTIFTUNG

Bild 252 – Auch dieser mit der Baureihe 141 gefahrene Leervorspann war planmäßig und stellte eine interessante Bereicherung der Braunschweiger 614er-Leistungen dar. In farblicher Harmonie kommen dem Fotografen am 26. Mai 1989 bei Nordstemmen 141 076 und 614 069 mit Anhang entgegen. AUFNAHME: DR. JÜRGEN HÖRSTEL

Bild 253
Auch wenn es der Wettergott am 14. September 1986 wahrlich nicht besonders gut meinte, soll diese seltene Zugkombination nicht unterschlagen werden. SBB 11138 leistete im Bahnhof Liestal (CH) dem zweiteiligen 614 039/040 bis nach Olten (CH) Vorspann.

AUFNAHME:
GERD JAHREIS

Bild 254
Vielfalt prägt auch die Zusammenstellung des N 5538, der hier am 23. Juli 1985 kurz vor dem Bahnhof Hartmannshof die nach ihm benannte Steige hinunterrollt. Der Zug aus 614 025 + 934 448 + 614 026 sowie 614 002 + 914 001 + 614 001 ist nicht nur mit einem ozeanblau/beigen Mittelwagen der Baureihe 934 durchsetzt, sondern führt auch noch außerplanmäßig am Zugschluss einen „Silberling“ mit.

AUFNAHME:
ERNST ANDREAS WEIGERT

Bild 255
Schönes Abendlicht umspielt am 10. Juli 1995 die Szenerie im noch von Flügelsignalen gesicherten Bahnhof Braunschweig-Gliesmarode. Dabei versprüht die nicht alltägliche Kombination aus dem popfarbenen 614 053 + 914 027 + 614 054 und der als Leervorspann laufenden 232 154 im DR-Ursprungslack einen ganz besonderen Reiz. Als RB 3495 fahren die beiden so unterschiedlichen Fahrzeugtypen bis Fallersleben vereint, wo die „Ludmilla“ die Übernahme eines Güterzuges aus dem dortigen VW-Werk erwartet.

AUFNAHME:
CHRISTIAN ERNST

Bild 256
Auch der N 6696 (Neuenmarkt-Wirsberg – Bayreuth) passt gut in die Kategorie der bunten Zugkompositionen. Am 24. August 1994 passieren südlich von Ramsenthal 614 044 + 914 022 + 614 043 gemeinsam mit 628 418 + 928 418 den wartenden Fotografen.

AUFNAHME: GERALD HOCH

Bild 257
In der Relation Hildesheim – Hameln ist diese aus Vorgänger-BR 634 und Nachfolge-BR 614 zusammengestellte Doppelgarnitur unterwegs. Mit 614 075 am Zugschluss erreicht der Zug gleich den Hausbahnsteig von Elze (Han). Der im Zuge der Nord-Süd-Strecke gelegene Bahnhof zeigt sich am 30. Juli 1988 zwar mit weitläufigen, aber wenig belegten Gleisanlagen.

AUFNAHME: HELMUT SCHEIBA

Bild 258
Eine wahrlich bunte Zugkomposition mit gleich drei dreiteiligen 614er-Garnituren im Schlepp einer 211 entstand am 17. Juni 1992 von diesem Leer-Reisezug kurz vor Hardhof. Die Zuglok ist noch in Purpurrot, der angehängte erste Dreiteiler zeigt sich mit ozeanblau/beigem 934er-Mittelwagen gebildet, die mittlere Einheit im neuen Mintgrün/Lichtgrau und die letzten drei Wagen im Nürnberg-typischen Kieselgrau/Orange.

AUFNAHME: GERHARD STRIEGEL

9 Mischlinge – Mittelwagen der Baureihe 934 zwischen Triebwagen der Baureihe 614

von Rolf Köstner

Im Herbst 1959 bestellte die Deutsche Bundesbahn bei den Firmen MAN und Waggonfabrik Uerdingen je zwei Prototypen eines Dieseltriebwagens für den Nah- und Bezirksverkehr und reihte sie als VT/VM 23^5 und VT/VM 24^5 in ihren Bestand ein. 1963 wurde dann der Auftrag für 40 Dreiwagenzüge vom BZA München an beide Firmen vergeben.

Zunächst erfolgten die Beheimatungen bei den Bw Bielefeld (VT 23^5 und VT 24^5), Frankfurt (M), Nürnberg, Osnabrück und Trier. Da eine dreiteilige Garnitur bei vielen Leistungen oftmals nicht ausreichte, beschaffte man 1968 fünfzehn Mittelwagen nach, darunter fünf 924^5 (561 bis 565) mit zwei zusätzlichen 1.-Klasse-Abteilen an einem Wagenende. Diese waren von vornherein mit luftgefederten Drehgestellen ausgerüstet und wurden – ebenso wie einige Triebköpfe – mit einer gleisbogenabhängigen Wagenkastensteuerung (GSt) ausgerüstet und als BR 634/934 in das neue DB-Nummernschema eingeordnet. Da sich die GSt nicht bewährte, erfolgte in den Jahren 1978/79 deren Ausbau, und die Baureihenbezeichnung 634/934 ging auf die luftgefederten Fahrzeuge über.

Mit der fortschreitenden Elektrifizierung zahlreicher Hauptstrecken verschwanden in der zweiten Hälfte der siebziger Jahre die hochwertigen D- und Eilzugleistungen der Bahnbetriebswer-

Bild 259
Als Ersatz für den zur Garnitur 614 061 + 614 062 gehörenden Mittelwagen 914 031 half am 12. September 1982 der farblich ebenfalls passende 934 448 aus. In Kreiensen pausiert die Komposition bis zur Rückleistung in Richtung Braunschweig.

AUFNAHME: ROLF KÖSTNER

Bild 260
Auf Überführungsfahrt vom Bw Nürnberg Hbf zur vorübergehenden Auslagerung im Bahnhof Nürnberg-Ost befinden sich am 27. September 1992 vier inzwischen von der Ausbesserung zurückgestellte Mittelwagen der Baureihe 934. Die Diesellok 211 316 hat bei der Durchfahrt auf dem Betriebsgleis 11 des Nürnberger Hauptbahnhofs 934 448 + 934 444 + 934 443 + 934 565 im Schlepp, während 934 445 bereits in seiner alten Heimat Braunschweig wieder im Einsatz steht.

AUFNAHME: WERNER BALLON (†), SAMMLUNG ROLF KÖSTNER

ke Braunschweig, Osnabrück und Trier, auf die sich der Bestand zwischenzeitlich verteilt hatte. Als nächstes reichte im Sommer 1980 Trier seine 634/934 nach Braunschweig weiter, so dass sich der Gesamtbestand nunmehr auf die beiden Bw Braunschweig und Osnabrück konzentrierte.

Während Niedersachsens zweitgrößte Stadt mit den Neuzugängen vornehmlich die bestehende 614/914er-Flotte zwischen Weser, Harz und Lüneburger Heide verstärkte, kamen die Osnabrücker 624/924er- und 634/934er-Garnituren im gesamten niedersächsischen sowie im westfälischen Raum und von Ostwestfalen-Lippe bis ins Rheinland in Eil- und Nahverkehrsdiensten zum Einsatz.

Im Winter 1981 musste das Bw Osnabrück drei Züge der Baureihe 634 nach Braunschweig abgeben, bei lediglich fünf vorhandenen Triebköpfen. 634 663 war schwer beschädigt am 24. April 1974 nach einem Zusammenstoß in Kirchlengern mit der 042 245 vom Bw Rheine ausgemustert worden. Somit verfügte Osnabrück nun nicht mehr über die gesamte Baureihe 624/924, da als sechster Triebkopf 624 625 mit in die Stadt „Heinrichs des Löwen" fuhr, dort jedoch mit nur 120 km/h Höchstgeschwindigkeit einen Fremdkörper bildete.

Zu jener Zeit setzte Osnabrück 27 bis 31 Einheiten planmäßig ein, davon wurden drei bis vier als vierteilige Garnituren in eigenen Umläufen gefahren. Zwischen 624 und 634 wurde dort nicht unterschieden, alle Pläne galten für max. 120 km/h.

Knapp wurde es mit dem Sommerfahrplan 1982. Zwar wurden nach wie vor 29 Garnituren für die Planeinsätze benötigt, hierfür waren jedoch nur 61 Triebköpfe der BR 624 im Bestand. Aus Braunschweig kamen deshalb vier Garnituren 634/934, fast erwartungsgemäß mit 624 625 als Rückläufer. Nunmehr waren neun Triebköpfe im Reservebestand. Da jedoch die Generalvertretung Osnabrück die Garnituren sehr erfolgreich für Sonderfahrten vermarktete, war der Triebwagenbestand nach wie vor angespannt. Bereits Mitte der siebziger Jahre waren für die zahlreich nachgefragten Sonderzüge auch zwei 924er-Mittelwagen (924 418/432) zu Gesellschaftswagen (924 200/201) umgebaut worden.

Zu Beginn des Sommerfahrplans 1982 waren (ohne die beiden Umbauten) 47 Mittelwagen 924/934 vorhanden, davon drei „echte" 934[5] (Nummern 563, 564, 565) mit zusätzlichen 1.-Klasse-Abteilen. Es gab zwar auch noch den 934 506, der aber lediglich ein Mittelwagen der MAN-Vorserie war, welcher die luftgefederten Prototyp-Drehgestelle erhalten hatte.

Bild 261
In Neuhaus (Pegnitz), einem dauerhaft von Nürnberger 614ern bedienten Bahnhof, hielt die gemischte Garnitur aus 614 023 + 934 441 + 934 442 + 614 024 am 25. Mai 1985 eine kurze Wendepause. Als einzige ihrer Baureihe ereilte die beiden Triebköpfe im Jahr 2007 die Zerlegung in ihrem Heimatwerk.

Aufnahme: Peter Kristandt (†), Sammlung Rolf Köstner

Bild 262
Noch einmal dient das klassische Motiv aus Fürth (Bay) Hbf, Gleis 3 als Kulisse. Für eine Mischlings-Garnitur, diesmal mit den kieselgrau/orangen und ozeanblau/beigen Fahrzeugen 614 025 + 934 444 + 934 448 + 614 026. Die trotz des hochsommerlichen Wetters am 26. August 1984 nicht zu übersehenden Abgasfahnen des N 4930 traten immer wieder auf, auch wenn die Triebwagen serienmäßig eine Vorrichtung zur Blaurauchminderung besaßen, die aber offenkundig das Qualmen nur bei Motorleerlauf eindämmte.

Aufnahme: Rolf Köstner

Das Bw Braunschweig verfügte zu diesem Zeitpunkt über neun Garnituren plus einem weiteren Mittelwagen (darunter die beiden 934 561 und 562) bei einem Bedarf von sieben dreiteiligen Einheiten. Da 934 562 inoffiziell zu einem provisorischen Gesellschaftswagen hergerichtet worden war, konnte er nicht im Regelverkehr eingesetzt werden. Mit dem Sommerfahrplan 1983 sollte das Bw Braunschweig nunmehr allerdings seinen 634er-Plan nur noch zweiteilig als VT/VT-Kombination fahren, so dass mit einem Mal alle hier vorhandenen 934er-Mittelwagen überflüssig waren, sofern sie nicht ersatzweise für ausgefallene 914er einsprangen. Zudem verkehrte gelegentlich auch die ein oder andere dreiteilige 634er-Garnitur im 614er-Laufplan, was umgekehrt auch für den reinen VT/VT-Umlauf der 634er galt.

Für Osnabrück waren vier Umlaufpläne vorgesehen, davon jeweils ein dreitägiger als VT/VM/VT, VT/VM/VM/VT und VT/VT (letzterer überwiegend mit Leistungen zwischen Sande und Esens und auf dem „Haller Wilhelm" Osnabrück – Brackwede) sowie der 19-tägige Hauptplan mit der Kombination VT/VM/VT. Zudem wurde eine zusätzliche 624er-Garnitur für Bundeswehrpendeldienste zwischen Oldenburg und dem Militärflughafen Ahlhorn benötigt. Aus Kapazitätsgründen musste der VT/VT-Plan aber bereits nach wenigen Tagen wieder um einen Mittelwagen ergänzt werden. So dauerte diese Episode des zweiteiligen Fahrens beim Bw Osnabrück lediglich vier bis fünf Tage.

Von den vorhandenen 47 Mittelwagen waren 33 im täglichen Planeinsatz, weitere zwei bis drei wurden mit den Gesellschaftswagen für Sonderzugeinsätze vorgehalten. Daraus resultierte ein Überbestand von acht bis neun Mittelwagen. Braunschweig nutzte seine 934er als 914er-Ersatz, stellte jedoch den 934 446 am 8. November 1983 mit Fristablauf auf „z". Mangels Bedarf kamen – zum Teil ebenfalls nach Ablauf der Fristen – auch Osnabrücker VM „auf den Rand" (924 403, 410, 934 506, 563, 564 und 565), im November noch ergänzt um den untersuchungspflichtig auf „z" gestellten 934 561, der im Sommer noch aus Braunschweig gekommen war.

Mittlerweile machte man sich bei der BD Nürnberg Gedanken, wie man künftig die recht langen Wendezüge im Nürnberger Umland in Folge von Abgabe und Abstellung zahlreicher Dieselloks der Baureihen 211 und 212 ersetzen könnte. Dies betraf vornehmlich die Strecken Fürth (Bay) Hbf – Cadolzburg, Fürth (Bay) Hbf – Markt Erlbach und Neunkirchen am Sand – Simmelsdorf-Hüttenbach. Die Entscheidung fiel zugunsten vierteiliger 614er-Ein-

Bild 263
Hinter den beiden ozeanblau/beigen Mittelwagen 934 442 und 934 441 des ins Bild fahrenden vierteiligen Zuges lag nahe des kleinen Weilers Obermainshof das noch bis Mitte der neunziger Jahre besetzte Gebäude der Blockstelle Mainshof. Am 26. Mai 1985 passieren 614 024 + 614 023 deren Flügelsignal-Ensemble im Zuge der Strecke Nürnberg – Irrenlohe (– Schwandorf). Heute ist das ehemalige Dienstgebäude dem Verfall preisgegeben.

AUFNAHME:
GEORG DOLLWET

Bild 264
Einen nicht alltäglichen Höhenblick hat sich der Fotograf von einem benachbarten Silogebäude auf den Betrieb in Hersbruck (rechts Pegnitz) verschafft. Als N 5576 fährt der vierteilige Mischling aus 614 022 + 934 445 + 934 443 + 614 021 am 6. Juli 1985 nach Nürnberg aus, während die dreiteilige Garnitur 614 027 + 914 014 + 614 028 eine Wendepause einlegt. Auch zahlreiche gedeckte Güterwagen waren hier seinerzeit noch alltäglich.

AUFNAHME:
ULRICH WEHMEYER

Bild 265 – Das markante Wärterstellwerk 1 in Hersbruck (links Pegnitz) bildet am 28. Mai 1985 die Kulisse für die bunt durchmischte Einheit 614 022 + 934 445 + 934 443 + 614 021. Der im Verlauf der Bayerischen Ostbahn liegende Bahnhof war 1902 mit zwei äußerlich baugleichen Stellwerken der Firma Spaeth aus Nürnberg-Dutzendteich ausgestattet worden. Erst am 12. Dezember 1999 erfolgte die Umstellung der lokalen mechanischen Stellwerkstechnik auf Fernsteuerung von Nürnberg-Mögeldorf aus.

AUFNAHME: PETER SCHIFFER/EISENBAHNSTIFTUNG

Bild 266 – Vierteilig, und zwar in der Kombination 614 024 + 934 442 + 934 441 + 614 023 war diese Garnitur am 28. Mai 1985 bei Schnaittach Markt anzutreffen. Die Kursbuchstrecke 893 von Neunkirchen am Sand nach Simmelsdorf-Hüttenbach zählte bis zum Einsatzende zu den ganz langjährigen Stammstrecken der Nürnberger 614.

AUFNAHME: PETER SCHIFFER/EISENBAHNSTIFTUNG

Bild 267
Im neu trassierten Bereich des Abzweigs Rössing ist im September 1986 dieser illustre Dreiteiler mit 614 068 + 614 067 in Richtung Hildesheim unterwegs. Eingereiht ist ein roter, leider unbekannter Mittelwagen, vermutlich aber 934 445. Im Bild links gut erkennbar ist die inzwischen abgetragene Trasse der alten Streckenführung.

AUFNAHME:
HELMUT SCHEIBA

Bild 268
614 070 erreicht an der Spitze einer fünfteiligen Garnitur am 3. Oktober 1987 den Bahnhof Opladen. An zweiter Stelle ist ein 934 mit 1.-Klasse-Bereich eingereiht. Der Fotograf hatte auf einen Sonderzugeinsatz des Braunschweiger Museums-613 gehofft.

AUFNAHME:
JOACHIM BÜGEL/EISENBAHNSTIFTUNG

Bild 269
Noch nicht modernisiert, aber im neuen Farbkleid Minttürkis/Lichtgrau präsentieren sich 614 052 + 614 051 am 3. Mai 1995 in Fürth (Bay) Hbf. Während die beiden Triebköpfe bereits seit August 1987 die neuen Produktfarben tragen, erhielt der zugehörige Mittelwagen 914 026 diese Lackierung gerade erst im AW Kassel (FKX 02.05.95) und wird deshalb noch vom ozeanblau/beigen 934 441 vertreten.

AUFNAHME:
ALFRED LEHNERT (†),
SLG.: ROLF KÖSTNER

heiten. Da es bei dieser Baureihe jedoch keinen Überhang an Mittelwagen gab, griff man auf solche der Baureihe 934 zurück.

1984 kamen aus Braunschweig 934 422, 441, 442, 444 und 448 in der Farbgebung Ozeanblau/Beige, aus Osnabrück erweiterten die roten 934 443 und 445 den Bestand in der Noris. Es folgte nach einer Revision U4 mit Datum 16. Juli 1984 noch der in Ozeanblau/Beige umlackierte 934 565. Dafür kehrten in Osnabrück die abgestellten Wagen mit Ausnahme des 934 561 in den Einsatzbestand zurück.

Das Bw Nürnberg komponierte mit den Neuzugängen nachfolgende Vierteiler:

614 021 + 934 443 (rot) + 934 445 (rot) + 614 022
614 023 + 934 441 (o/b) + 934 442 (o/b) + 614 024
614 025 + 934 444 (o/b) + 934 448 (o/b) + 614 026

Zwei der drei aus den 614er-Garnituren frei gewordene Mittelwagen dienten der Ergänzung zu vierteiligen 614/914/914/614-Einheiten, während 914 013, 934 422 und 934 565 als Reservefahrzeuge bereit standen:

614 035 + 914 011 + 914 018 + 614 036
614 037 + 914 012 + 914 019 + 614 038

Diese Reihungen blieben zunächst konstant, in späteren Jahren gab es allerdings leichte Verschiebungen der Mittelwagen zwischen diesen Garnituren.

Schon im Sommer 1985 sollten auch die Braunschweiger VT/VT-Umläufe wieder mit Mittelwagen fahren, was durch die großzügig erfolgte Abgabe nach Nürnberg jedoch naturgemäß zu Engpässen führte. Daraus resultierte für die nahezu zwei Jahre abgestellten Braunschweiger 934 446 und Osnabrücker 934 561 nach einer durchgeführten Hauptuntersuchung eine Rückkehr in den Einsatzbestand beim Bw Braunschweig. Dennoch führte die dortige Aufstockung bei fehlender Reserve bisweilen noch immer zum Einsatz zweiteiliger VT/VT-Einheiten und zwar sowohl bei 634er- wie bei 614er-Triebwagen.

Zurück nach Nürnberg: Zum Sommerfahrplan 1992 endete die mehrjährige Praxis mit planmäßig vierteiligen 614/934/934/614. Die Mittelwagen 934 443, 444, 445, 448 und 565 wurden im hiesigen Bahnbetriebswerk ab- und vorübergehend auf „Z" gestellt. 934 443 kam zu einem kurzen Intermezzo zwischen dem 13. November 1992 und dem 1. März 1994 nochmals in der Frankenmetropole zum Einsatz und wechselte von hier aus nach Osnabrück. 934 444 lief in Nürnberg nochmals von 2. Mai 1993 bis zum 31. Oktober 1993, der am 2. Mai 1993 reaktivierte 934 448 war hier noch bis 27. November 1994 aktiv und wurde danach nach Osnabrück umbeheimatet. 934 565 schließlich kam am 14. November 1992 wieder ans Laufen und wechselte zum 31. Dezember 1993 nach Osnabrück, wo er zwischenzeitlich einen Umbau als reines 2.-Klasse-Fahrzeug im AW Wittenberge zum 934 452 erfuhr. 934 422 war ununterbrochen bis zum 1. März 1994 in Nürnberg tätig und kam danach zum Bw Osnabrück, 934 441 folgte dorthin am 1. November 1995. 934 442 verblieb als 914er-Reserve sogar bis zum 21. Januar 2005 im Bw Nürnberg und wurde in diesem Kontext auch als einziger einem der Baureihe 614/914 entsprechenden Redesign unterzogen.

Die in diesem Kapitel gezeigten Bilddokumente erinnern an die hier geschilderte mehrjährige Episode der Nürnberger 614 als überwiegend gemischte Vierteiler, ohne dabei einzelne Braunschweiger „Mischlinge" zu vergessen.

Bild 270 – Nahe Kreiensen führt 614 082 am 23. September 1997 diesen mit einem minttürkisen Mittelwagen der Baureihe 934 durchsetzten „Mischling" in einer wieder anderen Farbkomposition an.
AUFNAHME: DR. JÜRGEN HÖRSTEL

10 Nachwendezeit – Neue Ziele in Thüringen

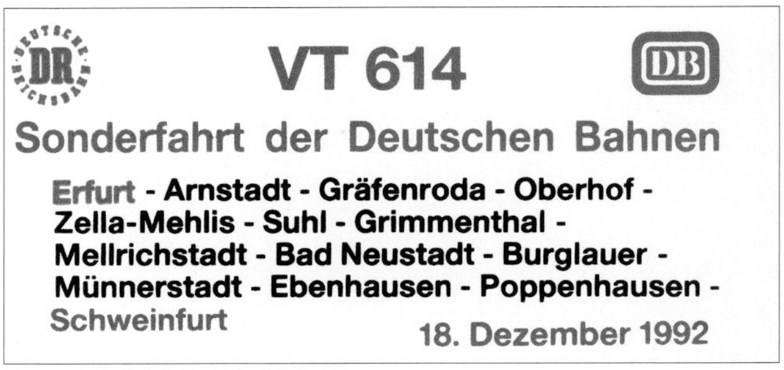

Bild 271 – In Miniaturform gab es als bleibendes Souvenir ein Erinnerungs-Zuglaufschild der (am 18. Dezember 1992 noch) von beiden deutschen Bahnen mit „VT 614“ durchgeführten Sonderfahrt Erfurt – Schweinfurt. Verbunden mit dem innerdeutschen Lückenschluss zwischen Mellrichstadt und Rentwertshausen ein Jahr zuvor sowie der anstehenden Aufnahme des verdichteten Zugangebotes zwischen Bayern und Thüringen war auch die Wiedereröffnung der Ritschenhausener Kurve. Damit konnte Grimmenthal unter Umfahrung von Meiningen aus Richtung Schweinfurt nunmehr wieder direkt erreicht werden. ABBILDUNG: SAMMLUNG VOLKER KABISCH

„Nur zwanzig Monate nach dem Lückenschluss zwischen Rentwertshausen und Meiningen verbessern die Deutschen Bahnen ab Fahrplanwechsel deutlich das Verkehrsangebot zwischen Südthüringen und Unterfranken. Vom 23. Mai 1993 an werden die Verbindungen zwischen Erfurt und Schweinfurt erheblich schneller und attraktiver.“

Mit dieser (auch bebilderten) Ankündigung in der Ausgabe 2/1993 des „Blickpunkt Bahn – Zeitung der Deutschen Bundesbahn DB und der Deutschen Reichsbahn DR“ fanden seit langem auch mal wieder die Triebzüge der Baureihe 614 Eingang in die Kundenzeitung der Bahn. Sie sollten nämlich nach Abschluss ihrer geplanten Modernisierung ab dem Sommerfahrplan 1993 nach dem Willen der verantwortlichen Vorstandsgremien und den beteiligten Eisenbahndirektionen *„Auftakt für umfassende Untersuchungen über weitere Verbesserungen im fränkisch-thüringischen Raum sein. So könnten eine neue Fahrplanstruktur, wobei im Grundsatz an einen integralen Taktfahrplan gedacht ist, und neue Fahrzeuge, möglicherweise der NeiTec Zug VT 610, einen weiteren Qualitätssprung bewirken. Ob dies Wirklichkeit wird, hängt von der Verkehrsnachfrage, den erreichbaren Reisezeiten, den möglichen Fahrplanverknüpfungen, den Investitionen und der Wirklichkeit ab.“*

Diese Ankündigungen machten der damalige Vorstand Personenverkehr, Hemjö Klein, und die Präsidenten der Direktionen Erfurt und Nürnberg, Siegfried Knüpfer und Horst Weigelt, als sie im Rahmen einer Sonderfahrt am 18. Dezember 1992 das neue Angebot für die Strecke Erfurt – Schweinfurt im eigens hierfür zugeführten 614 024 + 914 012 + 614 023 vorstellten.

Unabhängig von der Relativität des im Eingang des Kapitels explizit verwendeten Wortes „nur“ war man sich bewusst, dass das seinerzeitige Angebot zwischen Meiningen und Schweinfurt mit Anschlüssen jeweils nach Erfurt bzw. Würzburg noch nicht marktgerecht sei. Insbesondere die durchschnittliche Reisegeschwindigkeit von nur rund 49 km/h für die 171 km messende Distanz zwischen der thüringischen Landeshauptstadt und der wichtigsten Industriestadt Nordbayerns bei mehr als drei Stunden Fahrzeit sollte mit schnelleren Verbindungen, günstigeren Anschlüssen und dem Bau der Grimmenthaler Kurve deutlich attraktiver werden. Allein durch das künftige Entfallen des zeitraubenden Fahrtrichtungswechsels in Meiningen, aber auch mit einem strafferen Fahrplan bei weniger Zwischenhalten sollten Fahrzeitgewinne von bis zu 60 Minuten realisiert werden.

Seit der Öffnung der innerdeutschen Grenze im Jahre 1989 wurde politisch recht schnell die Forderung nach einem Lückenschluss zwischen Mellrichstadt (Streckenkilometer 52,1) und Rentwertshausen (Streckenkilometer 63,2) laut. Letzte Zugfahrten zwischen beiden Orten fanden am 15. Juli 1945 statt. Von bundesdeutscher Seite bildete seit 1945 zunächst die 1896 angelegte Station Mühlfeld (Streckenkilometer 57,1) den Endpunkt der Bedienung auf der Schiene. Dieser wurde aber im Jahr 1971 ins fünf Kilometer entfernte Mellrichstadt zurückverlegt.

Am 17. Oktober 1990 begann dann auf ostdeutscher Seite der Gleisbaubetrieb Naumburg der Deutschen Reichsbahn mit der Beräumung der in ihrem Zuständigkeitsbereich liegenden Bahntrasse Rentwertshausen – Mühlfeld. Schon eine Woche später wurde ein behelfsmäßiges Baugleis verlegt. Die Deutsche Bundesbahn startete ihre Streckenbauarbeiten erst im Frühjahr 1991. Am 22. Juli

Bild 272
So sah es noch am 5. Mai 1984 auf dem Gleis nach Mühlfeld aus, als wirklich niemand ernsthaft an einen Lückenschluss zwischen Mellrichstadt und Rentwertshausen glauben konnte. 614 037 wurde extra für eine Fotofahrt auf den seit 1971 nicht mehr planmäßig bedienten 5 km langen Gleisabschnitt zwischen Mellrichstadt und Mühlfeld geschickt.

AUFNAHME: DR. BRIAN RAMPP

Modernisierter Bundesbahn-Dieseltriebzug der Baureihe 614: Bei der „Schnupperfahrt“ Ende Dezember erregte er noch Aufsehen im Erfurter Hauptbahnhof, ab Fahrplanwechsel werden Fahrzeuge dieser Art ständig in der thüringischen Landeshauptstadt zu sehen sein. Foto: Hoppe

Fahrplanwechsel bringt ein deutlich besseres Verkehrsangebot:

Erfurt und Franken eng verknüpft

Nur 20 Monate nach dem Lückenschluß zwischen Rentwertshausen und Meiningen verbessern die Deutschen Bahnen ab Fahrplanwechsel deutlich das Verkehrsangebot zwischen Südthüringen und Unterfranken. Vom 23. Mai an werden die Verbindungen zwischen Erfurt und Schweinfurt erheblich schneller und attraktiver.

Während einer „Schnupperfahrt“ Ende Dezember stellten Hemjö Klein, Vorstandsmitglied Personenverkehr der Deutschen Bahnen, und die Präsidenten der Direktionen Erfurt und Nürnberg, Siegfried Knüpfer und Horst Weigelt, das neue Angebot für die Strecke Erfurt – Schweinfurt vor.

Gegenwärtig verkehren zwischen Meiningen und Schweinfurt 27 Eilzüge mit Anschlüssen nach Erfurt und Würzburg. Die Fahrzeiten von mehr als drei Stunden (das entspricht einer Reisegeschwindigkeit von rund 49 km/h) für die 171 Kilometer zwischen Erfurt und Schweinfurt sind allerdings noch nicht marktgerecht.

Die Direktionen Erfurt und Nürnberg haben sich vorgenommen, schnellere Verbindungen und günstigere Anschlüsse in den Fernverkehrsknoten Erfurt sowie Schweinfurt zu schaffen. Der Bau der sogenannten Grimmenthaler Kurve erspart das zeitraubende Kopfmachen der durchgehenden Züge in Meiningen. Ein straffer Fahrplan und weniger Zwischenhalte bringen weitere Fahrzeitgewinne. Die Reisezeit zwischen der thüringischen Landeshauptstadt und der fränkischen Industriestadt verringert sich um bis zu 60 Minuten auf rund zweieinhalb Stunden.

Im Fernverkehr fahren zwei durchgehende Schnellzugpaare (als InterRegio-Vorläufer) von Würzburg über Erfurt nach Berlin beziehungsweise Cottbus und zurück. Von 1995 an werden InterRegio-Garnituren mit Bistro-Café-Wagen für höheren Reisekomfort sorgen. Außerdem wird ein überregionales Eilzugpaar Erfurt – Grimmentahl – Schweinfurt – Würzburg und retour eingelegt. Drei Zugpaare werden zwischen Erfurt und Schweinfurt, eins zwischen Eisenach und Schweinfurt fahren. Künftig werden in den Tagesrandverbindungen dreigliedrige Triebwagenzüge der bewährten Baureihe VT 614 verkehren. Diese in der Direktion Nürnberg beheimateten Fahrzeuge werden im Sommer 1993 modernisiert. Die aus zwei Motorwagen und einem Mittelwagen gebildeten Einheiten bieten 228 Sitzplätze.

Das neue Gesamtangebot mit 14 schnellen Tagesverbindungen zwischen Thüringen und Unterfranken ergibt ein sehr dichtes, fast vertaktetes stündliches Angebot. Es beinhaltet sowohl in Erfurt als auch in Schweinfurt günstige Umsteigeverbindungen.

Die neuen Angebote sollen den Auftakt für umfassende Untersuchungen über weitere Verbesserungen im fränkisch-thüringischen Raum sein. So könnten eine neue Fahrplanstruktur, wobei im Grundsatz an einen integralen Taktfahrplan gedacht ist, und neue Fahrzeuge, möglicherweise der NeiTec-Zug VT 610, einen weiteren Qualitätssprung bewirken. Ob dies Wirklichkeit wird, hängt von der Verkehrsnachfrage, den erreichbaren Reisezeiten, den möglichen Fahrplanverknüpfungen, den Investitionen und der Wirtschaftlichkeit ab.

BordRestaurants eines neuen Typs im Einsatz:

Gastlich und flexibel

In den IC- und EC-Zügen zwischen Köln und Amsterdam sowie zwischen Köln und Hannover rollen seit Anfang Februar BordRestaurants eines Typs. Die Fahrzeuge sind speziell für EuroCity- und InterCity-Züge zugeschnitten, die relativ kurze Strecken befahren.

Der neu entwickelte Wagentyp entstand durch den Umbau älterer Speisewagen. Die jetzt in Dienst gestellten BordRestaurants erlauben es, ohne wesentliche Einschränkung des gastronomischen Angebots die Zahl des Bedie-

Abendstunden, wenn für eine Bewirtschaftung des Wagens die Nachfrage nicht mehr ausreicht, könnten sie Snacks und Getränke für die Reisenden bereithalten.

Der neue Restaurantwagen – die amtliche Bezeichnung lautet ARmz

Bild 273 – Ausgesprochen selten gelangten die 614er im Vergleich zu den Baureihen 103, 403, 601 und sogar 628 bildlich in die ehemaligen Publikumszeitungen der Deutschen Bundesbahn „Rad und Schiene“ bzw. später „Blickpunkt DB“. Aber im Februar 1993 war es wieder mal so weit, als im „Blickpunkt Bahn – Zeitung der Deutschen Bundesbahn DB und der Deutschen Reichsbahn DR“ ein bebilderter Artikel zum verbesserten Verkehrsangebot zwischen Südthüringen und Unterfranken erschien und den 614 024 in Erfurt zeigt.

ABBILDUNG: SAMMLUNG FERDINAND VON RÜDEN

wurden erste Gleisjoche von Mellrichstadt aus verlegt, fünf Tage später erreichte man die Landesgrenze. Die Gleislücke DR/DB wurde letztlich am 9. August 1991 geschlossen, zum Fahrplanwechsel am 28. September 1991 erfolgte die Wiedereröffnung der durchgängigen Franken/Thüringen-Verbindung.

Zum 23. Mai 1993 konnte dann auch die Verbindungskurve Ritschenhausen – Grimmenthal wieder in Betrieb genommen werden. Sie war die Voraussetzung des eingangs geschilderten direkten, nunmehr umsteigefreien Reisezugangebotes zwischen Erfurt und Schweinfurt, das die Wiederbelebung des deutsch/deutschen Bahnverkehrs zwischen Bayern und Thüringen fördern sollte. Mit diesem Wunsch einher ging neben der jetzt realisierbaren Fahrzeitverkürzung auch die Forderung nach einem neuen, modernen Erscheinungsbild der eingesetzten Fahrzeuge. Während die neu eingeführte Regionalbahnverbindung Meiningen – Zella-Mehlis mit DB-Fahrzeugmaterial bestehend aus der Baureihe 213 und überarbeiteten Silberlingen in den aktuellen Produktfarben bedient wurde, waren für den Langlauf Schweinfurt – Erfurt die Triebzüge der Baureihe 614 eingeplant.

In Vorbereitung auf diese Einsätze erhielten die Braunschweiger Züge in nachfolgender Reihung (und zeitlicher Abfolge) im AW Kassel als erste ihrer Baureihe eine mit Neulackierung einhergehende Teilmodernisierung:

1. 614 075 (FKX 11.02.1993) + 914 032 (FKX 17.02.1993) + 614 076 (FKX 17.02.1993), Heimatwerk Braunschweig bis 3. März 1993
2. 614 083 (FKX 06.04.1993) + 914 035 (FKX 06.04.1993) + 614 084 (FKX 06.04.1993), Heimatwerk Braunschweig bis 5. April 1993
3. 614 071 (FKX 18.05.1993) + 914 038 (FKX 18.05.1993) + 614 072 (FKX 18.05.1993), Heimatwerk Braunschweig bis 18. Juni 1993

Die Modernisierungsmaßnahmen umfassten insbesondere:

- die Überarbeitung der Innenräume samt neuer Inneneinrichtung mit Einzelsitzen und Tischen
- die Ausstattung mit neuen Stoffbezügen
- den Wegfall des Gepäckraums zugunsten weiterer Sitzplätze
- eine Führerstandsverglasung hin zum vergrößerten Fahrgastraum
- Den Einbau von Einrichtungen für das Fahren ohne Zugbegleiter, aber auch

Bild 274
Die ehemals für Reisezüge undurchlässige Grenze zur damaligen DDR passiert in wenigen Momenten dieser von 614 059 geführte Triebwagen. Der Fotograf nutzte gleich am 16. November 1989 die überraschend historische Gelegenheit, den aus Richtung Walkenried kommenden Zug am nunmehr symbolhaften Grenzschild zu dokumentieren.

AUFNAHME: JOSEF HÖGEMANN

- den Verzicht auf die WC-Einrichtungen in den Triebwagen zugunsten eines Dienstabteiles
- eine automatische Türsteuerung mit Lichtschrankenüberwachung, deren Bewährung in der Praxis aber ausblieb sowie
- eine Lackierung in den neuen Produktfarben „Minttürkis/Weiß“.

Mal mehr, mal weniger unmittelbar nach Abschluss dieser Arbeiten wechselten die Fahrzeuge in den Nürnberger Bestand über.

Noch vor dem Start der 614er-Einsätze in Thüringen wurde am 27. März 1993 mit dem 610 015/515 eine NeiTec-Präsentation, unter anderem in Oberhof, durchgeführt. Zu einer fahrplanmäßigen Bedienung indes kam es mit dieser Baureihe weder auf der Franken/Thüringen-Achse noch anderswo außerhalb Mittel- und Oberfrankens.

Mit Beginn des Sommerfahrplans am 23. Mai 1993 kamen dann Nürnberger 614 mit Schweinfurter Personalen über die KBS 815 von Schweinfurt nach Meiningen. Die Zu- bzw. Rückführung aus/nach Nürnberg erfolgte mit:
- E 3604/3651 (Montag – Donnerstag)
- E 3619/3618 (Samstag).

Mehrmals täglich brachten nun vornehmlich die umgebauten Züge in ihren neuen Produktfarben die vom Vorstand gewollte Modernität auch in den Bereich der Reichsbahndirektion Erfurt. Über die KBS 570 erreichten sie die Landeshauptstadt Thüringens sowie über die KBS 575 auch Eisenach.

Im Einzelnen wurden täglich gefahren:
- nach Erfurt: E 3974/3985, E 3980/3997, E 3998/3977
- nach Eisenach: E 3986/3999

An Werktagen gab es eine Ergänzungsleistung Erfurt – Arnstadt als N 6827 mit Rückführung als Leer-Triebwagen.

Auf der KBS 572 wurde zudem als N 14183 eine Leistung Gotha – Gräfenroda gefahren. Von dort erfolgte die Weiterfahrt als Leerreisezug nach Erfurt.

Im Zeitraum 26. September 1993 bis 28. Mai 1994 bestand darüber hinaus eine Tagesrandleistung, die die Züge abends sogar von Erfurt über Gera bis nach Greiz und frühmorgens von dort zurückführte. Es ist wohl allein dieser Fahrplanlage zuzuschreiben, dass hiervon offenkundig keine (Nacht-)Aufnahmen vorliegen.

Bereits im Sommer-Fahrplanabschnitt vom 28. Mai bis 23. September 1995 endete der Eilzugeinsatz mit der Baureihe 614 zwischen Schweinfurt und Erfurt. Inzwischen waren immer mehr Züge im ursprünglichen Ablieferungszustand (das heißt: Ursprungsfarbgebung und noch nicht vollzogene Umbauten) in die Umläufe eingefädelt worden, die damit in Teilen auch das angestrebte moderne Erscheinungsbild konterkarierten. Nach gut zweijährigem Triebzugeinsatz gingen die Leistungen wieder auf Wagenzüge über, deren Bespannung DR-Loks der Baureihen 219 bzw. 232 übernahmen.

Insbesondere die langen Rampenabschnitte im Bereich des Thüringer Waldes erwiesen sich für die untermotorisierten 614er auf Dauer als Problem, waren sie zu diesem Zeitpunkt doch alle mit den herstellerseitig verbauten MAN-Motoren ausgerüstet (die leistungsstärkeren Cummins-Motoren standen noch nicht zur Verfügung). Allein die Strecke zwischen Gräfenroda und Suhl weist auf einer Länge von gut elf Kilometern eine Neigung von mehr als 20 Promille auf und kann damit als klassische Gebirgsstrecke gelten. Von den insgesamt knapp 72 km zwischen Grimmenthal und Neudietendorf verlaufen gut 52 km in Bögen, viele mit Radien bis minimal 300 m und maximaler Streckenneigung von 23,8 Promille.

In Thüringen verblieben allerdings noch (verbindlich bis Herbst 1999, vermutlich aber sogar bis ins Jahr 2001) die 614er-Leistungen zwischen Meiningen, Hildburghausen und Eisfeld. Nachdem die im Dezember 1999 gegründete Süd-Thüringen-Bahn (STB) bereits im Februar 2000 mit dem Freistaat Thüringen einen Verkehrsvertrag für den Schienenpersonennahverkehr in der Region geschlossen hatte, wickelte sie ab 2001 zunächst einzelne Verkehre rund um ihren Betriebssitz Meiningen im Auftrag der DB AG mit DB-Fahrzeugmaterial ab. Mit Anlieferung ihrer neu angeschafften Regio-Shuttle Flotte konnten dann ab dem Jahr 2002 alle Verkehre komplett mit eigenen Fahrzeugen gefahren werden.

Die Einsätze der Baureihe 614 in Thüringen stellt auch in der Nachschau auf jeden Fall eine lebendige Abwechslung auf den Gleisen der ehemaligen Deutschen Reichsbahn und der sie damals umgebenden Infrastruktur dar. So manchem Reisenden und Fotografen bleibt sie als sehr interessante Episode im Lebenslauf der Triebzüge zu Recht in bester Erinnerung.

Die von Braunschweiger 614/914 unmittelbar nach Öffnung der innerdeutschen Grenze bedienten Strecken nach Nordthüringen (insbesondere Ellrich und Nordhausen) wurden bereits im Kapitel 6 kurz thematisiert, sollen das Kapitel jedoch an dieser Stelle mit einigen Bilddokumenten abrunden.

Bild 275
Was Jahrzehnte lang meist nur aus der Ferne der bestens bewachten innerdeutschen Grenze bei deutsch/deutschen Güterzügen zu beobachten war, wurde nunmehr auch wieder für Reisezüge möglich. 614 060 passiert am 16. November 1989, nur vom Fotografen beäugt, den Grenzzaun in Ellrich.

AUFNAHME:
JOSEF HÖGEMANN

Bild 276
Zur Rückfahrt über Niedersachswerfen und Ellrich in Richtung Walkenried verlassen 614 058/057 am 19. Juni 1991 den thüringischen Bahnknoten Nordhausen, der zu diesem Zeitpunkt noch zum Hoheitsgebiet der Deutschen Reichsbahn gehörte. Der Standort auf der Zeppelinbrücke lässt neben den im Bereich der DR weit verbreiteten Rekowagen der Bauart Bghw im Hintergrund auch noch die Anlagen der Harzquerbahn erkennen, vor deren Lokschuppen mit 199 301 ein Diesellok-Unikat steht.

AUFNAHME: MALTE WERNING

Bild 277
Auf den weitläufigen, gleichwohl leeren Gleisanlagen des Bahnhofs Oebisfelde kommt es am 11. Oktober 1991 zur Begegnung von gleich zwei Baureihen der Deutschen Bundesbahn. 614 062 passiert die auf ihren nächsten Einsatz wartende 216 147.

AUFNAHME: JOSEF HÖGEMANN

Bild 278
Bereits 1984 endeten die ersten Einsätze der Baureihe 614 in der Rhön. Nach dem am 28. September 1991 gefeierten Lückenschluss zwischen Mellrichstadt und Meiningen sollte die Rückkehr der Triebwagen in die Region aber noch bis zum Sommerfahrplan 1993 dauern. Als E 3985 verlässt der frühere Braunschweiger 614 076 offenkundig nur teilmodernisierte am 23. Mai 1993, dem ersten Tag des neuen Fahrplanabschnittes, auf dem Weg von Meiningen nach Schweinfurt den Bahnhof von Bad Neustadt (Saale).

AUFNAHME: RAINER NENNINGER

Bild 279
Mit einem bereits minttürkis-farbenen Mittelwagen durchsetzt ist der aus den noch kieselgrau/orange lackierten 614 025/026 gebildete Regionalexpress nach Schweinfurt. Am 29. Juli 1994 passiert der RE 3987 den noch betriebsbereiten Wasserkran des Bahnhofs Oberhof (Thür).

AUFNAHME:
ANDREAS ROSSEL (†)

Bild 280
Regelmäßige Gäste im Bahnhof von Bad Neustadt (Saale) waren seit der Aufnahme des durchgehenden Bahnverkehrs zwischen Thüringen und Bayern seit 1993 wieder die Triebzüge der Baureihe 614. Am 28. August 1994 kommt 614 051 aus Meiningen und passiert auf seiner Heimreise nach Schweinfurt das Stellwerk Nn.

AUFNAHME:
JÜRGEN HÖGEMANN

Bild 281
Auf einem östlichen Kopfgleis des Erfurter Hauptbahnhofs steht am 23. Juli 1994 der kieselgrau/orange 614 026 mit einem minttürkisen Mittelwagen neben der Halberstädter 232 176. Das Stilllager der Schweinfurter Eilzüge wird für einen Zwischeneinsatz auf der Erfurter S-Bahn in Richtung Berliner Straße genutzt.

AUFNAHME:
BERND MELCHER,
SAMMLUNG GEORG DOLLWET

Bild 282 – Im Sommer 1997 stand die Sanierung des recht stattlichen Empfangsgebäudes im thüringischen Hildburghausen an. Aus Eisfeld kommend wartet 614 051 als RB 7918 am 7. August 1997 auf die Ankunft des Gegenzuges aus Meiningen. AUFNAHME: RAINER NENNINGER

Bild 283 – Noch im Zustand ihrer Ablieferung befindet sich die heutige Museumsgarnitur 614 006 + 914 003 + 614 005, als sie während ihrer Wendepause am 24. Mai 1997 in Eisenach dokumentiert wurde. Im Bahnhof verknüpfen sich die „Thüringer Bahn" (Halle – Bebra) und die „Werrabahn" (Eisenach – Meiningen – Eisfeld). Letztere wurde seit dem 23. Mai 1993 für nur wenige Fahrplanperioden von Nürnberger 614er-Einheiten bedient. AUFNAHME: GEORG DOLLWET

Bild 284 – Die Werrabrücke in Wasungen (Landkreis Schmalkalden – Meiningen) diente am 31. Mai 1997 als Motiv für die als RB 7834 fahrende dreiteilige Einheit der Baureihe 614.
AUFNAHME: HENNING FOLZ

Bild 285 – Als RE 3909 aus Meiningen hat 614 027 soeben den Abzweigbahnhof Ebenhausen (Unterfr) erreicht. Nach kurzem Zwischenhalt fährt die weder modernisierte noch farblich neu lackierte Einheit am 21. April 1997 weiter zum Zielbahnhof Schweinfurt Hauptbahnhof.
AUFNAHME: RAINER NENNINGER

Bild 286
Am 15. Mai 1997 war die ehemalige innerdeutsche Grenze längst Vergangenheit. Als RE 3910 ist eine dreiteiliger 614 bei Mühlfeld an der Landesgrenze Bayern/Thüringen unterwegs und befährt bei Streckenkilometer 57,6 das neu trassierte Gleis, mit dem der Lückenschluss zwischen Mellrichstadt und Rentwertshausen realisiert wurde

AUFNAHME:
HENNING FOLZ

Bild 287
Der Schweinfurter Hauptbahnhof war seit dem Fahrplanwechsel am 23. Mai 1993 Ausgangspunkt für die neu eingerichtete Bayern/Thüringen-Verbindungen über Mellrichstadt nach Meiningen und Erfurt bzw. Eisenach. Am 28. März 1997 waren diese Leistungen allerdings bereits von den Triebwagen der Baureihe 614 auf die „Ludmillas" der Baureihe 232 übergegangen, die hier in Form von 614 033 und 232 135 symbolträchtig zusammentrafen.

AUFNAHME:
ANDREAS ROSSEL (†)

Bild 288
Im abendlichen Meiningen bildet der verkehrsrote 614 027 am 4. September 1999 einen schönen Kontrast zu dem vom letzten Sonnenlicht angestrahlten Stellwerk. Auch knapp zehn Jahre nach der „Wende" übt der Einsatz der Nürnberger 614er in Thüringen einen besonderen (aber sicherlich subjektiv empfundenen) Reiz aus.

AUFNAHME:
FERDINAND VON RÜDEN

11 Kostümwechsel – Übergangszeit für neue Farben

Ursprünglich trugen mit der direkten Zuteilung ab Werk die 27 in Nürnberg beheimateten Triebwagen der Baureihe 614/914 ein kieselgrau/oranges (popfarben), die 15 Braunschweiger hingegen ein ozeanblau/beiges Farbkleid.

Erst mit der Einführung der sogenannten Produktfarben nahm das „Farb-Roulette" an Fahrt auf. So war Nürnberg 1987 Vorreiter für die ersten 614/914 in Minttürkis/Lichtgrau mit Zierstreifen in Pastelltürkis, das im Zusammenhang mit der neuen Farbphilosophie als „Minttürkis" typisch für Regionalbahnen werden sollte.

Mit 614 035 + 914 017 + 614 036 als erstem umlackierten Triebzug der Baureihe startete am 31. Mai 1987 der Taktverkehr auf der Strecke Fürth (Bay) – Cadolzburg („Rangaubahn"). Im selben Jahr folgten noch die Einheiten 614 023 + 914 012 + 614 024 sowie 614 051 + 914 024 + 614 052 (August 1987), die in dieser Phase aber noch nicht modernisiert worden waren.

Allerdings geriet die weitere Umlackierung ab 1992 zunächst ins Stocken – es wurden sogar wieder überraschend Neuanstriche in Kieselgrau/Orange durchgeführt. In der Summe wurden es 36 Triebköpfe und 20 Mittelwagen, die sich im minttürkisen „Outfit" zeigten.

Im Mai 1997 kam dann mit 614 045 erstmals ein Triebwagen der Baureihe im neuen Farbschema „Verkehrsrot" aus den Hallen des AW Kassel. Dies sollte bis auf weiteres charakteristisches äußeres Merkmal aller Fahrzeuge von DB Regio werden – und bleiben. Eine Abweichung von diesem Grundsatz ergab sich erst durch das Aufbegehren einzelner Bundesländer, die seit einigen Jahren als Besteller der Nahverkehrsleistungen Fahrzeuge in Farben mit Landesbezug forderten (z. B. Niedersachsen, Baden-Württemberg), das aber für die hier betrachtete – und zu diesem Zeitpunkt bereits außer Dienst gestellte – Baureihe naturgemäß ohne Relevanz blieb.

Vielmehr soll anhand der hier eingefügten Tabelle ein umfassender Überblick der einzelnen Farbvarianten für jedes Fahrzeug eines dreiteiligen Zuges der Baureihe 614 zu Zeiten der Deutschen Bundesbahn sowie der späteren Deutsche Bahn AG gegeben werden. Anhand der dargestellten Umlackierungsdaten und der jeweils individuell erkennbaren Lackierungsvariante von Trieb- und Mittelwagen leiten sich diverse Schlussfolgerungen ab, die auch die Grundlage für die ausgewählten Abbildungen sind. Gleichzeitig erklären sie, warum sich der „Kostümwechsel – Übergangszeit für neue Farben" in so zahlreichen Facetten der Zugzusammenstellung widerspiegelte.

Vorher aber diverse aus der Tabelle abgeleitete Erkenntnisse:

- Wie die unterschiedlichen Abnahmedaten der dreiteiligen Garnituren zeigen, kamen vielfach die zugehörigen Mittelwagen deutlich früher aus der Fertigung.
- Nur ganz wenige Einheiten blieben von der Abnahme bis zur Ausmusterung in der Ursprungskonfiguation (gemäß Tabelle) bestehen.
- Zeitgleiche Umlackierungen innerhalb derselben Garnitur erfolgten nur bei ganz wenigen Einheiten.
- Insbesondere im Zuge der Einführung des minttürkisen Farbschemas wurden zahlreiche Einheiten erstmals getrennt und in „wilder" Neuzusammenstellung mit Fahrzeugen anderer Einheiten gefahren.
- Auffallend sind vergleichsweise kurze Farbwechsel-Intervalle, vornehmlich bei der Umstellung von Minttürkis auf Verkehrsrot.
- Mit 614 005 + 914 003 + 614 006 hatte nur eine Triebzugeinheit über ihre gesamte Dienstzeit das ursprüngliche kieselgrau/orange Farbschema
- Lediglich die beiden zum LIMEZ III umgebauten Triebköpfe 719 045/046 erlebten auch eine Umlackierung in das für die DB Netz AG typische Gelb.

Festzuhalten bleibt aber für die Züge in allen Farbvarianten: Die gewählten Anstrichfarben und Kombinationen kleideten die Züge allesamt gut bis sehr gut und verliehen ihnen in jeder Phase ihrer Einsatzzeit ein adäquates und gefälliges Aussehen – unabhängig vom ganz individuell ausgeprägten, persönlichen Geschmacksempfinden. Dies war sicher spätestens dann besonders strapaziert, als sich die Züge in der Mischung aus mehreren Lackierungsschemata zeigten. In der Nachschau betrachtet, vermittelte aber auch das durchaus seinen eigenen fotografischen Reiz.

Bild 289
Bereits am 16. August 1987 zeichnet sich im Nürnberger Hauptbahnhof symbolisch der erste „Kostümwechsel" bei der Baureihe 614 ab. Während sich 614 052 neben dem für den Ostkopf zuständigen elektromechanischen Fahrdienstleiterstellwerk 9 und der davor pausierenden 218 234 schon im frischen minttürkisen Neulack zeigt, fährt eine unbekannte kieselgrau/orange Einheit ins Bild.

Aufnahme: Ferdinand von Rüden

Bild 290
Der kieselgrau/orange 614 025 wurde u. a. schon 1985 mit farblich abweichenden Mittelwagen „verkuppelt". Waren es damals noch die ozeanblau/beigen 934 444 und 934 448, so zeigt sich der Triebwagen bei der Begegnung in Neunkirchen am Sand am 1. März 1995 nunmehr mit einem 914er-Mittelwagen im neuen Farbschema Minttürkis.

AUFNAHME:
FERDINAND VON RÜDEN

Bild 291
In einer Übergangsphase sah der Kostümwechsel im Einsatzgebiet der Braunschweiger 614er so aus, wie hier am 28. Februar 1997 in Vienenburg. Noch dominiert eindeutig das klassische Ozeanblau/Beige wie am 614 065, aber langsam fahren auch vermehrt die minttürkisenVertreter der Baureihe ins Bild, wie am Beispiel des 614 002 sichtbar.

AUFNAHME:
KARSTEN THIEL,
SAMMLUNG FERDINAND VON RÜDEN

Bild 292
Für einen dreiteiligen 614er geht es bunter nicht mehr. In der Reihenfolge vom aktuellsten bis zum ursprünglichen Farbschema präsentiert sich die RB 4963 auf der „Zenngrundbahn" am 31. Mai 1997 zwischen Laubendorf und Hardhof. So passend jede einzelne Farbgebung für die Baureihe 614/914 auch gewesen sein mag, in der Kombi nation dieser drei Varianten wollten die Fahrzeuge nicht wirklich zusammenpassen.

AUFNAHME:
GERHARD STRIEGEL

Fahrzeugnummer 614/914/614 DB	Lackierung Kieselgrau/Orange (Abnahmedatum)	Lackierung Ozeanblau/Beige (Abnahmedatum)	Lackierung Minttürkis/Lichtgrau DB / DB AG	Lackierung Verkehrsrot DB Regio AG	Lackierung Gelb DB Netz AG	Fahrzeugnummer 614/914/614 DB AG
614 001-6	08.06.1971	./.	02.08.1996	12.09.2002	./.	614 001-6
914 001-3	13.08.1971	./.	./.	22.08.1997	./.	914 001-3
614 002-4	12.08.1971	./.	15.08.1996	12.09.2002	./.	614 002-4
614 003-2	03.02.1972	./.	./.	17.05.1999	./.	614 003-2
914 002-1	03.02.1972	./.	./.	12.07.1999	./.	914 002-1
614 004-0	03.02.1972	./.	./.	12.07.1999	./.	614 004-0
614 005-7	10.08.1973	./.	./.	./.	./.	614 005-7
914 003-9	14.08.1073	./.	./.	./.	./.	914 003-9
614 006-5	28.09.1973	./.	./.	./.	./.	614 006-5
614 007-3	05.10.1973	./.	./.	18.05.1999	./.	614 007-3
914 004-7	28.09.1973	./.	./.	06.01.1998	./.	914 004-7
614 008-1	15.10.1973	./.	./.	26.05.1999	./.	614 008-1
614 009-9	29.10.1973	./.	19.03.1997	16.05.2003	./.	614 009-9
914 005-4	11.10.1973	./.	28.02.1997	16.05.2003	./.	914 005-4
614 010-7	12.11.1973	./.	24.02.1997	16.05.2003	./.	614 010-7
614 011-5	16.11.1973	./.	./.	06.08.1998	./.	614 011-5
914 006-2	02.11.1973	./.	./.	06.08.1998	./.	914 006-2
614 012-3	07.12.1973	./.	./.	06.08.1998	./.	614 012-3
614 013-1	07.12.1973	./.	./.	14.11.1997	./.	614 013-1
914 007-0	19.11.1973	./.	./.	06.11.1997	./.	914 007-0
614 014-9	20.12.1973	./.	./.	22.12.1997	./.	614 014-9
614 015-6	20.12.1973	./.	05.12.1996	01.05.2001	./.	614 015-6
914 008-8	21.12.1973	./.	26.09.1996	01.05.2001	./.	914 008-8
614 016-4	11.01.1974	./.	./.	19.02.1998	./.	614 016-4
614 017-2	11.01.1974	./.	18.03.1996	11.04.2003	./.	614 017-2
914 009-6	11.01.1974	./.	18.03.1996	11.04.2003	./.	914 009-6
614 018-0	25.01.1974	./.	18.03.1996	11.04.2003	./.	614 018-0
614 019-8	25.01.1974	./.	./.	08.05.2000	./.	614 019-8
914 010-4	25.01.1974	./.	./.	08.05.2000	./.	914 010-4
614 020-6	15.02.1974	./.	./.	08.05.2000	./.	614 020-6
614 021-4	15.02.1974	./.	./.	11.09.1998	./.	614 021-4
914 011-2	15.02.1974	./.	./.	11.09.1998	./.	914 011-2
614 022-2	01.03.1974	./.	./.	17.09.1998	./.	614 022-2
614 023-0	01.03.1974	./.	07.07.1987	01.11.1997	./.	614 023-0
914 012-0	01.03.1974	./.	10.07.1987	01.02.2001	./.	914 012-0
614 024-8	15.03.1974	./.	02.07.1987	xx.01.2001	./.	614 024-8
614 025-5	03.04.1974	./.	./.	22.08.1997	./.	614 025-5
914 013-8	03.04.1974	./.	10.07.1987	06.02.2004	./.	914 013-8
614 026-3	03.04.1974	./.	./.	22.06.1997	./.	614 026-3
614 027-1	26.04.1974	./.	./.	01.08.1997	./.	614 027-1
914 014-6	05.04.1974	./.	./.	24.03.1998	./.	914 014-6
614 028-9	09.05.1974	./.	./.	01.04.1998	./.	614 028-9
614 029-7	12.05.1974	./.	./.	30.10.1998	./.	614 029-7
914 015-3	09.05.1974	./.	./.	08.05.1998	./.	914 015-3
614 030-5	25.06.1974	./.	./.	04.05.1998	./.	614 030-5
614 031-3	02.07.1974	./.	./.	30.12.1999	./.	614 031-3
914 016-1	12.06.1974	./.	./.	23.04.1998	./.	914 016-1
614 032-1	12.07.1974	./.	./.	08.12.1999	./.	614 032-1
614 033-9	22.07.1974	./.	./.	15.10.1998	./.	614 033-9
914 017-9	02.07.1974	./.	./.	15.10.1998	./.	914 017-9
614 034-7	14.08.1974	./.	./.	15.10.1998	./.	614 034-7
614 035-4	29.08.1974	./.	27.05.1987	28.02.2001	./.	614 035-4
914 018-7	07.08.1974	./.	29.05.1987	01.10.1999	./.	914 018-7
614 036-2	10.09.1974	./.	27.05.1987	19.10.1999	./.	614 036-2

Fahrzeugnummer 614/914/614 DB	Lackierung Kieselgrau/Orange (Abnahmedatum)	Lackierung Ozeanblau/Beige (Abnahmedatum)	Lackierung Minttürkis/Lichtgrau DB / DB AG	Lackierung Verkehrsrot DB Regio AG	Lackierung Gelb DB Netz AG	Fahrzeugnummer 614/914/614 DB AG
614 037-0	04.10.1974	./.	12.06.1996	02.01.2000	./.	614 037-0
914 019-5	29.08.1974	./.	26.09.1996	01.02.1999	./.	914 019-5
614 038-8	11.10.1974	./.	./.	17.06.1996	./.	614 038-8
614 039-6	25.10.1974	./.	./.	09.03.1998	./.	614 039-6
914 020-3	10.09.1974	./.	./.	09.03.1998	./.	914 020-3
614 040-4	13.11.1974	./.	./.	20.04.1998	./.	614 040-4
614 041-2	16.12.1974	./.	./.	14.07.1998	./.	614 041-2
914 021-1	07.10.1974	./.	./.	14.07.1998	./.	914 021-1
614 042-0	10.12.1974	./.	./.	14.07.1998	./.	614 042-0
614 043-8	14.01.1975	./.	./.	18.06.1998	./.	614 043-8
914 022-9	25.10.1974	./.	./.	18.06.1998	./.	914 022-9
614 044-6	30.01.1975	./.	./.	18.06.1998	./.	614 044-6
614 045-3	07.03.1975	./.	./.	20.05.1997	23.12.2005	719 045-7
914 023-7	13.11.1974	./.	./.	03.06.1997	./.	914 023-7
614 046-1	14.03.1975	./.	./.	03.06.1997	23.12.2005	719 046-5
614 047-9	24.03.1975	./.	31.10.1996	07.03.2003	./.	614 047-9
914 024-5	10.12.1974	./.	14.08.1996	03.06.2002	./.	914 024-5
614 048-7	07.04.1975	./.	22.11.1996	07.03.2003	./.	614 048-7
614 049-5	16.04.1975	./.	./.	07.08.1997	./.	614 049-5
914 025-2	12.02.1975	./.	13.11.1996	06.09.2002	./.	914 025-2
614 050-3	24.04.1975	./.	./.	02.09.1997	./.	614 050-3
614 051-1	14.05.1975	./.	11.08.1987	12.09.2001	./.	614 051-1
914 026-0	14.03.1975	./.	02.05.1995	12.09.2001	./.	914 026-0
614 052-9	26.05.1975	./.	13.08.1987	12.09.2001	./.	614 052-9
614 053-7	10.06.1975	./.	./.	11.04.1997	./.	614 053-7
914 027-8	18.04.1975	./.	./.	01.08.1997	./.	914 027-8
614 054-5	07.07.1975	./.	29.09.1995	01.11.1997	./.	614 054-5
614 055-2	./.	10.10.1975	16.10.1996	06.12.2002	./.	614 055-2
914 028-6	./.	04.09.1975	06.05.1996	27.08.2003	./.	914 028-6
614 056-0	./.	10.10.1975	27.09.1996	06.12.2002	./.	614 056-0
614 057-8	./.	23.10.1975	06.05.1996	xx.01.2000	./.	614 057-8
914 029-4	./.	10.10.1975	./.	27.01.1998	./.	914 029-4
614 058-6	./.	31.10.1975	06.05.1996	05.06.2002	./.	614 058-6
614 059-4	./.	24.11.1975	25.04.1998	17.10.2003	./.	614 059-4
914 030-2	./.	18.11.1975	28.04.1997	17.10.2003	./.	914 030-2
614 060-2	./.	02.12.1975	12.11.1993	18.11.2002	./.	614 060-2
614 061-0	./.	24.12.1975	./.	11.06.1997	./.	614 061-0
914 031-0	./.	07.11.1975	04.04.1997	25.06.2003	./.	914 031-0
614 062-8	./.	13.01.1976	04.02.1997	27.08.2003	./.	614 062-8
614 063-6	./.	27.01.1976	11.07.1996	19.07.2002	./.	614 063-6
914 032-8	./.	10.12.1975	17.02.1993	18.02.1998	./.	914 032-8
614 064-4	./.	03.02.1976	04.07.1996	19.07.2002	./.	614 064-4
614 065-1	./.	13.02.1976	./.	02.07.1997	./.	614 065-1
914 033-6	./.	24.12.1975	./.	23.10.1997	./.	914 033-6
614 066-9	./.	20.02.1976	./.	21.07.1997	./.	614 066-9
614 067-7	./.	11.03.1976	19.12.1996	02.09.2003	./.	614 067-7
914 034-4	./.	27.01.1976	11.07.1996	07.03.2003	./.	914 034-4
614 068-5	./.	08.03.1976	17.01.1997	02.09.2003	./.	614 068-5
614 069-3	./.	19.03.1976	04.04.1997	25.06.2003	./.	614 069-3
914 035-1	./.	01.03.1976	06.04.1993	15.04.2001	./.	914 035-1
614 070-1	./.	30.03.1976	10.03.1997	25.06.2003	./.	614 070-1
614 071-9	./.	06.04.1976	18.05.1993	18.09.2000	./.	614 071-9
914 036-9	./.	08.03.1976	11.02.1997	06.12.2002	./.	914 036-9
614 072-7	./.	15.04.1976	18.05.1993	06.10.1997	./.	614 072-7

Fahrzeugnummer 614/914/614 DB	Lackierung Kieselgrau/Orange (Abnahmedatum)	Lackierung Ozeanblau/Beige (Abnahmedatum)	Lackierung Minttürkis/Lichtgrau DB / DB AG	Lackierung Verkehrsrot DB Regio AG	Lackierung Gelb DB Netz AG	Fahrzeugnummer 614/914/614 DB AG
614 073-5	./.	06.05.1976	./.	31.10.1997	./.	614 073-5
914 037-7	./.	11.03.1976	./.	04.07.1997	./.	914 037-7
614 074-3	./.	06.05.1976	./.	24.11.1997	./.	614 074-3
614 075-0	./.	18.05.1975	11.02.1993	08.06.1998	./.	614 075-0
914 038-5	./.	19.03.1976	18.05.1993	10.06.1998	./.	914 038-5
614 076-8	./.	25.05.1976	17.02.1993	08.06.1998	./.	614 076-8
614 077-6	./.	10.06.1976	./.	09.12.1997	./.	614 077-6
914 039-3	./.	30.03.1976	./.	03.12.1997	./.	914 039-3
614 078-4	./.	16.06.1976	./.	20.01.1998	./.	614 078-4
614 079-2	./.	23.07.1976	./.	22.09.1997	./.	614 079-2
914 040-1	./.	09.04.1976	11.10.1996	19.07.2002	./.	914 040-1
614 080-0	./.	19.07.1976	./.	17.10.1997	./.	614 080-0
614 081-8	./.	03.08.1976	./.	26.02.1998	./.	614 081-8
914 041-9	./.	06.05.1976	15.01.1997	02.09.2003	./.	914 041-9
614 082-6	./.	12.08.1976	./.	26.02.1998	./.	614 082-6
614 083-4	./.	26.08.1976	06.04.1993	15.04.2001	./.	614 083-4
914 042-7	./.	18.05.1976	./.	12.09.1997	./.	914 042-7
614 084-2	./.	10.09.1976	06.04.1993	15.04.2001	./.	614 084-2

Anmerkungen:

1. Die Farbgebung Orientrot war ausschließlich Lokomotiven vorbehalten und fand deshalb keine Anwendung bei den Triebwagen der DB.
2. Bei der verkehrsroten Lackierung von DB Regio wurde auf den lichtgrauen Kontrastbalken an den Triebwagenfronten verzichtet.

Bild 293 – Zwei Drittel der den Bahnübergang Ottostraße in Fürth (Bay) querenden Regionalbahn mit 614 072 an der Spitze zeigten sich bereits in den endgültigen Farben von DB-Regio, während 614 071 als letztes Drittel des Zuges am 20. Mai 2000 noch die 1987 erstmals in Nürnberg vorgestellten Produktfarben trägt. AUFNAHME: FERDINAND VON RÜDEN

Bild 294
Bis auf das in Braunschweig verbreitete Ozeanblau/Beige fanden sich am 2. Mai 1998 alle aktuellen Lackierungsvarianten in diesem dreiteiligen Triebwagen, bestehend aus 614 012 + 914 016 + 614 036. Nicht schön, aber doch recht selten war eine solche Kombination, die wie hier im Nürnberger Hauptbahnhof, natürlich auch dokumentiert werden musste, wenn man ihr denn begegnete und die Kamera dabei hatte.

AUFNAHME: FERDINAND VON RÜDEN

Bild 295
Am 14. September 1997 war die Umlackierung des Triebzuges 614 023 + 914 012 noch nicht abgeschlossen. So ersetzte 614 014 in der RB 5870 (Hof – Bayreuth) den noch im AW Kassel weilenden 614 024, hier bei der Einfahrt in Oberkotzau.

AUFNAHME: GERALD HOCH

Bild 296
Bereit für die Rückfahrt nach Hildesheim Hbf steht diese farblich gemischte Garnitur im Bahnhof Bodenburg. Am 16. Mai 1998 besteht sie aus dem verkehrsroten 614 061 sowie den beiden minttürkisen 914 024 und 614 059. Dieser Triebwagen erhielt erst einen Monat zuvor diese eigentlich schon wieder überholte Lackierung.

AUFNAHME: ROLF KÖSTNER

12 Herbstzeit – Die letzten Einsatzjahre bei der DB AG

Abweichend von der eingangs des Buches gewählten Kapitel-Systematik, die vornehmlich die Einsätze zu Zeiten der Deutschen Bundesbahn (und den ersten Jahren der Deutsche Bahn AG) nach der jeweiligen Beheimatung in Trier, Nürnberg und Braunschweig behandelt, erscheint für die Betrachtung der „Herbstzeit – Die letzten Einsatzjahre bei der DB AG" eine zusammenfassende Betrachtung sinnvoll.

Zeitlich eingegrenzt sind damit die Betriebsjahre ab ca. 2003/2004 bis zum Ende bei DB Regio im Jahre 2008 in Braunschweig bzw. 2010 in Nürnberg.

Der Status zu diesem Zeitpunkt stellt sich wie folgt dar:

1. Die Fahrzeuge waren nach Ausmusterung der Baureihen 624/634 die ältesten noch bei der DB AG eingesetzten Dieseltriebwagen und zugleich die letzten „klassischen" Vertreter der mittleren Leistungsklasse.
2. Sie hatten zwischenzeitlich alle (mit Ausnahme des künftigen Museumstriebwagens 614 005 + 914 003 + 614 006) ein einheitliches verkehrsrotes Farbkleid, fuhren vielfach in neuen, von der ursprünglichen Konfiguration abweichenden Reihungen.
3. Die Triebwagen waren durchweg modernisiert, zahlreiche Einheiten auch remotorisiert. Aber die absehbar rückläufigen Einsatzperspektiven versprachen der Baureihe 614 keine große Zukunft mehr in Diensten von DB Regio, was letztlich auch weitere Investitionen, wie z. B. in die bewährten, leistungsstärkeren neuen Cummins-Motoren stoppte.

Zuletzt wurden die Triebzüge – in allen Motorvarianten – auch fallweise zwischen ihren Heimatwerken Braunschweig und Nürnberg getauscht oder bedarfsweise an den anderen Standort verlegt, bis zunächst 2008 in Braunschweig und dann 2010 auch in Nürnberg ihre aktive Zeit auf deutschen Gleisen endete.

Die anschließende formale Umbeheimatung von immerhin zwölf Garnituren nach Cottbus änderte daran letztlich nichts. Die Fahrzeuge kamen auch von dort aus nicht mehr zum ursprünglich angedachten Einsatz.

Die letzten Einsatzjahre beim Heimatwerk Braunschweig

2003

Mitte September erfolgte für den vorgesehenen Einsatz im Harz-Weser-Netz die verkehrsvertraglich festgeschriebene Bestellung von Neufahrzeugen. Insgesamt wurden 27 zweiteilige Triebwagen der Baureihe 648^2 geordert, die nach Auslieferung ans Bw Braunschweig (648 251 bis 648 277) zwei Jahre später vornehmlich auf den Strecken

- Braunschweig – Salzgitter Bad – Kreiensen
- Braunschweig – Goslar – Kreiensen
- Braunschweig – Salzgitter Lebenstedt
- Kreiensen – Holzminden
- Seesen – Herzberg – Bad Lauterberg
- Northeim – Nordhausen
- Northeim – Bodenfelde – Ottbergen und
- Göttingen – Bodenfelde

zum Einsatz kommen sollten.

2005

In diesem Jahr übernahmen neue LINT der Baureihe 648^2 zahlreiche Aufgaben der Baureihe 614 im Harz-Weser Netz. Diese wiederum fanden ein neues Betätigungsfeld auf ehemaligen Einsatzstrecken der nunmehr ausgemusterten 634er und kamen so u. a. in folgenden Relationen zum Einsatz:

- KBS 115 Uelzen – Gifhorn – Braunschweig
- KBS 116 Uelzen – Soltau – Bremen („Amerikalinie")
- KBS 396 Emden – Emden Außenhafen
  (bis zur Aufnahme des elektrischen Betriebs am 23.06.2006)
- KBS 397 Leer – Weener – Nieuweschans/NL
  (bis zur Übernahme durch Arriva Nederland am 03.11.2006)

Bild 297
Noch kommt die Baureihe 614 von Bremen aus über die KBS 125 bis nach Cuxhaven mit seinem markanten Wasserturm. Am 24. April 2003 steht 614 056 als RB 25685 zur Rückfahrt nach Bremerhaven bereit.

AUFNAHME: MARTIN WELZEL

Bild 298
In Abschleppdiensten war 218 447 am 15. April 2004 in Buchholz (Nordheide) gefragt. Es galt, einen auf der Heidebahn defekt gewordenen dreiteiligen 614 + 914 + 614 zur Reparatur ins Heimatwerk Braunschweig zu überführen.

AUFNAHME: DIERK LAWRENZ

Bild 299
Unter Fahrdraht verläuft die Bahnstrecke Wunstorf – Bremen, die hier im Bereich von Verden die Aller überquert. Am 4. Juli 2006 spiegelt sich eine dreiteilige 614/914/614-Garnitur in dem Fluss, der seit 2016 von einer neugebauten zweigleisigen Stahlbrücke überspannt wird.

AUFNAHME: DR. JÜRGEN HÖRSTEL

- KBS 123 Buchholz – Soltau – Bennemühlen – Hannover („Heidebahn")
- KBS 125 Bremen – Bremerhaven – Cuxhaven
- KBS 124 Minden (Westf) – Nienburg – Verden (Aller) – Rotenburg (Wümme)

Auf dieser Strecke verkehrten sie seit Dezember (Mo – Fr) als Ablösung für Braunschweiger 141 komplett unter Fahrdraht.

2006

Anfang des Kalenderjahres lag der Braunschweiger Bestand bei insgesamt noch zehn Garnituren. Der nach Abstellung der Baureihen 624/634 von Braunschweiger 614 übernommene Pendeldienst zwischen Emden Hbf und Emden-Außenhafen (KBS 396) endete mit Aufnahme des elektrischen Betriebes am 22. Juni und damit elf Tage nach Beginn des neuen Fahrplanabschnittes. Nur ein Jahr dauerte der Einsatz auf dieser kurzen Stichbahn.

Mit Datum 3. November gehörten auch die grenzüberschreitenden Dienste auf der KBS 397 zwischen Leer (Ostfriesl) – Weener – Nieuweschans/NL (– Groningen) der Vergangenheit an. Diese gingen an Arriva Nederland über. Und auch die 614er-Bedienung zwischen Braunschweig, Hildesheim und Hameln lief zum Ende des Sommerfahrplans am 9. Dezember aus.

Bei zwei bekannt gewordenen Unfällen im Einsatzbereich der Braunschweiger 614 wurden in Mitleidenschaft gezogen:

- 25.06.2006: 614 066 Kollision am Bahnübergang zwischen Holtun und Walle
- 18.12.2006: 614 016 Kollision am Bahnübergang Handeloh

Für den zur Instandsetzung im AW Kassel weilenden 614 066 wurde die verbliebene Garnitur aus 614 065 + 914 037 mit dem reaktivierten 614 019 neu gebildet. Diese Funktion übernahm dann der 614 038, damit der hier freigesetzte 614 019 mit den nicht verunfallten 914 008 + 614 015 eine Einheit bilden konnte, während auch 614 016 im AW Kassel zur Reparatur kam.

2006/2007

Der Fahrzeugbedarf für den Winterfahrplan vom 10. Dezember 2006 bis zum 8. Juni 2007 lag bei zehn Einheiten, die auf zwei Umläufe mit vier bzw. sechs Garnituren verteilt waren. Im viertägigen

Laufplan H1 wurden ausschließlich Fahrzeuge mit Cummins-Motoren eingesetzt, der sechstägige Laufplan H2 umfasste die übrigen vorhandenen Garnituren. Gefahren wurde noch zwischen:

- Bremen – Verden (Aller)
- Bremerhaven – Cuxhaven
- Minden (Westf) – Rotenburg (Wümme)
- Buchholz – Hannover
- Uelzen – Bremen (mit Zuführung Braunschweig – Gifhorn – Uelzen)
- Einzelner morgendlicher Umlauf nach Schöppenstedt

Als gemischte Garnitur waren gebildet: 614 019 + 914 037 + 614 065.

2007/2008

Der Bedarf für den vom 9. Dezember 2007 bis zum 14. Juni 2008 geltenden Winterfahrplan ging um vier Garnituren zurück und umfasste nur noch Leistungen für sechs Einheiten.

Braunschweig verfügte zu diesem Zeitpunkt (unabhängig vom Einsatzbestand) noch über 15 dreiteilige Einheiten. Eine Momentaufnahme ergab dabei folgende Zugzusammenstellungen (Abweichungen von der Regelkonfiguration sind fett hervorgehoben):

614 001 + **914 025** + 614 002
614 015 + **914 033** + 614 016
614 025 + 914 013 + 614 026
614 049 + **914 037** + 614 050
614 053 + **914 030** + **614 059**
614 055 + **914 024** + 614 056
614 057 + **914 036** + 614 058
614 061 + **914 028** + 614 062
614 063 + **914 040** + 614 064
614 065 + **914 029** + 614 066
614 073 + **914 023** + 614 074
614 075 + 914 038 + 614 076
614 077 + **914 027** + **614 080**
614 078 + **914 042** + 614 079
614 081 + **914 039** + 614 082

Im letzten Einsatzjahr waren ausschließlich remotorisierte Einheiten in Dienst, diese aber gleichwohl alle ohne TAV, das heißt: mit klassischen Türen ohne Druckknöpfe.

Bild 300
Im Bremer Hauptbahnhof startet am 19. April 2006 der erstgebaute Vertreter seiner Baureihe als RB 24285 nach Uelzen. Im Hintergrund wartet 146 131. Lediglich der zwischen 614 001 und 614 002 laufende Mittelwagen 914 025 ersetzt den ursprünglichen 914 001, der bereits im Juni 2004 zerlegt wurde. Der Zug ist nach seinem Umbau (ADH-11) als 76-1413-4, 59-1413-0 und 76-1453-0 in Diensten der Rumänischen Staatsbahn CFR und kann dort, sofern nichts Unvorhergesehenes dazwischen kommt, bereits im Jahr 2021 auf eine 50-jährige Einsatzgeschichte zurückblicken, ohne dabei an Bequemlichkeit, Robustheit und Zuverlässigkeit verloren zu haben …

Aufnahme:
Martin Welzel

Bild 301
Noch ganz alltäglich stellt sich am 17. Juli 2006 diese Bahnsteigszene in Nieuweschans dar. Der führende einteilige niederländische Triebwagen 3114 vom Typ DH-1 als Zug 30458 nach Groningen (gekuppelt mit dem Zweiteiler 3206 des Typs DH-2) begegnet dem 614 080 der DB AG nach Leer (Ostfr). Alle drei Baureihen fanden inzwischen auch den Weg nach Polen, wo sie heute als SN-82 (ex 31xx), SN-83 (ex 32xx) und SN-84 (ex 614) laufen. Im Kapitel 15 findet sich ein neuerliches Treffen, nunmehr in den Farben der SKPL.

Aufnahme:
Alex Wouters

Bild 302 – Ein Motivklassiker ist die östliche Einfahrt in den Bahnhof Visselhövede im Zuge der sogenannten „Amerikalinie“ Uelzen – Bremen. Am 9. Oktober 2008 passiert 614 015 gleich das reizvolle Stellwerk „Vo“ und die Ausfahrt-Formsignale der Gegenrichtung. AUFNAHME: STEFAN SCHEIBA

Bild 303 – Immer wieder sehenswert ist die imposante Fabrik-Fassade der Continentalwerke in Hannover. Sie dient für den soeben in Richtung Soltau gestarteten 614026 im schönsten Abendlicht des 12. Juni 2004 als fotogene Kulisse. AUFNAHME: HELMUT SCHEIBA

Das Einsatzende war zunächst für den kleinen Fahrplanwechsel im Sommer 2008 angestrebt. Das faktische Plandienstende kam jedoch erst mit Beginn des vom 14. Dezember 2008 bis 13. Juni 2009 gültigen Winterfahrplans. Bis zum Ende des Kalenderjahres erfolgten aber noch sporadische Einsätze. Unter anderem führte dies die letzten Braunschweiger 614 als Ersatzgestellung für die BR 628 nochmals nach Bad Harzburg und Herzberg.

Endgültig abgestellt wurden die letzten Braunschweiger Züge dann zum Jahresende 2008.

Die letzten Einsatzjahre beim Heimatwerk Nürnberg

2004

Kurzzeitig gab es Überlegungen, in denen eine Umstationierung mehrerer 614er für den Einsatz auf der Eifelstrecke von Köln nach Trier erwogen wurde. Konkret angedacht war, mit den Fahrzeugen die Ablösung der mit Baureihe 218 bespannten Wendezüge zu realisieren. Hierfür weilten im April 2004 mit 614 009 + 914 005 + 614 010 und 614 017 + 914 009 + 614 018 zwei Garnituren vor Ort. Während ein Zug für Probefahrten diente, wurden mit dem anderen Personalschulungen durchgeführt. Letztlich aber erhielt die Baureihe 628 den Vorzug, die dann vornehmlich Verstärkerdienste für die hier schon seit 1998 eingesetzte BR 644 leistete.

Ungeachtet dessen stand bereits für das nächste Jahr die Ausschreibung des „Dieselnetz Nürnberg" durch die BEG Bayerische Eisenbahngesellschaft an. Für diesen Teil der späteren „Mittelfrankenbahn" wurden Neufahrzeuge gefordert, was die Einsatzperspektive der „hochflurigen" BR 614 ungeachtet ihrer Verlässlichkeit, Kapazität und auch des (noch offenen) Ausschreibungsergebnisses deutlich schmälerte.

So zeichnete sich absehbar ein recht konkretes Szenario zum mittelfristigen Abschied von der BR 614 bei DB Regio Bayern und dem Standort Nürnberg ab. Noch etwas früher wurde dies sogar bei DB Regio Niedersachsen und deren Braunschweiger Einheiten zur Realität.

Bild 304
In bestem Pflegezustand samt passender Hintergrundkulisse erreicht 614 068 am 4. September 2004 als RB 24655 den Bahnhof Bad Harzburg. Nur wenige Jahre später bietet sich dem Betrachter vom selben Triebkopf ein eher klägliches Erscheinungsbild, als seine für Polen geplante Aufarbeitung ins Stocken geriet (siehe hierzu Kapitel 15).

AUFNAHME:
ULRICH WEHMEYER

Bild 305
614 026 + 914 023 + 614 025 passieren am 22. Mai 2008 in Soltau (Han) das 1935 in Betrieb genommene Stellwerk So der mechanischen Einheitsbauart. Als RB 24279 ist der Zug unterwegs von Bremen Hbf nach Uelzen.

AUFNAHME:
JONAS BRIEST

Bild 306
Auch die Kursbuchstrecke 821 von Forchheim (Oberfr) nach Ebermannstadt (mit Anschluss an die Museumsbahn der DFS – Dampfbahn Fränkische Schweiz) zählte zu den langjährigen Stammstrecken der 614er. Sie selbst hatten dort die mit der Baureihe 211/212 bespannten Wendezüge abgelöst. 614 009 konnte am 12. August 2003 auf seiner Rückfahrt beim Unterwegshalt in Pinzberg angetroffen werden. Heute bedienen agilis Triebwagen der Baureihe VT 650 die einst bis Behringersmühle führende Nebenbahn.

Aufnahme:
Ferdinand von Rüden

Bild 307
Dieses Rangiergerät übernimmt im Heimatwerk Nürnberg kleinere Verschubfahrten. Auf diese Weise wird 614 035 am 13. Dezember 2007 auf die Unterflurdrehbank der benachbarten Halle gedrückt. Im Hintergrund erwartet 914 014 sein weiteres Schicksal.

Aufnahme:
Ferdinand von Rüden

Bild 308
Seit immerhin 20 Jahren nicht mehr alltäglich waren Begegnungen wie diese im Nürnberger Hbf. Der als „Fußball Weltmeister 1954" beschriftete und seinerzeit so vermarktete „Eierkopf" mit VT 08 503 an der Spitze steht am 30. April 2004 auf dem Betriebsgleis 10, während Vorserientriebzug 614 003 auf Gleis 12 die Ausfahrt in sein Heimatwerk erwartet.

Aufnahme:
Ferdinand von Rüden

Sachbeschädigung – Verunstaltung durch Dritte

Schmierereien, Graffitis und – sofern Täter überhaupt dingfest gemacht werden können und bei ihnen Schadensersatz zu holen ist – die strafrechtlich viel zu lasche Verfolgung von Sachbeschädigungen und Vandalismus sollen hier keineswegs breitgetreten oder ausdiskutiert werden. Schon gar nicht ist angestrebt, mit der Veröffentlichung einiger „Schaffenswerke" dieses leidige Thema in irgendeiner Weise fördern zu wollen.

Im Gegenteil: Gerade in den letzten Einsatzjahren zeigt sich das traditionell sehr gepflegte Erscheinungsbild der Baureihe 614/914 immer öfter und offensichtlicher vornehmlich durch großflächige Sprayer-Aktivitäten in Mitleidenschaft gezogen, nein – verunstaltet. Diese können keinem Reisenden entgehen, dem aufmerksamen Fotografen ohnehin nicht.

Der Anblick geht nicht nur mit erheblichem Kopfschütteln einher, sondern auch immer wieder mit der Frage, warum sich die Deutsche Bahn AG offenkundig gar nicht mehr oder nur sehr bedingt dem Schutz ihres Eigentums widmen bzw. dem Hausfriedensbruch und Vandalismus erwehren kann.

Wer die Großflächigkeit solch krimineller Verunstaltung wahrnimmt, muss zu dem Schluss kommen, dass immer mehr Betriebsanlagen unbewacht und leicht zugänglich sind oder seinerzeit waren. Ansonsten hätten sich die zahllosen Sprayer wohl kaum (bisweilen offensichtlich über Stunden) am Objekt ihrer Begierde austoben können. Gleichwohl ist es naheliegend, dass niemand eine Rundumbewachung leisten kann und die Übeltäter zum Erreichen ihrer Ziele auch eine bekanntermaßen hohe Kreativität an den Tag legen.

Wie auch immer: Da das illegale Treiben auch die in diesem Buch thematisierte Baureihe 614 nicht verschonte, seien an dieser Stelle zumindest einige Auswüchse auch exemplarisch dokumentiert.

Dies geschieht in dem vollen Bewusstsein, dass diese Form der Sachbeschädigung für ganz viele Leser, Redaktionen, Eisenbahnfreunde, Reisende und Eisenbahner eine sehr gespaltene, oft ablehnende Haltung hervorruft und deshalb bei manchem gar auf völliges Unverständnis stößt.

Gleichwohl: Der Autor vertritt ganz dezidiert die Auffassung, dass die illegalen Sprayer-Aktivitäten (leider) als ein virulentes gesellschaftliches Phänomen unserer Zeit schlichtweg alltäglich geworden sind und daher weder wegdiskutiert noch thematisch im Sinne einer „heilen Eisenbahnwelt" ausgeklammert werden dürfen. Und weil für den Verfasser allein der Vollständigkeit halber wegen die Auseinandersetzung auch mit diesem Themenkomplex alternativlos ist, dürfen diese Schmierereien auch nicht retuschiert, „weggepixelt", vermeintlich geschönt dargestellt oder gar völlig ausgeklammert werden.

Bild 309
Selbst den damals einzigen noch eingesetzten kieselgrau/orangen 614 006 hat die großflächige Verunzierung durch Sprayer getroffen. Während die linke (auf dem Foto bewusst nicht sichtbare) Fahrzeugseite komplett eingeschmiert wurde, kann man dem Graffiti auf der Frontseite eine gewisse Kreativität nicht absprechen. Die Aufnahme im Heimatwerk des Zuges entstand am 12. September 2007.

AUFNAHME: FERDINAND VON RÜDEN

Bild 310
Ganze Arbeit haben die Urheber dieses an Großflächigkeit kaum mehr zu überbietenden Werkes am Mittelwagen 914 032 geleistet, am 11. März 2008 eingereiht zwischen 614 071 und 614 072. Die „Botschaft" des Sprayers ist für den Fotografen bis heute nicht lesbar, mit Ausnahme des Schaffensjahres 2008. Die Fahrzeugnummer konnte übrigens erst nach eineinhalb Monaten identifiziert werden, als ein Teil der Schmiererei beseitigt war.

AUFNAHME: FERDINAND VON RÜDEN

2006

Die gewonnene Ausschreibung des Dieselnetzes im Zuge der „Mittelfrankenbahn“ führte bei DB Regio zur Bestellung von insgesamt 27 neuen zweiteiligen Fahrzeugen der Bauart „Coradia LINT 41“.

Ein Unfall „hinter den Kulissen“ sorgte bei zwei Nürnberger Triebwagen für das vorzeitige Einsatzende:

- xx.12.2006: 614 023 + 614 024 Aufprall einer 112-Doppeltraktion auf die abgestellte Garnitur im Heimatwerk Nürnberg

Am Ende des Jahres waren noch 24 von ehemals 27 in Nürnberg stationierten Zügen hier beheimatet.

2007

Die ersten der 2006 bestellten Züge für das Dieselnetz in Mittelfranken kamen als BR $648^3/648^8$ von Dezember 2007 bis September 2008 zur Auslieferung und wurden alle in Nürnberg beheimatet.

Die werbewirksamen Attribute, mit denen die Neufahrzeuge insbesondere bei den Fahrgästen punkten sollten, waren:

- klimatisierter Fahrgastraum
- niederfluriger Einstieg
- Behinderten-gerechtes WC-System
- modernes Fahrgastinformationssystem
- große Panoramafenster.

All diese Vorzüge im Vergleich zur Baureihe 614, die mit der neuen Fahrzeuggeneration möglichst umgehend abgelöst werden sollte, konnten jedoch ein gravierendes Manko nicht kompensieren. Während eine dreiteilige 614er-Garnitur bis zu 250 Reisenden einen Sitzplatz bot, haben die zweiteiligen 648er eine maximale Sitzplatzkapazität für 159 Fahrgäste. Dieser Mangel hätte theoretisch nur durch Fahrten in 648er-Doppeltraktion ausgeglichen werden können – dafür waren aber nicht genügend Züge bestellt worden. Wie auch immer es dazu kam, es bleibt dem geneigten Reisenden wie dem neutralen Beobachter gleichermaßen rätselhaft, wie eine (eigentlich) auf Fahrgastzuwachs ausgelegte regionale Angebotsstruktur sich damit in Teilen selbst ad absurdum planen konnte.

Die praktische Lösung des Problems gelang dann mit der letztlich bekannten Variante. Die Baureihe 614 leistete zuverlässig in den besonders frequentierten Stunden des Berufs- und Schülerver-

Bild 311
Zuverlässig, unspektakulär, alltäglich und dennoch bis zum Schluss auch fotogen verkörperten die Triebwagen der Baureihe 614 eine wohltuende Beständigkeit auf ihren vielfach langjährigen Einsatzstrecken. Dazu zählte auch die Relation Nürnberg – Neuhaus (Pegnitz), die hier am 2. Mai 2007 bei Alfalter von einem unbekannten 614 als RB 35689 bedient wird.

Aufnahme: Ulrich Wehmeyer

Bild 312
Ein schönes Beispiel für die gelungene Einbettung des Schienenweges in die Natur verkörpert diese Aufnahme von 614 005 auf einer seiner langjährigen Hausstrecken. Als RB 35697 eilt die Garnitur am 10. Mai 2008 bei Rupprechtstegen durch das malerische Pegnitztal vorbei an zwei Schlauchbootfahrern.

Aufnahme: Felix Seraphin

Bild 313
Kurz hinter dem inzwischen aufgelassenen Haltepunkt Nürnberg-Neusündersbühl biegt der 614 034 bei Streckenkilometer 3,4 am 7. Juli 2006 direkt von der Hauptstrecke in sein Heimat-Bw ab. Vom Hilfsgerätewagen verdeckt werden die letzten Schrottreste der beim verheerenden Lokschuppenbrand am 17. Oktober 2005 vernichteten historischen Fahrzeuge. Die zahlreichen neben der ehemaligen Lokleitung parkenden Loks der BR 218 sind hier inzwischen ebenso Geschichte wie das im Hintergrund am Portalkran auszumachende Containerterminal.

AUFNAHME:
FERDINAND VON RÜDEN

kehrs unverzichtbare Verstärkerdienste und milderte damit nachhaltig die Kapazitätsproblematik der BR 648. Zugleich wurde damit aber auch die ursprüngliche Absicht zur Makulatur, die treuen und robusten 614/914 zum Jahresende 2008 außer Dienst zu stellen.

2007/2008

Nürnberg verfügte zu diesem Zeitpunkt (unabhängig vom Einsatzbestand) noch über insgesamt 19 dreiteilige Einheiten. Eine Momentaufnahme ergab dabei folgende Zugzusammenstellungen (Abweichungen von der Regelkonfiguration sind fett hervorgehoben):
614 005 + 914 003 + 614 006
614 009 + 914 005 + 614 010
614 011 + 914 006 + 614 012
614 013 + 914 007 + 614 014
614 017 + 914 009 + 614 018
614 021 + 914 011 + 614 022
614 027 + 914 014 + 614 028
614 029 + 914 015 + 614 030
614 035 + **914 004** + 614 036
614 039 + 914 020 + 614 040
614 041 + 914 021 + 614 042
614 043 + 914 022 + 614 044
614 047 + **914 034** + 614 048
614 051 + 914 026 + 614 052
614 054 + **914 019** + **614 060**
614 067 + **914 041** + 614 068
614 069 + **914 031** + 614 070
614 071 + **914 032** + 614 072
614 083 + **914 035** + 614 084

2008

Das Einsatzspektrum für die dreiteiligen Triebzüge erwies sich als durchaus facettenreich. Es wurden folgende Leistungen gefahren:
- Gesamtverkehr im Regionalbahneinsatz Nürnberg – Neuhaus (Pegnitz) bis Februar
- Zwischen März und Mitte September Mischverkehr mir BR 648 (sonntags ohne Leistung im Pegnitztal)
- Neunkirchen am Sand – Simmelsdorf-Hüttenbach: Gesamtverkehr bis Mitte September
- Fürth (Bay) – Cadolzburg: Mo – Fr bis zum Fahrplanwechsel Dezember
- Fürth (Bay) – Markt Erlbach: Gesamtverkehr bis zum Fahrplanwechsel Dezember, im Schülerverkehr zum Teil als Doppeleinheit
- Forchheim – Ebermannstadt: Gesamtverkehr bis zum Fahrplanwechsel am 13. Dezember
- Einzelleistungen von Neukirchen b. Sulzbach-Rosenberg nach Weiden (Oberpf), im Berufsverkehr nach Hartmannshof über Lauf (links Pegnitz) und im Schülerverkehr Bayreuth – Kirchenlaibach – Weiden (Oberpf).
- Sonderleistungen an den ersten drei Adventssamstagen Weiden (Oberpf) – Hersbruck (links Pegnitz) – Nürnberg u. z. sowie abendliche Regionalexpress-Leistung Nürnberg – Schwandorf – Regensburg u. z. als Ersatz für BR 610.

Bemerkenswert war die Abstellung aller noch eingesetzten Einheiten mit den leistungsstärken und modernen Cummins-Motoren. Hintergrund dafür war allerdings nicht die Qualität der Antriebsaggregate, sondern vielmehr die Tatsache, dass diese neu motorisierten Einheiten auch mit dem recht störungsanfälligen technikbasierten Abfertigungsverfahren (TAV) ausgerüstet waren. Es „überlebten“ also die Garnituren mit den klassischen MAN-Motoren und den ursprünglichen werksseitig eingebauten Türöffnungsmechanismen.

Bekannter Unfall:
- 16.10.2008: 614 027 Kollision an einem Bahnübergang bei Laubendorf

2009

Das ursprünglich für Dezember 2008 geplante Einsatzende der Baureihe 614 war aus den oben dargestellten Gründen nicht zu halten. Es erfolgte eine erste Verlängerung der „Gnadenfrist“ bereits zum Jahresbeginn 2009 als sporadisches Ersatzfahrzeug.

Zwischen April und Dezember 2009 fuhr die Baureihe wieder zwei feste Umläufe mit MAN-Einheiten im Plan nach Hersbruck (rechts Pegnitz) bzw. Neuhaus (Pegnitz) und einmal als Ersatz für die BR 648 im Dienst nach Cadolzburg. Die dadurch frei gewordenen 648er konnten nunmehr andere Einheiten verstärken, um dort ein ausreichendes Platzangebot sicherzustellen. Mit der Umstellung der Gräfenbergbahn von Fahrzeugen der BR 648 auf die BR 642 (aus Kempten kommend) waren zur Abdeckung der Leistungen sowie Sitzplatzkapazitäten genügend Fahrzeuge der BR 648 vorhanden, um jetzt die 614er zu ersetzen.

Als nunmehr offizielles Einsatzende galt deshalb der kommende Fahrplanwechsel 12./13. Dezember 2009.

2010

Im neuen Jahr blieben zunächst 614 021 +914 011 + 614 022 bis zur Abstellung Ende Januar, 614 039 + 914 020 + 614 040 bis zu einem größeren Defekt im Spätsommer (z-Stellung aber erst am 3. Dezember) und im Monat Oktober allein 614 005 + 914 003 + 614 006 im fast regelmäßigen Einsatz. Gefahren wurden Ersatzzugleistungen für die Baureihe 610 insbesondere nach Schwandorf und Cham sowie morgendliche Verstärkerfahrten im Berufs- und Schülerverkehr.

- Im Gelände des Bw Nürnberg hatten die 614er längst das „Feld geräumt“. Als eiserne Fahrzeugreserve standen dem langjährigen Heimatwerk im Sommer die beiden letzten noch betriebsfähigen Einheiten der Baureihe zur Verfügung:
  614 005 + 914 003 + 614 006
  614 039 + 914 020 + 614 040
- Die endgültige Abstellung der Baureihen 614/914 aus den Diensten der Deutsche Bahn AG sowie der vormaligen Deutsche Bundesbahn erfolgte zum Jahreswechsel 2010/2011. Gut fünfunddreißig Jahre währte die äußerst zuverlässige, regional fixierte, aber gleichwohl anspruchsvolle Einsatzzeit der Baureihe in Deutschland.
- 614 005 + 914 003 + 614 006 gingen formal in den Bestand des DB-Museums über. Die offizielle Übergabe mit zeitgleich einhergehender Ausstellung des Fahrzeugs im Freigelände des VMN war am 15. Februar 2011.

Für alle anderen Triebwagen folgte eine zum Teil recht lange Zeit der Abstellung und Ungewißheit auf verschiedenen Anlagen der DB AG, insbesondere des Stillstandsmanagements in Hamm (Westf). Dies wird ausführlich im Kapitel 14 „Endzeit – Abstellung, Stillstand, Verschrottung und DB Museum“ thematisiert.

Bild 314
Bei dieser seltenen Fracht muss selbst der bestens gepflegte 614 005 während seiner kurzen Wendepause etwas in den Hintergrund treten. Am 12. November 2003 werden mit Tw 313 und Tw 321 zwei ausgediente Nürnberger GT6-Straßenbahnen im Fürther Güterbahnhof von 294 750 rangiert. Sie waren zuvor auf freier Strecke in Höhe der Hwst Muggenhof verladen worden. Nur wenige Tage später erfolgte mit weiteren zwei Gelenktriebwagen ihr Abtransport (noch) auf dem Schienenweg in Nürnbergs polnische Partnerstadt Kraków (Krakau).

AUFNAHME: FERDINAND VON RÜDEN

Bild 315
Am 27. Februar 2005 erhält 614 013 Einfahrt in den verschneiten Bahnhof Nürnberg Ost. Sehr gut sind im Hintergrund die markanten Anlagen der BfB (Bundesanstalt für Branntweinmonopol) zu erkennen, deren Gleisanschluss im Stadtteil St. Jobst zum Aufnahmezeitpunkt noch regelmäßig bedient wurde, wie die grünen zweiachsigen Kesselwagen zeigen. Inzwischen ist der Standort aufgelöst. Auf dem Areal entstehen 200 neue Wohnungen, für die bereits 2020 Betriebsgebäude und Tanks abgetragen wurden.

AUFNAHME: FERDINAND VON RÜDEN

Aber eine letztlich doch bemerkenswerte Stückzahl der grundsoliden Triebzugeinheiten erfuhr früher (einige auch später) auf den Gleisen Rumäniens und Polens eine Fortsetzung ihrer Einsatzzeit, die in den Kapiteln 15 „Dornröschenschlaf – Der lange Weg bis zum Einsatz in Polen“ und 16 „Wiedergeburt – Konsequente Aufarbeitung in Rumänien“ thematisiert wird.

Im Kapitel 19 „Statistik – Fahrzeug- und Fabriknummern, Lebensläufe“ schließlich findet sich eine detaillierte Aufschlüsselung zum Verbleib eines jeden Trieb- und Mittelwagens dieser inzwischen kultigen und unvergessenen Baureihe.

Abschließend zeigt eine Übersicht die zum Zeitpunkt der Abstellung in den 614-Triebwagen eingebauten Motorvariante.

Ausrüstung mit	**Ausrüstung mit Versuchsmotor**	**Ausrüstung mit**	**Ausrüstung mit**	**Ausrüstung mit Versuchsmotor**	**Ausrüstung mit**
MAN D 3650 HM 12 U 12 Zyl. **368 kW/500 PS**	**Cummins KTA 19-R2** 16 Zyl. **448 kW/609 PS**	**Cummins QSK 19** 16 Zyl. **448 kW/609 PS**	**MAN D 3650 HM 12 U** 12 Zyl. **368 kW/500 PS**	**Cummins KTA 19-R2** 16 Zyl. **448 kW/609 PS**	**Cummins QSK 19** 16 Zyl. **448 kW/609 PS**
614 001-6			614 043-8		
614 002-4			614 044-6		
614 003-2			614 045-3		
614 004-0			614 046-1		
614 005-7			614 047-9		
614 006-5			614 048-7		
614 007-3					614 049-5
614 008-1					614 050-3
		614 009-9	614 051-1		
		614 010-7	614 052-9		
614 011-5			614 053-7		
614 012-3					614 054-5
614 013-1			614 055-2		
614 014-9			614 056-0		
		614 015-6	614 057-8		
		614 016-4	614 058-6		
		614 017-2	614 059-4		
		614 018-0			614 060-2
	614 019-8		614 061-0		
	614 020-6		614 062-8		
614 021-4			614 063-6		
614 022-2			614 064-4		
		614 023-0			614 065-1
		614 024-8			614 066-9
		614 025-5			614 067-7
		614 026-3			614 068-5
614 027-1					614 069-3
614 028-9					614 070-1
614 029-7			614 071-9		
614 030-5			614 072-7		
614 031-3					614 073-5
614 032-1					614 074-3
614 033-9			614 075-0		
614 034-7			614 076-8		
614 035-4					614 077-6
614 036-2					614 078-4
	614 037-0				614 079-2
	614 038-8				614 080-0
614 039-6					614 081-8
614 040-4					614 082-6
614 041-2			614 083-4		
614 042-0			614 084-2		
28	**4**	**10**	**24**	**0**	**18**
			52	**4**	**28**

Alle Angaben beziehen sich auf den Zeitpunkt der Z-Stellung bzw. Ausmusterung bei der DB AG.

Bild 316 – Frühmorgendliche Zugkreuzung im Bahnhof Zirndorf, ausgestattet mit klassischer Flügelsignaltechnik, dichtem Taktverkehr und am 9. September 2008 auch noch fest in der Hand der Baureihe 614. Mit dem kieselgrau/orangen 614 005/006 und dem verkehrsroten 614 010/009 begegnen sich zwei Vertreter der ersten Serie, die seit ihrer Ablieferung im Jahr 1973 ihrer Nürnberger Heimat treu blieben. AUFNAHME: FERDINAND VON RÜDEN

Bild 317 – Als Ersatz für einen ausgefallenen Neigetechnik-Triebwagen der Baureihe 610 erlebt 614 005 nochmal Auslauf zwischen Schwandorf und Nürnberg Hbf. Als RE 3562 durchfährt er am 11. Oktober 2010 den einst durch die (2002 stillgelegte) Maxhütte im Güterverkehr sehr bedeutsamen Bahnhof Sulzbach-Rosenberg Hütte, der absehbar seine Funktion als Verkehrshalt im Personenverkehr verlieren wird. AUFNAHME: FELIX SERAPHIN

13 Wappenträger – Garnituren mit Taufnamen

Anders als heute bei der ICE-Flotte, zahlreichen Triebwagen der Baureihen 442, 612 und 648 und anderen war die Fahrzeugtaufe mit der Anbringung eines Städtenamens samt Wappen zu Zeiten der Baureihe 614 nur wenig bis gar nicht verbreitet. Dies gilt insbesondere für Nürnberger und Braunschweiger Fahrzeuge in den klassischen Farben ihrer Anlieferung.

Erst als mit den neuen „Produktfarben" auch ein vermeintlich modernes Zugangebot geschaffen war und Einsatzstrecken vielfach heimatbezogene Namen erhielten, besann man sich sehr vereinzelt auf die werbewirksame, meist symbolische Verknüpfung von typischem Einsatzfahrzeug und optischer Aufwertung mittels der Anbringung von Ortsnamen samt Stadtwappen.

So erhielt zum Beispiel der minttürkise 614 018 am 25. Mai 1997 als Vertreter seiner Baureihe auf seiner langjährig angestammten Einsatzstrecke nach Markt Erlbach den Namen der Stadt Langenzenn. Äußerer Anlass war das Streckenjubiläum „125 Jahre Erste Vizinalbahn in Bayern Siegelsdorf – Langenzenn". Inzwischen wird die Strecke erfolgreich als „Zenngrundbahn" vermarktet, im Taktverkehr bedient und ist so auch im Bewusstsein der örtlichen Bevölkerung verankert.

Bild 318
Wenigstens einmal konnte eine Fahrzeugtaufe der BR 614 bildlich dokumentiert werden. Der von 1978 bis 2008 amtierende Erste Bürgermeister der Stadt Langenzenn, Manfred Fischer (1941-2017) taufte am 25. Mai 1997 unter reger Anteilnahme der Bevölkerung symbolisch den als RB 4926 nach Markt Erlbach verkehrenden 614 018. Anlass war das Streckenjubiläum „125 Jahre Erste Vizinalbahn in Bayern Siegelsdorf – Langenzenn".

AUFNAHME:
GERHARD STRIEGEL

Bild 319
614 018 war der einzige mintgrüne „Wappenträger" seiner Baureihe. Versehen mit dem Stadtwappen von Langenzenn hat es den Triebwagen am 17. Mai 1998 recht weit von seinem angestammten Revier nach Eisfeld verschlagen. Gleichwohl zählt die Kleinsatdt im Landkreis Hildburghausen zum fränkisch geprägten Süden Thüringens.

AUFNAHME:
FERDINAND VON RÜDEN

Leider ist dies das einzige Mal, dass Datum und Anlass der Fahrzeugtaufe recherchiert werden konnten. Für die weiteren dokumentierten „Wappenträger“

614 003/004	„Gemeinde Berg“
614 013/014	„Bad Kissingen“
614 052	„Gemeinde Vorra“
614 065	„Spaß erfahren – Heidebahn“

gilt zumindest die Existenz der „Taufinsignien“ ausschließlich auf ihre Zeit im verkehrsroten Farbkleid als gesichert. Das Langenzenner Stadtwappen hingegen war seit der neuerlichen Umlackierung des Triebkopfes im Jahre 2003 nicht mehr am Fahrzeug zu sehen und beschränkte sich damit offenkundig nur auf die relativ kurze minttürkise Phase des 614 018.

Bild 321 – Getauft auf den Namen „Bad Kissingen“ war die Triebwageneinheit 614 013/014, deren verkehrsroter Untergrund farblich gut mit dem Stadtwappen harmonierte. Der hier abgebildete 614 014 (neben 614 067) wird aktiv aber nicht mehr für seine Patenstadt werben, denn er ist seit Ende Dezember 2008 abgestellt und erwartet in Roth am 17. Mai 2009 mit weiteren Schwesterfahrzeugen sein weiteres Schicksal, das dann auch zehn Jahre später in Espenhain besiegelt wurde. AUFNAHME: FERDINAND VON RÜDEN

Bild 320 – Ein Wappenträger der etwas anderen Art war der Triebwagen 614 065. Das Fahrzeug trug zwar nicht das Logo einer speziellen Gemeinde oder Stadt, sollte aber mit seinem Schriftzug „Spaß erfahren – Heidebahn“ auch die Verbundenheit von Einsatzregion und Bahn vermitteln. AUFNAHME: DIERK LAWRENZ

Bild 322 – Das Wappen der „Gemeinde Vorra“ zierte die Triebwagengarnitur 614 051/052, hier dokumentiert am markanten Triebkopf des 614 052. Leider konnte bei den meisten identifizierten „Wappenträgern“ nicht geklärt werden, von wann die Taufen datierten. AUFNAHME: FERDINAND VON RÜDEN

Bild 323 – Wenn auch nur aus der Ferne, so lässt sich aber immerhin mit diesem Foto aus dem Bw Nürnberg dokumentieren, dass 614 003 auch am 11. September 2005 noch das Wappen und den Schriftzug der „Gemeinde Berg“ trug. Außerdem zeigt sich das gut ausgeleuchtete, von der MAN-Bauart abweichende Wegmann-Triebdrehgestell, das der Zug trug und ihn hier in Gesellschaft von 610 501 und 642 108 zeigt. AUFNAHME: FERDINAND VON RÜDEN

14 Endzeit – Abstellung, Stillstand, Verschrottung und DB Museum

Abstellung:

Bereits im September 2007 verließen mit 614 003 + 914 002 + 614 004 und 614 007 + 914 004 + 614 008 die ersten beiden Einheiten ihr langjähriges Heimatwerk Nürnberg und wurden von 218 387 (die später in Purpurrot bei der Kurhessenbahn aktiv werden sollte) zum Stillstandsmanagement nach Hamm (Westf) überführt. Hier fanden sich im Laufe der nächsten Jahre zahlreiche weitere Fahrzeuge aus Braunschweig und Nürnberg ein, die sich dort in langen Reihen mit anderen Triebwagen, Lokomotiven und Reisezugwagen ein Stelldichein mit damals (noch) offenem Ende gaben.

Verschrottung 1:

Im selben Jahr kam es zur überhaupt ersten (und alleinig auch fotografisch dokumentierten) Verschrottung bei der Baureihen 614/914. Betroffen war die Nürnberger Einheit 614 023 + 914 012 + 614 024, die durch den Aufprall einer (seinerzeit auch noch hier beheimateten) Doppeltraktion der BR 112 auf dem Gelände ihres Heimatwerkes im Dezember 2006 in Mitleidenschaft gezogen wurde.

Offenkundig – wie bei der Zerlegung zu sehen – hatte der Unfall den Rahmen des 614 024 geknickt. In der Phase des ohnehin absehbaren Einsatzendes kam es dann zu keiner Instandsetzung mehr, auch wenn beide Triebköpfe noch am 11. April 2006 im AW Cottbus eine IS-090-Untersuchung erhalten hatten und sich äußerlich in einem sehr gepflegten Zustand befanden.

Ein externer Dienstleister besorgte vor Ort auf dem Gelände ihrer „ewigen Heimat" die Arbeiten zur Rückführung der Fahrzeuge in den Wertstoffkreislauf. Es wurden zerlegt:

614 024 am 29.11.2007
914 012 am 05.12.2007
614 023 am 06.12.2007

Damit war zwischen Ende November und Anfang Dezember 2007 die Geschichte dieser beiden Triebköpfe samt Mittelwagen zu Ende erzählt, die als vorerst einzige ihrer Baureihe den „Weg des alten Eisens" gehen mussten.

Stillstand:

Interessanterweise kam es im September und Oktober 2008 zu einem Testeinsatz bei der PKP. Die hierfür rekrutierten Fahrzeuge 614 053 + 914 040 + 614 058 waren erst kurz zuvor in Nürnberg von der Ausbesserung zurückgestellt worden.

Bild 324 – Als 218 387 mit den beiden Garnituren 614 008 + 914 004 + 614 007 und 614 004 + 914 002 + 614 003 im Schlepp am Leiblsteg kurz hinter Nürnberg-Neusündersbühl erwartet wurde, war ihr purpurrotes Intermezzo bei der Kurhessenbahn noch gar nicht absehbar. Aber konkret wurde nach über 30 Jahren in ihrer angestammten Heimat der am 12. September 2007 zunächst schleichend begonnene Rückzug der Baureihe 614. Als Rbz 70722 erfolgte an jenem Tag erstmals ein Abtransport Nürnberger Triebwagen zum Stillstandsmanagement in Hamm (Westf). AUFNAHME: FERDINAND VON RÜDEN

Im Bw Nürnberg gab es Ende 2008 einen weiteren „Kehraus“ von ausgedienten Triebwagen der BR 614/914, die den Jahreswechsel und die ersten Wochen in 2009 zunächst auf Gleisen der Westeinfahrt des Nürnberger Hauptbahnhofes verbrachten und im Frühjahr zur weiteren Zwischenabstellung nach Roth abgefahren wurden. Von hier aus gingen einige direkt zum Stillstandsmanagement nach Hamm. Im Hinblick auf einen angedachten möglichen Einsatz in Polen wurden zahlreiche andere Fahrzeuge hingegen nach Cottbus überstellt. Bekannt ist zum Beispiel die Überführung von drei z-gestellten Einheiten als SchadR 70728 von Nürnberg nach Cottbus mit 112 130 am 16. Februar 2009, andere folgten am 15. Juni sowie im September 2009. In der Summe wurden es letztendlich 24 Trieb- und zwölf Mittelwagen, die den Weg ins Zentrum der Niederlausitz fanden.

Cottbus blieb Ausgangspunkt für einen Verkauf mehrerer Einheiten an die schweizerische Helvetic Rolling Stock GmbH (HEROS), die sich auf die Vermarktung und den Verkauf gebrauchter Schienenfahrzeuge innerhalb Europas spezialisiert hat. Recht zeitnah fanden sich mit der Rumänischen Staatsbahn CFR und der Transferoviar Grup S. A (TFG) erste Käufer, und einige 614/914 kamen vergleichsweise schnell unter der neuen Serienbezeichnung 76-14XX zurück in den Betrieb. Andere hingegen fuhren unter deutscher NVR-Nummer mit rumänischer Halterangabe.

Aber die Mehrzahl der Fahrzeuge erfuhr ab 2011 zunächst eine sehr umfassende Aufarbeitung bei der Firma REMARUL samt äußerst bemerkenswerter Modernisierung, die sich in der Werksbezeichnung ADH 11 widerspiegelt und auf die im Kapitel 16 näher eingegangen wird.

Bild 325
Ein unsanfter Aufprall einer 112[1]-Doppeltraktion im Heimatwerk aus dem Dezember 2006 war der Grund für die einzige vor Ort vorgenommene Verschrottung einer ganzen 614er-Garnitur durch eine externe Recyclingfirma. Gut zu erkennen am 614 024 sind am 29. November 2007 zumindest die verschobene Pufferverkleidung sowie der offenkundig bereits angerostete Knick im Aufbau unmittelbar hinter dem linken Führerstandsfenster.

AUFNAHME: FERDINAND VON RÜDEN

Bild 326
Trauriges Ende des 614 024 am 29. November 2007 nach 33 Jahren durchgängiger Beheimatung in Nürnberg. Noch öfter als der Triebwagen seine diversen Farbgebungen (Kieselgrau/Orange, Mintgrün/Pastelltürkis/Lichtgrau und Verkehrsrot), wechselte die Heimatdienststelle in dieser Zeit ihren Namen (Bw Nürnberg Hbf, Bw Nürnberg 1, Nürnberg-West, Werk Nürnberg-Gostenhof, Regio Werk Nürnberg). Und: in Zeiten der DB AG ist die Zerlegung von Fahrzeugen nunmehr „outgesourct“ und muss nicht mehr, wie zum Teil noch zu Dampflokzeiten, von denen erledigt werden, die sie jahrelang gehegt und gepflegt haben.

AUFNAHME: FERDINAND VON RÜDEN

Bild 327
Wo rohe Kräfte sinnlos walten …“ ist man beim Anblick auf das bereits weitgehend zerstörte Innenleben des 614 024 geneigt zu formulieren. Einzig die Mehrzahl der Abfallbehälter ist noch am angestammten Platz. Die fehlende Einsatzperspektive der Baureihe macht am 29. November 2007 auch die Gewinnung von Ersatzteilen überflüssig.

AUFNAHME:
FERDINAND VON RÜDEN

Bild 328
Auch 614 023 fiel der recht ruppigen, dafür zeitlich sehr überschaubaren Verschrottung in seiner langjährigen Heimatdienststelle zum Opfer. Nur die beiden je Triebwagenteil vorhandenen Handfeuerlöscher sind herausgenommen worden, ansonsten beißt sich der Greifer am 6. Dezember 2007 brachial durch den kompletten Fahrzeugaufbau und dessen gesamtes Innenleben. Ein schmerzhafter Anblick für jeden Freund der Baureihe 614.

AUFNAHME:
FERDINAND VON RÜDEN

Auch zeichnete sich eine vermeintlich zügige Übernahme weiterer Triebzüge durch die Schlesische Eisenbahn (KS) ab. In der Folge kam es deshalb zur Überstellung diverser Einheiten nach Halberstadt. Dort widmete sich die Verkehrs Industrie Systeme GmbH (VIS) auch schnell und gründlich der Aufarbeitung der ersten drei überstellten Züge samt Neulackierung. Gleichwohl kam es nicht zur geplanten Übergabe der Züge, so dass diese letztlich über mehrere Jahre im Firmengelände verblieben und ebenso wie die noch nicht aufgearbeiteten Triebköpfe und Mittelwagen zunehmend der Witterung (und den Sprayern) ausgesetzt waren.

Bild 329
Der „Kehraus“ in der fränkischen Heimatdienststelle wird nun auch für aufmerksame Reisende am Westkopf des Nürnberger Hauptbahnhofes sichtbar. Vier seit dem Fahrplanwechsel am 14. Dezember 2008 nicht mehr eingesetzte Einheiten standen am 31. Dezember 2008 über den Jahreswechsel 2008/2009 in Höhe des Zentralstellwerkes zwischengeparkt. Im Hintergrund passiert derweil 103 245 mit ihrem morgendlichen IC 73940 aus München die beiden identifizierbaren Garnituren mit 614 042 und 614 014 an der Spitze.

AUFNAHME:
FERDINAND VON RÜDEN

Bild 330
Das war's! Tschüß VT 614! Als Dienst-70251 überführt die Braunschweiger 143 958 am 30. September 2009 die letzte in Braunschweig vorhandene VT-Einheit nach Cottbus. Hier am Hp Magdeburg-Herrenkrug.

AUFNAHME:
GERALD GROSS

Bild 331
Auf dem Gelände des ehemaligen Rangierbahnhofes in Hamm (Westf) umgeben lange Reihen von Reisezugwagen und Lokomotiven der Baureihen 111, 112, 114 und 143 die ebenfalls hier abgestellten Triebwagen der Baureihe 614. Konkret auszumachen sind am 7. März 2017 die vorne stehenden 614 011 und 111 030.

AUFNAHME:
STEPHAN KARKOWSKI

Bild 332
Im Bahnhof von Cottbus sammelten sich die Braunschweiger und Nürnberger 614, die für einen Verkauf vorgesehen waren. Abgestellt sind am 9. September 2009 hinter dem 614 048 die Einheiten 010, 041, 042, 047 und 009.

AUFNAHME:
GERALD GROSS

Es sollte dann bis zum Jahr 2018 dauern, bis die ersten 614er in Polen, nunmehr bei der SKPL, eine neue Heimat fanden und als Baureihe SN84 auch im Einsatz stehen – bestens modernisiert, sehr attraktiv lackiert und äußerst liebevoll gepflegt! Für die ausführliche Darstellung sei bereits auf das Kapitel 15 „Dornröschenschlaf – Der lange Weg bis zum Einsatz in Polen" verwiesen.

In der Nachschau kam es einer kleinen Odyssee gleich, die zahlreiche Garnituren in ihrer Endzeit nach langer Abstellung zwischen Braunschweig, Nürnberg, Cottbus, Roth, dem Stillstandsmanagement in Hamm (Westf), Halberstadt und Espenhain im besten Sinne des Wortes „erfahren" hatten. Dabei waren die Probeeinsätze in Polen und die späteren Überführungen dorthin sowie nach Rumänien noch nicht berücksichtigt.

Verschrottung 2:

Vergleichsweise überschaubar – und damit auch ein Zeugnis für die gelungene, wertbeständige und robuste Konstruktion dieser zuverlässigen Trieb- und Mittelwagen – blieb bis heute (Stand September 2020) die Zahl der verschrotteten Fahrzeuge der Baureihe 614/914. Von Seiten der Deutsche Bahn AG ist dieses Kapitel – abgesehen von der als Ersatzteilspender vorgehaltenen Garnitur bei DB Netze – wohl abgeschlossen.

Letztlich waren es nur fünf dreiteilige Garnituren, die im März 2019 der Firma Scholz Recycling GmbH in Espenhain zur Zerlegung überstellt wurden. Ein verbindlicher Überblick zu den betroffenen Zügen, ihrer letzten Konfiguration und dem Datum ihrer Zerlegung findet sich nachstehend:

1.	614 058	einzeln	++ 18.03.2019
2.	614 013 + 914 007 + 614 014	alle	++ 03.05.2019
3.	614 057 + 914 036 + 614 059	alle	++ 07.05.2019
4.	614 039 + 914 020 + 614 040	alle	++ 09.05.2019
zu 1.	/ 914 040 + 614 053	beide	++ 14.05.2019
5.	614 027 + 914 014 + 614 028	alle	++ 16.05.2019

Der Kenntnis des Autors entzieht sich aber, was sich im Detail seit dem Verkauf an HEROS, CFR, TFC und SKPL (über HEROS und KS) bei den neuen Eigentümern in dieser Hinsicht getan hat. Sofern bekannt, sind diese Informationen aber in den Kapitel 15 bzw. 16 respektive in der Statistik des Kapitels 19 eingefügt.

Bild 333
In ziemlich desolatem Zustand, mit zerborstenen Frontscheiben und auf Hilfsgestellen zeigt sich der von HEROS erworbene 614 037 am 28. April 2015 auf dem Gelände der VIS in Halberstadt. Sein aktuelles Schicksal ist ungewiss, aber nach Polen ist der Triebwagen definitiv nicht mehr gekommen.

AUFNAHME:
MAIK NEVERMANN

Ersatzteilspender:

Die Fahrzeuge 614 083 + 914 035 + 614 084 wurden als Ersatzteilspender für den LIMEZ III ausgewählt. Nach ihrer aktiven Einsatzzeit im Dezember 2009 (zuletzt bei DB Regio in Nürnberg) brachte man die Garnitur zunächst nach Cottbus. Von dort erfolgte die Überführung zum Stillstandsmanagement in Hamm (Westf), wo sie bis zum 23. Oktober 2013 verweilte. Von hier aus führte dann der Weg nach Berlin-Grunewald, wo der Zug (Stand Oktober 2020) auch heute noch seinen Standplatz bei der DB Netz AG hat.

DB Museum – Deutsche Bahn Stiftung gGmbH:

614 005 + 914 003 + 614 006 ist als erster Serientriebwagen und als einziger ohne Farbwechsel, das heißt in seiner Ursprungslackierung Kieselgrau/Orange, offiziell seit dem 15. Februar 2011 im Bestand der Deutsche Bahn Stiftung. Im DB Museum am Standort Nürnberg (auch bekannt als VMN Verkehrsmuseum Nürnberg) kann er im Freigelände von außen besichtigt werden. Offiziell erfolgte seine z-Stellung zum 1. Februar 2011, der Abgang aus dem Bestand der DB AG ist datiert auf den 24. August 2011.

Bild 334
Die beiden Abstellgleise in Roth waren während der Zwischenabstellung mit jeweils drei dreiteiligen Einheiten belegt. Am 17. Mai 2009 standen an deren Spitze 614 067 (links) und 614 014 (rechts). Im Dezember 2011 wurden übrigens an selber Stelle ebenfalls ausgediente Loks der Baureihe 143 zwischengeparkt, bevor diese dann allerdings zur Verschrottung nach Opladen überstellt wurden.

AUFNAHME: FERDINAND VON RÜDEN

Bild 335
Quasi symbolisch zu den Arbeiten am Buch war es am 4. Juni 2020 ein Anliegen des Autors, dem im Freigelände des DB Museums am Standort Nürnberg stehenden 614 nochmals einen Besuch abzustatten. Das Einsatzende der Baureihe und die museale „Beheimatung“ liegen nunmehr auch schon ein Jahrzehnt zurück.

AUFNAHME: FERDINAND VON RÜDEN

15 Dornröschenschlaf – Der lange Weg bis zum Einsatz in Polen

Die Woiwodschaft Schlesien (Województwo śląskie) ist eine von insgesamt 16 Woiwodschaften in Polen. Sie ging in ihrer heutigen Form 1999 aus der Gebietsreform von Katowice (Kattowitz), Częstochowa (Tschenstochau) und Bielsko-Biała (Bielitz-Biala) hervor.

Diese richtete am 17. Februar 2010 ein eigenes Ministerium für Regionalverkehr ein. Unter der Führung des Woiwodschaftsmarschalls in Katowice wurde kurz danach entschieden, dass alle regionalen Eisenbahnverbindungen Schlesiens von der Przewozy Regionalne an die hierfür neu zu gründende Schlesische Eisenbahn gehen sollten. Nach Danzig und Warschau stellte die zu übernehmende Schieneninfrastruktur das drittgrößte Nahverkehrsnetz in Polen dar. Kennzeichnend für die Bedienung dieses Netzes sind meist lange Taktabstände in ländlicher Region.

Bereits am 8. April 2010 erfolgte die Unternehmensgründung der Koleje Śląskie Sp. z o.o. (KS) als regionales Eisenbahnverkehrsunternehmen der Woiwodschaft Schlesien mit Sitz in Katowice, dem größten Schienenverkehrsknoten der Woiwodschaft. Unternehmenszweck war es, regionale öffentliche Schienengüter- und Personenverkehrsleistungen sowie damit zusammenhängende Dienstleistungen zu erbringen, die auch durch Förderprogramme mitgetragen werden sollten und wurden. Alleiniger Eigentümer war die Woiwodschaft Schlesien. Das Marschallamt sagte seinerseits die Unterstützung der Aktivitäten durch den Kauf von modernem Rollmaterial zu.

Zunächst kamen bei der Koleje Śląskie ehemalige niederländische DH-2 Doppeltriebwagen zum Einsatz, von denen die Firma

Bild 336
Als dieses Foto vom 614 054 am 27. Juni 2010 auf dem Gelände des AW Cottbus entstand, schien seine Veräußerung nach Polen in konkrete Nähe gerückt. Aber erst im Jahre 2014 sollte sich ein Verkauf an die HEROS GmbH realisieren. Im 2. Quartal 2019 übernahm dann die SKPL diesen Triebwagen zusammen mit 914 019 und 614 060. Aktuell (Stand August 2020) wartet der Zug auf seine Aufarbeitung und perspektivische Wiederinbetriebnahme in Ostrów Wielkopolski.

Aufnahme:
Roland Hertwig

Bild 337
Als erster fertiggestellter Zug für die Schlesische Eisenbahn (KS) zeigt sich der frühere 614 010 als SN84-001-B in der modernen Werkstatthalle der VIS in Halberstadt. Daneben kontrastiert der 614 067, bei dem zunächst Arbeiten zur Umgestaltung des Spitzensignals anstehen. Weder die Zulassungsprobleme für die Inbetriebnahme in Polen noch die bevorstehende Insolvenz des Käufers, der Firma Sigma Tabor, waren am 17. Dezember 2012 absehbar.

Aufnahme:
Sebastian Schrader

Sigma Tabor aus Poznań (Posen) im Jahr 2009 insgesamt sieben Exemplare beschafft hat, um sie an die zu diesem Zeitpunkt noch in Schlesien aktive Przewozy Regionalne zu vermitteln. In Polen werden diese in Uerdingen gebauten Fahrzeuge als Reihe SN83-001 bis SN83-007 geführt und ab 2010 von Sigma Tabor auch an die KS vermietet.

Unabhängig davon gab es nach Probefahrten im September und Oktober 2008 bei der Polnischen Staatsbahn PKP mit einem aus 614 053 + 914 040 + 614 058 gebildeten Zug immer wieder mal durchaus erfolgversprechende Verhandlungen über einen Verkauf von Zügen der Baureihe 614 nach Polen. Diese kamen aber weder mit der PKP noch mit anderen Interessenten zustande.

Es dauerte bis Ende Oktober 2012, als bekannt wurde, dass der Schweizer Zwischenhändler Helvetic Rolling Stock GmbH (HEROS) insgesamt acht Triebzüge von der DB AG gekauft hatte, um diese nach Polen zu vermitteln bzw. weiter zu verkaufen. Mehrere zwischenzeitlich von Cottbus nach Hamm zum Stillstandsmanagement verbrachte Züge der BR 614 wurden daraufhin noch im November 2012 nach Halberstadt überführt, wo sie bei der dort ansässigen VIS (Verkehrs Industrie Systeme GmbH) saniert, hauptuntersucht, neulackiert und für die Zulassung in Polen vorbereitet werden sollten. Zu diesem Zeitpunkt war bereits klar, dass deren Einsatz bei der KS keinesfalls wie ursprünglich angestrebt zum 9. Dezember 2012 realisiert werden konnte, als die Übernahme des Schienenverkehrs durch die Schlesische Eisenbahn anstand.

Offenkundig verlief der Übergang von Przewozy Regionalne zur Koleje Śląskie auch ungeachtet der fehlenden SN84 recht chaotisch. Die Betriebsaufnahme erfolgte ausschließlich mit angemieteten Zügen der Reihen SN82, die 2009 auch über die Firma Sigma Tabor als ehemalige DH-1-Triebwagen ebenfalls aus den Niederlanden kamen sowie den schon erwähnten SN 83.

Unterdessen waren bei der VIS die Arbeiten an den angelieferten 614ern sehr zügig und umfassend angelaufen. Bereits am 22. Februar 2013 konnte der erste Zug unter seiner neuen Bezeichnung SN84-001 an Sigma Tabor übergeben werden, wurde aber nicht an die KS übertragen.

Die Baureihenbezeichnungen in Polen folgen dabei den nachstehenden Kriterien:

S	steht für Dieselfahrzeuge
N	definiert das Haupteinsatzgebiet, in diesem Fall „Regionalverkehr“
80 bis 89	sind die Gattungsziffern für hydraulisch angetriebene Fahrzeuge mit Vielfachsteuerung
84	steht für die ehemalige DB-Baureihe 614/914
001 ff	definiert die Ordnungsnummern, die abweichend vom DB-Prinzip durchgängig für den gesamten Triebzug gelten. Hier erfolgt die Unterscheidung durch die Kennzeichnung A/B für die beiden Triebwagen sowie C für den Mittelwagen.

Schon im April 2013 wurde mit SN84-002 der zweite Zug fertiggestellt und fand ebenfalls den Weg nach Katowice, wo beide Triebwagen in Gesellschaft des DH-2 SN83-003 auf den Betriebsanlagen der Schlesischen Eisenbahn im zwar eingezäunten Gelände, aber im Freien vor dem Schuppen abgestellt wurden und nicht, wie vorgesehen, in Einsatz kamen. Wie die umfangreichen Recherchen im Zusammenhang mit diesem Kapitel ergaben, waren mindestens vier der für die KS vorgesehenen SN84 im Eigentum von Sigma Tabor, wurden aber vermutlich wegen der zwischenzeitlichen eingetretenen Insolvenz der Firma nicht an die Koleje Śląskie übertragen.

Der Gerichtsvollzieher des Bezirksgerichts Brzeg setzte für den 2. Mai 2015 eine erste öffentliche Versteigerung für rollendes Material aus der Insolvenzmasse Sigma Tabors an. Zum Aufruf kamen SN82-002, SN83-003, SN83-004 und die beiden ex 614er SN84-001 und SN84-002. Für die beiden letzten Triebwagen lag der Schätzwert bei umgerechnet € 484.000 (PLN 2.205.000), der Startpreis bei umgerechnet € 363.000 (PLN 1.653.750).

Offenkundig hatten sich unterdessen in dem vom Ministerium für Regionalverkehr aufgebauten Konstrukt unter der Führung der Woiwodschaft, dem damalig zuständigen Marschall und dessen Einflussnahme in der Eigenschaft als Eigentümer der Schlesischen Eisenbahn in größerem Umfang monetäre Unregelmäßigkeiten entwickelt. Mit der Firma Inteko Sp. Z. o.o. war eine Tochtergesellschaft der Schlesischen Eisenbahn gegründet worden, die unter anderem ein Ticketverkaufssystem für die Schlesische Eisenbahn aufbauen und insbesondere verantwortlich für die Lieferung von Zügen an die KS sein sollte.

Bild 338
Am 17. Dezember 2012 schien die vermeintliche Wiedergeburt für 614 026 schon recht greifbar. Als künftiger SN84-002-B im Eigentum der Sigma Tabor Sp. Z o. o. war der Triebwagen für die Schlesische Eisenbahn „Koleje Slaskie“ bestimmt, ging dort aber nie in Betrieb. Erst im Januar 2018 kam er für die SKPL Cargo Sp. Z o. o. wieder ans Laufen, gleichwohl in einem neuen, sehr attraktiven Farbkleid in rot/schwarz/gelb und nunmehr getauft auf den Namen „STRAPA“.

Aufnahme: Sebastian Schrader

Bild 339
Nach abgeschlossener Hauptuntersuchung mit weiß/blauem Neulack in den Farben der Schlesischen Eisenbahn haben SN84-003-B/C/A am 12. Mai 2013 die Werkshallen der VIS in Halberstadt verlassen. Nach Ozeanblau/Beige, Minttürkis und Verkehrsrot ist dies nunmehr die vierte Lackierungsvariante für den Zug aus den ex-DB-Fahrzeugen 614 079 + 914 042 + 614 078. Im Jahr 2018 wird bei der SKPL eine fünfte folgen. Charakteristisch für die künftigen polnischen Triebzüge der Reihe SN84 sind die großen Scheinwerfereinfassungen mit separaten Leuchten für Spitzen- und Schlusslicht.

AUFNAHME:
MAIK NEVERMANN

Bild 340
Auf Hilfsgestellen ruht der 614 038, dessen Kupplungseinrichtung erkennbar demontiert ist. Nach seiner Ausmusterung am 17. Dezember 2012 kam der Triebwagen zusammen mit 914 008 und 614 037 zur Helvetic Rolling Stock GmbH (HEROS), die den Zug zur VIS nach Halberstadt überführen ließ. Nachdem er bereits als Ersatzteilspender für die vier aufgearbeiteten SN84 diente, fristet er am 28. April 2015 ein Dasein mit leider nicht bekannten Ausgang.

AUFNAHME:
MAIK NEVERMANN

Um diese zu finanzieren, gab das Unternehmen Anleihen aus, die aber letztlich alle nicht zurückgezahlt wurden. Gleichzeitig wiesen externe Experten darauf hin, dass in diesem Zusammenhang öffentliche Gelder möglicherweise missbräuchlich an Inteko flossen. Zu diesem Zeitpunkt hatte die Schlesische Eisenbahn offenkundig schon die Kontrolle über die Aktivitäten ihres Tochterunternehmens verloren.

Eine letzte Ausgabe von Inteko-Anleihen in Höhe von 20 Mio. PLN (Polnische Zloty, entspricht heute ca. € 4.390.000) wurde durch den Górnoslakie-Fonds aufgenommen, der sich im Besitz der lokalen Regierung befand und vom Marschall der Oberschlesischen Wasserwerk AG Górnośląkie Prezedsiębiorstwo Wodociągówe S.A., ebenfalls mit Sitz in Katowice, als Bürge garantiert war. Im Gegenzug dienten die für die Schlesische Eisenbahn erworbenen Triebwagen als Sicherheit.

Nachdem die Fälligkeitstermine für die Rückzahlung aller Tranchen dieser Emmision abgelaufen waren (Inteko löste keine davon ein), zahlten die Wasserwerke (WSE) als Garantin bzw. Bürge das Geld an den Fonds aus und übernahmen dadurch im Wege der Sicherungsübereignung die beschafften Triebwagen.

Diese Transaktionen aus öffentlichen Mitteln im Gesamtumfang von rund 35 Mio. PLN gingen überwiegend zu Lasten der Wasserwerke. Sie wurden in der Folge gerichtsmassig und führten 2014 zur Verhaftung von sechs Personen sowie umfassenden personellen und strukturellen Konsequenzen. Vor der strafrechtlichen Ahndung und der Verurteilung mehrerer Beteiligter erfolgte 2013 ein Austausch des Managements mit der Bereinigung von Finanzpolitik und Rückbesinnung auf das Kerngeschäft, nämlich die Produktion und Verteilung sowie den Verkauf von Wasser.

Die Oberschlesische Wasserwerk AG, bis dahin ein Unternehmen ohne jegliche Erfahrungen mit Transportaktivitäten und Kenntnis des Schienenfahrzeugmarktes, versuchte dann erstmals im Mai 2017 selbst, mit einer Verkaufsausschreibung Käufer für die beiden nach wie vor in Katowice abgestellten SN84 sowie noch einen einzelnen SN83 zu finden. Zu hohe Preisforderungen und unvollständige Zulassungsunterlagen verhinderten aber einen Erfolg der Bemühungen.

Weitere Verkaufsanstrengungen blieben zunächst ebenfalls vergeblich. Offenbar hatten die Wasserwerke nach drei erfolglosen Verkaufsversuchen optional auch das Recht, die Fahrzeuge aus der Insolvenzmasse von Sigma Tabor zum Schrottpreis zu

Bild 341
Bei der VIS wurden insgesamt vier Züge der BR 614 für die Schlesische Eisenbahn als SN84 aufgearbeitet. Nach Einbau der typischen polnischen Scheinwerfereinfassungen kuppelte man 614 067 + 914 041 + 614 068 wieder zusammen. Am 28. April 2015 dümpelte der Zug noch auf einem der Abstellgleise in Halberstadt. In Summe waren es annähernd sieben Jahre, ehe es die Garnitur noch zur SKPL verschlug. Im polnischen Ostrów Wielkopolski erfolgte inzwischen die Zerlegung des Zuges als Ersatzteilspender.

AUFNAHME:
MAIK NEVERMANN

Bild 342
Im Gelände der SKPL Cargo Basis in Ostrów Wielkopolski erwartet SN84-002 neben SU45-115 am 24. März 2018 seine baldige Inbetriebnahme. Nach fünfjähriger Abstellzeit in Katowice hat der Zug nunmehr eine neue Heimat und Einsatzperspektive gefunden. Nur an der Frontpartie kann man die Farben der Schlesischen Eisenbahn noch erkennen, der Rest ist vollgeschmiert. Aber schon bald steht der „Kostümwechsel" in die neue attraktive Farbgebung der SKPL an.

AUFNAHME:
ALBERT MIKOLAJCZYK

verkaufen. Aber die Perspektive, insbesondere die hauptuntersuchten SN84 einer Verschrottung zuzuführen, galt bei den neuen Verantwortlichen des Wasserwerkes als Verschwendung. In Katowice wie Halberstadt hatten zwar alle vier aufgearbeiteten SN84 nicht nur unter ihrer Abstellung im Freien, sondern gleichermaßen auch unter den Aktivitäten von Sprayern und gewalttätigen Sachbeschädigern gelitten, ihre Substanz war aber gleichwohl erhaltungswürdig.

Schließlich gelang es der Oberschlesischen Wasserwerk AG im fünften Anlauf, die aus der Bürgschaft vorhandenen SN83-003, SN84-001 und SN84-002 zu veräußern. Es war die SKPL Cargo Sp. z o.o. (SKPL) mit Sitz in Zbiersk in der Woiwodschaft Wielkopolski (Großpolen), die vermutlich am 5. Januar 2018 als Sieger aus insgesamt drei abgegebenen Bieterangeboten hervorging.

Die SKPL (www.shortlines.pl) ist ein privates Eisenbahnunternehmen, das aus der 2001 gegründeten Vereinigung der lokalen Eisenbahnbetriebe (Stowarzyszenie Kolejowych Przewoźników Lokalnych) entstanden ist. Es erbringt u. a. Güter- und Personenverkehrsleistungen mit jährlich über 10.000 planmäßigen Personenzügen auf Strecken des 750-mm-Schmalspur- und Normalspurnetzes in mehreren, von der PKP nicht bedienten Regionen Polens.

Unter Anteilnahme der örtlichen Presse holte der Käufer am 12. Januar 2018 die drei *„inzwischen hier unerwünschten"* Triebwagen aus dem Areal des Betriebsdepots in der Raciborska-Straße in Katowice ab, ohne dass die fünf Jahre zuvor bei der VIS untersuchten und neu lackierten Züge hier jemals in Betrieb gegangen wären.

Die Überführung der Neuerwerbungen erfolgte von dort aus direkt zur SKPL Cargo Basis nach Ostrów Wielkopolski, wo sie dann sukzessive für ihre nunmehr absehbare Inbetriebnahme ertüchtigt und für eine Höchstgeschwindigkeit von 120 km/h zugelassen wurden. Im Zuge ihrer sehr zeitgemäßen Neulackierung erhielten die einzelnen Garnituren auch Namen, die jeweils an der Triebwagenfront unter dem rechten Führerstandsfenster angeschrieben ist.

Die vergleichsweise kurze Vita der einzelnen (aktuell wieder einsatzfähigen) Triebzüge auf dem Weg zur SKPL sei hier dargestellt:

Bild 343
Ein Foto aus dem Bahnhof Ostrów Wielkopolski darf an dieser Stelle nicht fehlen. Hinter dem markanten Wasserturm erstreckt sich das Gelände der SKPL Cargo Basis, in der u. a. alle für den Betrieb in Polen vorgesehenen ex-DB-614er aufgearbeitet und werkstattmäßig betreut werden. Im Eigentum der SKPL, aber noch in den Farben der Schlesischen Eisenbahn, startet SN84-001 am 24. März 2018 in Kürze zu einer ersten Probefahrt mit Ziel Kobylin.

AUFNAHME:
ALBERT MIKOLAJCZYK

Bild 344
Sehr gefällig ist die neue Farbgebung für den SN84-001 ausgefallen, mit der sich der ex DB 614 010 am 6. Mai 2018 erstmals im Freigelände der SKPL-Basis zeigt, während im Hintergrund noch ein Mitarbeiter letzte Beschriftungen anbringt. Wie beim neuen Eigentümer üblich, bekommen auch alle Triebwagen der Reihe SN84 Namen. Die erste in Betrieb gesetzte Einheit heißt „MUCHA".

AUFNAHME:
ALBERT MIKOLAJCZYK

Bild 345
Am 23. Juni 2018, dem ersten planmäßigen Einsatztag, steht SN84-001 im Bahnhof Lupków. Die SKPL bedient hier während der polnischen Sommerferien täglich als Subunternehmen im Auftrag der PKP mit der Regio-Zuggattung TLK die Strecke nach Jaslo.

AUFNAHME:
ALBERT MIKOLAJCZYK

Bild 346 – Im Sonderzugeinsatz von Muszyna nach Golice ist „MUCHA“. SN84-001 war der erste Triebwagen der ehemaligen Baureihe 614, der in Polen in Betrieb ging. Die neue Farbgebung der SKPL passt sehr gut zum Zug, der hier mit dem führenden ex 614 010 bei Wierchomla am 5. August 2018 ins Bild gesetzt wurde. AUFNAHME: ALBERT MIKOLAJCZYK

Bild 347 – Nach einem kurzen Zwischenhalt auf dem Rasengleis von Gorlice Glinik wird SN84-001 in Kürze unter Fahrdraht seinen Endbahnhof Gorlice erreichen. Als Sonderzug aus Myszyna steht „MUCHA“ mit ex DB 614 009 am 5. August 2018 für den Fotografen neben dem Stationsgebäude. AUFNAHME: ALBERT MIKOLAJCZYK

Bild 348 – Noch mit der bei der VIS in Halberstadt eingebauten Polsterung der Schlesischen Eisenbahn (KS) ist SN84-001 ausgestattet. Der Blick ins 1.-Klasse-Abteil des Zuges im Eigentum der SKPL gelang am 5. August 2018 in Zagorz.

Bild 349 – Noch mit den zuletzt bei der DB AG verbauten Sitzpolstern ausgestattet zeigt sich der Innenraum des SN84-002 der SKPL am 7. November 2018.

Bild 350 – Nach dem jüngst vorgenommenen Austausch der Polsterung im SN84-003 zeigt sich das 1.-Klasse-Abteil am 6. August 2020 zeitgemäß im neuesten SKPL-Design.

Bild 351 – Angenehm und gepflegt wirkt der mit neuer SKPL-Polsterung ausgestattete Innenraum des SN84-003 am 6. August 2020 im 2.-Klasse-Bereich. Auch die anderen Züge der Baureihe werden sich sukzessive im neuen Innen-Design zeigen. Die SKPL belegt damit konsequent und nachhaltig, mit welchem Elan sie in ihre Flaggschiffe investiert.

Bild 352 – Im Zuge der Neugestaltung der Innenbereiche bei ihren Triebwagen der Reihe SN84 sind auch spezielle Abteilbereiche für Kinder geschaffen und mit abweichender SKPL-Polsterung versehen worden. Hier zu sehen im SN84-003 am 6. August 2020.

Aufnahmen (6): Albert Mikolajczyk

Bild 353 – Eine wohl nur sehr kurzfristige Episode des Übergangs offenbart dieser wunderbare Schnappschuss des SN84-001. Dieser zeigt sich am 6. Mai 2018 bereits in der neuen Farbgebung der SKPL, lässt die Sitzpolsterung der KS erkennen und besitzt noch die Zugzielanzeige aus Zeiten der DB AG. Gleichwohl, ein Sonderzugeinsatz von Ostrów Wielkopolski nach Fürth (Bay) Hbf scheint aktuell denn doch eher unwahrscheinlich.

SN84-001 „MUCHA"

22.02.2013	Abschluss der Revisionsreparatur bei der VIS und Übernahme durch Sigma Tabor für die KS (nicht übertragen)
	Neulackierung in den Farben der Schlesischen Eisenbahn
	Überführung nach Katowice/PL
23.07.2013	Sicherungsübereignung an das Oberschlesische Wasserwerk Górnośląkie Prezedsiębiorstwo Wodociągówe S.A.
11.01.2018	Formaler Eigentumsübergang an die SKPL
12.01.2018	Überführung vom langjährigen Abstellplatz in Katowice nach Ostrów Wielkopolskie
24.03.2018	Erste Fahrt Ostrów Wielkopolskie – Kobylin u. z.

Bild 354 – Eine recht ungewohnte Führerstandsperspektive bietet der Einblick vom 1. Mai 2019 in den verbliebenen Rest des 614 068. Unmittelbar hinter der Handbremse erfolgte der Trennschnitt vom zwischenzeitlich verschrotteten Triebkopf. Bei der SKPL dient das Überbleibsel der Ersatzteilgewinnung für die vorhandenen fünf Zuggarnituren der Reihe SN84.

Bild 355 – Nach langjähriger Abstellzeit auf dem Gelände der VIS in Halberstadt kam die Triebwagengarnitur 614 067 + 914 041 + 614 068 letztlich doch noch nach Polen. Bei der SKPL wurde daraus eine ganz spezielle „Kopfsache", zeugen am 1. Mai 2019 die nach der Zerlegung des Zuges verbliebenen Führerstände von ihrer weiteren Funktion als Ersatzteilspender. AUFNAHME: ALBERT MIKOLAJCZYK

xx.06.2018 Umlackierung in die Hausfarben von SKPL

17.06.2018 Inoffizielle Inbetriebnahme mit ersten Publikumsfahrten für Kindergarten- und Schulkinder lokaler Einrichtungen zwischen Zagórz und Łupków

23.06.2018 Offizielle Übernahme von täglichen, saisonalen Verkehrsleistungen mit Beginn der Sommerferien im Auftrag der PKP auf den Strecken Jasło – Sanok – Łupków und Zagórz – Łupków. In Jasło besteht Anschluss an die TLK-Züge „Malopolska" und „Karparty". Nutzung mit gültigem PKP-Ticket.

SN84-002 „STRAPA"

xx.04.2013 Abschluss der Revisionsreparatur bei der VIS und Übernahme durch Sigma Tabor für die KS (nicht übertragen)
Neulackierung in den Farben der Schlesischen Eisenbahn
Überführung nach Katowice/PL

23.07.2013 Sicherungsübereignung an das Oberschlesische Wasserwerk Górnoslakie Prezedsiebiorstwo Wodociagowe S.A.

11.01.2018 Formaler Eigentumsübergang an die SKPL

12.01.2018 Überführung vom langjährigen Abstellplatz in Katowice nach Ostrów Wielkopolskie

16.08.2018 Umlackierung in die Hausfarben von SKPL

17.11.2018 Verwicklung in einen Bahnübergangsunfall zwischen Jasło und Rzeszów mit anschließender Reparatur

SN84-003 „WASZKA" (hieß zuvor kurzzeitig „ZUCZEK")

xx.05.2013 Abschluss der Revisionsreparatur bei der VIS und Übernahme durch Sigma Tabor für die KS (nicht übertragen)

Bild 356
Im unverkennbaren Profil der Baureihe 614 zeigen sich in Nowosielce die erst vor kurzem in Verkehr gekommenen Züge „ZUCZEK" und „PRZREPIOR" der SKPL. Bei den beiden am 22. Mai 2020 fotografierten Einheiten SN84-003 und SN84-004 handelt es sich um die ehemaligen 614 078 und 614 070.

AUFNAHMEN (3): ALBERT MIKOLAJCZYK

Bild 357
Zugkreuzung im Bahnhof Komancza. Als Doppeleinheit wird der Sonderzug Zagórz – Lupki aus den beiden bis zur Übernahme durch die SKPL in Halberstadt verbliebenen SN84-004 und SN84-003 gebildet. „PRZEPIOR“ mit dem führenden ex 614 070 und „ZUCZEK“ begegnen dabei am 21. Mai 2020 einer ebenfalls als Doppeltriebwagen verkehrenden Garnitur der Reihe SN83. Die Ausfahrt steht bereits für SN83-003, der im Januar 2018 aus Katowice zur SKPL kam, und den am Schluss laufenden SN83-005 „ANDRZEJ“.

Bild 358
Bei Wojaszówka ist SN84-001am 6. August 2018 unterwegs. Es führt ex-DB-614 010. Die Reise als Sonderzug führt ihn von Tarnów nach Zagórz. Die Vermarktung der Reihe SN84 auch für solche Einsätze soll künftig einen Teil der SKPL-Einnahmen mit diesen Zügen generieren.

Bild 359
Der Testzugeinsatz des SN84-002 zwischen Rzeszów Glówny nach Hrubieszów Miasto ermöglichte am 7. November 2018 im Bahnhof Zawada einen Blick in den Führerstand und darüber hinaus auf den hier kreuzenden SA134-015 auf dem Weg nach Lublin.

AUFNAHMEN (3):
ALBERT MIKOLAJCZYK

Bild 360
Ein Blick auf das gut gefüllte Gelände der SKPL Cargo Basis in Ostrów Wielkopolski zeigt am 1. Mai 2019 die beiden neu erworbenen SN84-004 und SN84-001 umgeben von Dieselloks der Reihen SM31, SU45 und SM30. Aus dem Schuppen lugt noch ein SN83 hervor. Bei genauerem Hinsehen ist hinten links verdeckt die Einheit 614 060 + 914 019 + 614 054 auszumachen. Vorne fallen die Drehgestelle der zerlegten Garnitur 614 067 + 914 041 + 614 068 ins Auge, die ebenso wie die beiden aufgebockten Führerstände als Ersatzteilspender dienen.

Bild 361
In jeder Hinsicht einladend wirkt das gesamte Ensemble im Bahnhof Lupków. Die sehr gepflegten Anlagen stechen am 21. Mai 2020 ebenso ins Auge, wie die tadellose Aufarbeitung der zwei jüngst erworbenen Züge SN84-003 (mit dem führenden ex 614 079) und SN84-004. Wer möchte da nicht mitfahren?

Aufnahmen (2): Albert Mikolajczyk

	Neulackierung in den Farben der Schlesischen Eisenbahn
	Verbleib in Halberstadt
xx.09.2018	Formaler Eigentumsübergang an die SKPL
xx.05.2019	Umlackierung in die Hausfarben von SKPL

SN84-004 „PRZEPIOR"

xx.05.2013	Abschluss der Revisionsreparatur bei der VIS und Übernahme durch Sigma Tabor für die KS (nicht übertragen)
	Neulackierung in den Farben der Schlesischen Eisenbahn ohne Anbringung von Beschriftungen und Fahrzeugnummern
	Verbleib in Halberstadt
xx.09.2018	Formaler Eigentumsübergang an die SKPL
02.11.2018	Umlackierung in die Hausfarben von SKPL

Seit August 2020 erfahren die Triebzüge sukzessive den Ersatz ihrer Sitzpolsterung. SN84-001 kam mit Neu-Bestuhlung in Farben der KS zur SKPL, im SN84-002 befanden sich noch DB-Sitze. Im SN84-003 sind inzwischen Polster mit SKPL-Logo verbaut. Vermutlich besaß auch SN84-004 bei seiner Übernahme noch die DB-Sitzausstattung.

Außerdem wurden die vier betriebsfähigen Einheiten gegenwärtig mit Zugfunk im GSM/R Standard (Global System for Mobile Communications/Railway) ausgerüstet und digitale Rekorder eingebaut.

Die im zweiten Quartal 2019 noch im DB-Farbkleid „Verkehrsrot" von HEROS übernommene Einheit 614 054 + 914 019 + 614 060 wird perspektivisch auch in den Einsatzbestand finden und wartet in der SKPL Cargo Basis in Ostów Wielkopolski auf Untersuchung, Aufarbeitung und „Kostümwechsel" in die Farben des neuen Eigentümers. Dieser Zug war der letzte seiner Baureihe, der den Weg nach Polen fand. Weniger günstig fiel indessen das Schicksal der ebenfalls noch übergesiedelten Triebzuggarnitur 614 067 + 914 041 + 614 068 aus. Sie wurde inzwischen zerlegt. Die beiden Führerstande und diverse Drehgestelle im Außengelände des Ostrówer Betriebsgeländes künden von ihrer Funktion als potenzielle Ersatzteilspender.

Festzuhalten bleibt, dass die fünf Triebzüge der Reihe SN84 offenkundig bei der SKPL in beste Hände geraten sind. Dies gilt nicht nur für die zahlreichen Bemühungen um eine Erschließung

Bild 362 – Seit dem Fahrplanwechsel am 13. Dezember 2020 verkehren die SN84 der SKPL im Auftrag von PKP-Intercity planmäßig auf der 178 km langen Verbindung Kraków Glówny – Zagórz und zurück. Gefahren werden die als TLK (Twoje Linie Kolejowe) durchaus hochwertig eingestuften Zugpaare 33110/30111 „Wetlina" und 30112/ 33112 „Bieszczady". Im abendlichen Kraków Glówny entstand am ersten Betriebstag die Aufnahme von SN84-004 „PRZEPIÓR" als TLK 30111 „Wetlina" nach Zagorz, wo der ehemalige 614 070 auch beheimatet ist. AUFNAHME: ALBERT MIKOLAJCZYK

und den Erhalt zahlreicher Nebenbahnen abseits des PKP-Netzes, sondern auch für die äußerst professionelle Aufarbeitung der Züge. Ihr sehr attraktives und zeitgemäßes Erscheinungsbild in Verbindung mit einem großzügigen Platzangebot einschließlich des inzwischen auch in Polen wichtigen Fahrradabteils hebt sich qualitativ deutlich von anderen Fahrzeugreihen auf dortigen Nebenstrecken ab. Letztlich bleibt auch den SKPL-Aktivitäten zur Vermarktung der Züge im touristischen Sonderzugverkehr zu wünschen, dass diese nachhaltig greifen und den Zügen eine langfristige Einsatzmöglichkeit im benachbarten Polen bieten. Die Mitarbeiter der SKPL verkörpern jedenfalls eine bemerkenswerte Leidenschaft für ihre Eisenbahnen!

In der folgenden Tabelle findet sich eine Übersicht der zur SKPL gelangten Fahrzeuge, ihrer heutigen Konfiguration samt ehemaligen DB-Betriebsnummern.

Abgang DB/ Verkauf	**Betreiberbezeichnung SKPL**	**Fahrzeug-Registernummer**	**Fahrzeugname SKPL**	**Status Stand: 09/2020**	**Fahrzeugnummer ex DB 614/914**
01.11.2012	SN84-001-A	95 80 0614 009-8 D-SKPL	MUCHA	im Einsatz	614 009-9
01.11.2012	SN84-001-C	95 80 0914 005-3 D-SKPL		im Einsatz	914 005-4
01.11.2012	SN84-001-B	95 80 0614 010-6 D-SKPL	MUCHA	im Einsatz	614 010-7
01.11.2012	SN84-002-A	95 80 0614 025-4 D-SKPL	STRAPA	im Einsatz	614 025-5
01.11.2012	SN84-002-C	95 80 0914 023-6 D-SKPL		im Einsatz	914 023-7
01.11.2012	SN84-002-B	95 80 0614 026-2 D-SKPL	STRAPA	im Einsatz	614 026-3
01.11.2012	SN84-003-A	95 80 0614 078-3 D-SKPL	ZUCZEK	im Einsatz	614 078-4
01.11.2012	SN84-003-C	95 80 0914 042-6 D-SKPL		im Einsatz	914 042-7
01.11.2012	SN84-003-B	95 80 0614 079-1 D-SKPL	ZUCZEK	im Einsatz	614 079-2
07.11.2012	SN84-004-A	95 80 0614 069-2 D-SKPL	PRZEPIOR	im Einsatz	614 069-3
07.11.2012	SN84-004-C	95 80 0914 031-9 D-SKPL		im Einsatz	914 031-0
07.11.2012	SN84-004-B	95 80 0614 070-0 D-SKPL	PRZEPIOR	im Einsatz	614 070-1
30.06.2014	noch nicht belegt	95 80 0614 054-4 D-SKPL		Vorrat/in Aufarbeitung	614 054-5
30.04.2014	noch nicht belegt	95 80 0914 019-4 D-SKPL		Vorrat/in Aufarbeitung	914 019-5
30.06.2014	noch nicht belegt	95 80 0614 060-1 D-SKPL		Vorrat/in Aufarbeitung	614 060-2
20.12.2012	nicht belegt	95 80 0614 067-6 D-SKPL		zerlegt/Ersatzteilspender*	614 067-7
20.12.2012	nicht belegt	95 80 0914 041-8 D-SKPL		zerlegt	914 041-9
20.12.2012	nicht belegt	95 80 0614 068-4 D-SKPL		zerlegt/Ersatzteilspender*	614 068-5

* Führerstand existiert noch

16 Wiedergeburt – Konsequente Aufarbeitung in Rumänien

Anders als in Polen, kamen die über Helvetic Rolling Stock (HEROS) nach Rumänien vermittelten Triebzüge der Baureihe 614/914 dort vergleichsweise schnell in Verkehr.

Erste Abgänge aus den Bestandslisten der Deutschen Bahn AG in Richtung Südosteuropa waren mit 614 015 + 914 033 + 614 016 am 14. August 2009, mit 614 055 + 914 024 + 614 056 am 11. August 2010 und mit 614 007 + 914 018-7 + 614 008 am 3. Dezember 2010 verzeichnet. Sie waren sozusagen Vorläufer für einen dann im größeren Umfang vollzogenen Verkauf, der sich in den Statistiken der DB AG vornehmlich im Jahr 2011 widerspiegelt und eine weitere Ergänzung um letzte DB-Bestände im Jahr 2018 erfuhr.

Die ehemaligen 614er fahren in Rumänien für CFR Călători, der Reisezugsparte der früheren rumänischen Staatsbahn C.F.R. (Caile Ferate Romane), sowie für die TFG (Transferoviar Grup S.A.) bzw. deren Tochterunternehmen TFC (Transferoviar Călători) und kommen dabei in unterschiedlichen Erscheinungsformen, Konfigurationen und Farben zum Einsatz.

Bei beiden Bahnunternehmen werden die Fahrzeuge unter der Reihenbezeichnung 76-14xx für die Triebwagen und 59-14xx für die Mittelwagen geführt. Bei den Triebköpfen einer zusammengehörigen Einheit der CFR Călători erfolgt dabei die Bezeichnung mit einer um die Zahl vierzig abweichenden Fahrzeugnummer (wie z. B. 76-1411/76-1451 ff). Dasselbe Prinzip gilt auch für die modernisierten Fahrzeuge der TFC.

Ansonsten gilt dort eine fortlaufende Nummerierung der Zuggarnitur, die dem Muster 76-1401-9 + 59-1401-5 + 76-1402-7 ff folgt. Allerdings kann bei der TFC auch noch eine dritte Variante der Beschriftung beobachtet werden, die mehrheitlich bei den

Bild 363
Als vorgefertigte Elemente warten am 8. August 2011 zwei neue Kopfteile auf ihren Einbau in die zur komplexen Neugestaltung anstehenden ex-614er-Triebwagen der DB. Im rumänischen Cluj-Napoca hat sich die Firma REMARUL 16 Februarie auf die Modernisierung zur Reihe 76-14 spezialisiert. Werkseitig wurden diese seit 2011 von Grund auf sanierten Fahrzeuge als ADH 11 vermarket und kamen als solche zur CFR Călători. Bei der privaten TFC laufen hingegen lediglich zwei Triebzüge mit der neuen Kopfform.

AUFNAHME: MALTE WERNING

Bild 364
Ebenfalls den Weg nach Rumänien fand der Triebkopf 614 018. In der Anfangsphase optischer und technischer Aufarbeitung zeigt er sich am 8. August 2011 in den Hallen von REMARUL 16 Februarie in Cluj-Napoca. Leider gehört er zu den ganz wenigen Fahrzeugen seiner Baureihe, dem weder eine neue Fahrzeugnummer noch ein konkreter Verbleib verlässlich zugeordnet werden konnte.

AUFNAHME: MALTE WERNING

Bild 365 – Noch wartet 614 004 bei der Firma REMARUL 16 Februarie in Cluj-Napoca auf seine Aufarbeitung und Wiedergeburt als 76-1404-3 für die rumänische Privatbahn-Gesellschaft TFC (Transferoviar Călători). Neben ihm steht am 8. August 2011 sein aus DB-Zeiten bekannter Vorgänger 624 645, der hier längst als 76-2423-4 heimisch geworden ist.
AUFNAHME: MALTE WERNING

Bild 366 – Unterschiedliche Arbeitsfortschritte sind am 8. August 2011 bei den beiden ex-DB-Triebzüge 614 031 (links) und 614 002 auszumachen. Aus ihnen entstehen noch im selben Jahr die beiden ADH 11 (Auto Motor Diesel-Hydraulic Multiple) mit den Nummern 76-1414-2 und 76-1453-0, die von der rumänischen Bahn CFR Călători übernommen werden. Die bereits eingepasste Frontpartie am rechten Triebkopf gibt eine erste Vorstellung vom künftigen neuen Erscheinungsbild des Fahrzeugs. AUFNAHME: MALTE WERNING

Bild 367
So sieht ein fertiggestellter ADH 11 aus dem rumänischen Werk Remarul 16 Februarie aus. Das Portrait des 76-1412-6 vom 8. August 2011 zeigt den ehemaligen 614 055 im neuen Erscheinungsbild der CFR Călători vor den Werkshallen in Cluj-Napoca (Klausenburg). Das zunächst als etwas gewöhnungsbedürftig empfundene Äußere ist vornehmlich der Fahrzeugfront mit ihren GFK-Kopfpartien und den Wagenschürzen geschuldet, aber auch die Farbaufteilung trägt ihren Teil zur noch ungewohnten Optik bei.

AUFNAHME: MALTE WERNING

Bild 368
Seitenansicht des in attraktiver äußerer Erscheinung aufgeblühten Triebwagens 76-1412-6 der CFR Călători auf dem Gelände von REMARUL 16 Februarie in Cluj-Napoca. Der Blick fällt vom 1.-Klasse-Bereich auf das Staatsbahn-Logo mit Fahrzeugnummer und den vorderen Wagenteil.

AUFNAHME: MALTE WERNING

jüngeren Neuerwerbungen anzutreffen ist. Diese tragen überwiegend ihre NVR-Nummer mit der Betreiberbezeichnung D-TFC.

Bemerkenswert sind die vornehmlich 2011 durch umfassende Modernisierungen entstandenen Fahrzeugumbauten, die unter der Werksbezeichnung ADH 11 (Automotor Diesel-Hidraulic – die Zahl 11 steht für das erste Umbaujahr) bei der Firma REMARUL 16 Februarie S.A. in Rumäniens zweitgrößter Stadt Cluj-Napoca (deutsch: Klausenburg) in Siebenbürgen entstanden sind. Sie werden sowohl bei der CFR Călători wie der TFC auf Kurz- und Mittelstrecken eingesetzt.

Rein optisch fallen die ADH 11-Triebwagen durch ihre neue Kopfform, beheizbare Seitenspiegel und Zugzielanzeige oberhalb der einteiligen Frontscheibe auf. Im Inneren wurde eine hochmoderne Führerstandseinrichtung in mittiger Anordnung samt ergonomischen Lokführersitzplatz verbaut. Die gesamte Fahrzeugeinheit ist nun klimatisiert und weist eine neue, bequeme Inneneinrichtung auf. Die Mittelwagen erhielten eine behindertengerechte Neuausstattung. So zählen zwei Vakuumtoiletten an den Wagenenden (eine davon rollstuhlgerecht) ebenso zur Ausgestaltung, wie eine fest installierte Hubeinrichtung an den Einstiegstüren, die den barrierefreien Zustieg mit Rollstuhl oder Kinderwagen ermöglichen.

Generell wurde die Aufteilung des Zuges in zwei Wagenklassen beibehalten. Es stehen in einer dreiteiligen ADH 11-Einheit insgesamt 174 Sitzplätze in der 2. Klasse und 24 Sitze in der 1. Klasse zur Verfügung. Die zulässige Höchstgeschwindigkeit für alle Züge der Reihe 76-14xx beträgt nunmehr 120 km/h.

In den modernisierten Triebzügen verbaut wurden 390-kW-Motoren (entspricht ca. 530 PS) des Typs 6H1800R84 vom Hersteller MTU mit hydraulischer Kraftübertragung DIWA RAIL 884.5 aus dem Hause Voith. Mit dem ADH 11 ist auf Basis der bewährten 614/914 in den Werkshallen von REMARUL 16 Februarie (fast) ein Neufahrzeug entstanden, das allen Anforderungen an heutige Standards auf das Beste gerecht wird. Dies betrifft nicht nur die geschaffenen Qualitätsstandards für den Komfort der Reisenden, sondern auch die wirtschaftlichen Parameter der Betreiber an ein zuverlässiges, ökonomisches, variabel einsetzbares und technologisch modernes Fahrzeug.

Ein Merkmal der rumänischen Reisezugwagen, sowohl bei Neubauten als auch bei Umbauten aus Westeuropa gebraucht erworbenen Rollmaterial, sind die eingebauten Seitenschürzen. Der Einbau erfolgt nicht nur aus optischen, sondern vor allem auch aus praktischen Gründen. Da viele rumänische Strecken reichlich bewachsen sind, hindern die Schürzen ein ungewolltes Umstellen der Bremsumsteller durch Äste während der Fahrt. Auch bei einigen ADH 11, sowohl der CFR Călători als auch von TFC, wurden von REMARUL 16 Februarie solche im Langträgerfarbe lackierte Seitenschürzen eingebaut.

REMAREMARUL 16 FEBRUARIE
FOUNDED IN 1870
Make the business rolling!

REMARUL 16 februarie SA
Str. Tudor Vladimirescu Nr. 2-4, 400225 Cluj–Napoca, România
Tel: +40 264 435 276, 436 045 Fax: +40 264 432 299
E-mail: office@remarul.eu www.remarul.eu

The power pack is formed of the following parts:

- traction unit composed of diesel engine and hydraulic transmission coupled by an elastic coupling
- Cooling installation with hydraulic command
- Air compressor for compressed air
- Generator for electrical power 24Vcc
- Cooling compressor for the functioning of the air conditioning units.

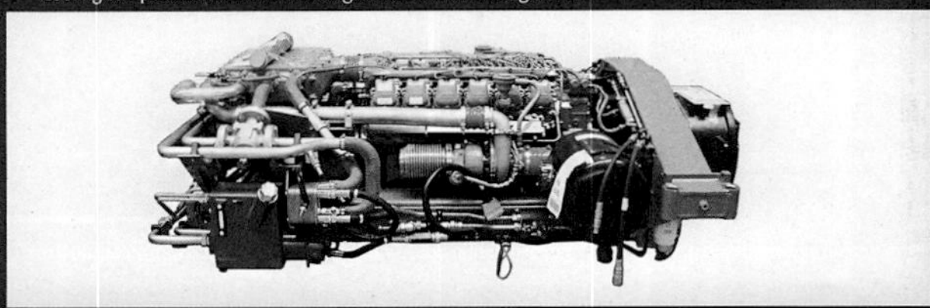

All the parts are mounted under the shared platform under the floor of the rail car, fixed by 4 elastic elements metal-rubber.
The traction unit is composed of the diesel engine and automatic transmission coupled by an elastic coupling. The diesel engine has the emissions level III A and provides the operation performance of the rail car.

The braking installation a of the rail car is composed of compressed air installation with indirect command TYPE KE, resting brake and safety brake at every car.

MAIN TECHNICAL CHARACTERISTICS:

Structure	3 cars (motor car- intermediate car- motor car)
Sizes (length–width-height)	79460 mm – 2800 mm – 4360 mm
Bogies pairs symbol	B' - 2 + 2 - 2 + 2 - B'
Maximum speed	120 km/h
No. of seats	174 2nd class, 24 1st class
PowerPack	6H1800 R81P with hydraulic transmission DIWA RAIL 884.5 VOITH
Diesel engine	MTU 6H1800R84
Power	390 Kw
Rev speed	1800 rpm

REMARUL 16 FEBRUARIE
FOUNDED IN 1870
Make the business rolling!

REMARUL 16 februarie SA
Str. Tudor Vladimirescu Nr. 2-4, 400225 Cluj–Napoca, România
Tel: +40 264 435 276, 436 045 Fax: +40 264 432 299
E-mail: office@remarul.eu www.remarul.eu

DIESEL MULTIPLE UNIT ADH 11
for passengers transport on short and medium distances

The diesel multiple unit ADH 11, is the optimal choice for railway transport for short and medium routes, offering an increased comfort for the travellers, at low exploitation and maintenance costs.

The advantages of using the ADH 11 rail cars

- safety and comfort for the travellers
- access facilities for people with mobility problems
- big transport capacity
- long and efficient lifespan
- the rail cars can be separated for revision, only needing four cranks
- the propulsion group is last generation technology, with a big reliability and safety of operation
- the diesel engine has a big power and low fuel consumption

The construction of the DMU and interior arrangement

The traction car is divided into 2 compartments 1st and 2nd class, a service compartment and the driver's cabin.
The ntermediate car is divided into two 2nd class saloons separated by gliding doors as for the mounting doors, and a saloon for people with mobility issues, with lifting device and folding chairs.

The saloons dispose of ergonomic seats, stuffing, with elbow pads. The arrangement of the seats is face to face, 2+2 successive seats. The seats are provided at the back with a swinging table.

In the intermediate car there are two vaccumatic toilets, one at every end of the car. The toilet of the disabled person's saloon is arranged accordingly.
The rail car is endowed with lifting device for disabled people.

The windows are double glazing, with secured glass, alternative swinging and fixed windows.

The lighting of the travellers compartments is provided by fluorescent lamps on the central corridor, providing also the safety lighting function.

The rail car is equipped with radio stations at both driving ends, and speakers installation in all the travellers compartments, for the information upon the route, the stations, and to provide a pleasant ambiance during the trip.
The route indicators are placed in every motor car, on the lateral side and at the front.

On each side of the cars of the rail car are access doors providing a safe and waterproof access. For the traveller's access, the motor cars have one double door on each side in the middle, and one simple door on each side at the opposite end of the driving cabin.

The stairs are covered with skid proof carpets. For mounting/descent, the stairs are provided with metallic barrier.

The heating installation of the cars is provided with a centralized temperature regulator inside the cars and pre-heating programming both for the travellers compartments and the diesel engines.

The air-conditioning installation of the cars contains 2 units on each car and is provided with a temperature regulation system in the compartments.

The air conditioning installation in the intermediate car can provide the heating too.

Driving cabin
The driving cabin has electrically heated windscreens, with wipers, washing installation, and sunshade. Lateral windows of the cabin are vertically sliding.

The cabin is endowed with:

- Central driving desk, with driving tools with joystick controller, dashboard computer, display for the parameters and breakdown messages, microphone for announcements, radiophone, IVMS with INDUSI and incorporated DSV, driver's tap type EE 4
- Electrically heated side mirrors
- Ergonomic seat for the driver
- Air conditioning / heating installation

Bild 370
Noch unter Schutzfolie verpackt ist die neu eingebaute Bestuhlung im modernisierten Triebzug 76-1412-6 + 59-1412-2 + 76-1452-2 der CFR Călători. Entstanden aus den ex-DB-Fahrzeugen 614 055 + 914 024 + 614 056 ist die Garnitur vor Ort in Cluj-Napoca für den Betrieb in Rumänien ertüchtigt worden und darf in dieser Form sicher noch mehrere Einsatzjahre erleben. Am 8. August 2011 gelang der Blick in den 2.-Klasse-Bereich des 76-1452.

AUFNAHME: MALTE WERNING

Die ehemalige BR 614/914 ist nunmehr für weitere Einsatzjahre gerüstet und schreibt auf beste Weise die lange Tradition deutscher Schienenverkehrstechnik auf den Gleisen Rumäniens fort, die aktuell noch mit ehemaligen DB-Triebzügen der Baureihe 624/924 (Reihe 76-24xx/59-24xx) und ex BR 628/928 (Reihe 92-01xx/92-05xx) ergänzt wird.

Die Tabellen dieses Kapitels sollen einen Überblick über alle nach Rumänien gelangten ehemaligen 614/914 und ihre Aufteilung auf die Betreiber CFR Călători und TFC vermitteln. Trotz sorgfältigster Recherche konnten leider nicht für alle rumänischen Fahrzeugnummern die Spenderfahrzeuge ermittelt werden.

Auch die Neuerwerbungen des Jahres 2018 für die TFC sind zwar alle mit den Abgängen aus dem DB-Bestand abgeglichen. Es konnte aber hier keine verbindliche Information zur Konfiguration der Einheiten aus Deutschland kommend gefunden werden. Dies gilt auch für den aktuellen Status dieser Fahrzeuge zum heutigen Einsatz als schon betriebsfähiges, für den Umbau vorgesehenes oder als Ersatzteilspender dienendes Fahrzeug. Hier sind jederzeit gerne Ergänzungen oder Aktualisierungen erbeten. Das gleiche gilt für einige (hier nicht gelistete) Fahrzeuge, die von HEROS gekauft wurden und deren heutige Eigentumsverhältnisse nicht verbindlich geklärt werden konnten.

Abschließend noch einige Angaben in Abhängigkeit ihrer Betreiber:

CFR Călători

- Farbgebung: Orangerot, Beige, Dunkelgrau
- Alle Einheiten modernisiert (ADH 11)
- Die Nummern beider Triebköpfe einer Einheit differieren um die Zahl 40, z. B.: Triebkopf 1: 76-1420, Mittelwagen: 59-1420, Triebkopf 2: 76-1460
- Beheimatung in den Depots Satu Mare (deutsch: Sathmar) in der Nähe der ungarischen Grenze und Sibiu (deutsch: Hermannstadt) nahe den Südkarparten
- Einsatzstrecken u. a.:
  Halmeu – Satu Mare – Oradea, Satu Mare – Baia Mare – Jibiou
- Triebköpfe: 22
  Mittelwagen: 11

Bilder 369a und 369b (linke Seite)
Interessante Informationen und bildliche Einblicke in das realisierte ADH 11-Projekt von REMARUL 16 Februarie gibt dieser vierseitige englischsprachige Prospekt.

ABBILDUNG: WWW.REMARUL.EU

Bild 371
Generationentreffen: Der ADH 11 mit der Nummer 76-1451-4 aus Sighişoara (Schäßburg) nach Sibiu (Hermannstadt) kreuzt am 22. September 2011 im Bahnhof Şeica Mare (Marktschelken) seinem Gegenzug, der aus einem modernen Dieseltriebzug der Bauart SR20 (Siemens Desiro Classic) gebildet ist.

AUFNAHME: MIRCEA DOROBANŢU

Bild 372
Züge aus alle Richtungen treffen sich am frühen Abend des 22. September 2011 im Hermannstadter Bahnhof. Beide ADH 11 werden als Regionalzüge nach Sighişoara (Schäßburg) über Copşa Mică (Kleinkopisch) und Mediaş (Mediasch) eingesetzt. Der Desiro Classic der Reihe 96 ist gerade aus Braşov (Kronstadt) eingetroffen, und die „Sulzerlok" der Reihe 62 bereitet sich auf ihre Reise über den Alttal nach Râmnicu Vâlcea vor.

AUFNAHME: MIRCEA DOROBANŢU

Abgang/ Verkauf DB	Fahrzeugnr. CFR Călători	Fahrzeug-Registernr.	Status Stand: 08/2020	Modernisierung ADH 11	Stationierung Depot	Fahrzeugnr. ex DB BR 614/914
03.12.2010	76-1411-8	95 53 9761 411-1 RO-CFR Călători	im Einsatz	x	Sibiu	614 008-1
03.12.2010	59-1411-4	95 53 5591 411-5 RO-CFR Călători	im Einsatz	x	Sibiu	914 018-7
03.12.2010	76-1451-4	95 53 9761 451-7 RO-CFR Călători	im Einsatz	x	Sibiu	614 007-3
11.08.2010	76-1412-6	95 53 9761 412-9 RO-CFR Călători	im Einsatz	x	Sibiu	614 055-2
11.08.2010	59-1412-2	95 53 5591 412-3 RO-CFR Călători	im Einsatz	x	Sibiu	914 024-5
11.08.2010	76-1452-2	95 53 9761 452-5 RO-CFR Călători	im Einsatz	x	Sibiu	614 056-0
25.05.2011	76-1413-4	95 53 9761 413-7 RO-CFR Călători	im Einsatz	x	Sibiu	614 001-6
25.05.2011	59-1413-0	95 53 5591 413-1 RO-CFR Călători	im Einsatz	x	Sibiu	914 025-2
25.05.2011	76-1453-0	95 53 9761 453-3 RO-CFR Călători	im Einsatz	x	Sibiu	614 002-4
16.05.2011	76-1414-2	95 53 9761 414-5 RO-CFR Călători	im Einsatz	x	Sibiu	614 031-3
16.05.2011	59-1414-8	95 53 5591 414-9 RO-CFR Călători	im Einsatz	x	Sibiu	914 016-1
16.05.2011	76-1454-8	95 53 9761 454-1 RO-CFR Călători	im Einsatz	x	Sibiu	614 032-1
30.09.2011	76-1415-9	95 53 9761 415-2 RO-CFR Călători	im Einsatz	x	Sibiu	614 034-7
30.09.2011	59-1415-5	95 53 5591 415-6 RO-CFR Călători	im Einsatz	x	Sibiu	914 017-9
30.09.2011	76-1455-5	95 53 9761 455-8 RO-CFR Călători	im Einsatz	x	Sibiu	614 033-9
21.09.2011	76-1416-7	95 53 9761 416-0 RO-CFR Călători	im Einsatz	x	Satu Mare	614 064-4
30.09.2011	59-1416-3	95 53 5591 416-4 RO-CFR Călători	im Einsatz	x	Satu Mare	914 030-2
30.09.2011	76-1456-3	95 53 9761 456-6 RO-CFR Călători	im Einsatz	x	Satu Mare	614 063-6
?	76-1417-5	95 53 9761 417-4 RO-CFR Călători	im Einsatz	x	Sibiu	?
?	59-1417-1	95 53 5591 417-2 RO-CFR Călători	im Einsatz	x	Sibiu	?
?	76-1457-1	95 53 9761 457-5 RO-CFR Călători	im Einsatz	x	Sibiu	?
30.09.2011	76-1418-3	95 53 9761 418-6 RO-CFR Călători	im Einsatz	x	Satu Mare	614 075-0
30.09.2011	59-1418-9	95 53 5591 418-0 RO-CFR Călători	im Einsatz	x	Satu Mare	914 038-5
30.09.2011	76-1458-9	95 53 9761 458-2 RO-CFR Călători	im Einsatz	x	Satu Mare	614 076-8
30.09.2011	76-1419-1	95 53 9761 419-4 RO-CFR Călători	im Einsatz	x	Satu Mare	614 035-4
30.09.2011	59-1419-7	95 53 5591 419-7 RO-CFR Călători	im Einsatz	x	Satu Mare	914 026-0
30.09.2011	76-1459-7	95 53 9761 459-0 RO-CFR Călători	im Einsatz	x	Satu Mare	614 051-1
30.09.2011	76-1420-9	95 53 9761 420-2 RO-CFR Călători	im Einsatz	x	Satu Mare	614 061-0
?	59-1420-5	95 53 5591 420-4 RO-CFR Călători	im Einsatz	x	Satu Mare	914 032-8
30.09.2011	76-1460-5	95 53 9761 460-8 RO-CFR Călători	im Einsatz	x	Satu Mare	614 062-8
30.09.2011	76-1421-7	95 53 9761 421-0 RO-CFR Călători	im Einsatz	x	Satu Mare	614 072-7
30.09.2011	59-1421-3	95 53 5591 421-4 RO-CFR Călători	im Einsatz	x	Satu Mare	914 028-6
30.09.2011	76-1461-3	95 53 9761 461-6 RO-CFR Călători	im Einsatz	x	Satu Mare	614 071-9

Bild 373 – Ebenfalls am 22. September 2011 wurde der 76-1451-4 am Hausbahnsteig des Schäßburger Bahnhofs aufgenommen. Der aus Sibiu angekommene ADH 11 bereitete sich gerade auf seine Heimreise vor. AUFNAHME: MIRCEA DOROBANȚU

Bild 374 – Der bei der TFC eingesetzte ADH 11 mit der Nummer 76-1424 + 59-1424 + 76-1464 eilt am 23. April 2019 ohne Halt am Vorstadtbahnhof București Basarab vorbei. Hinter der modernisierten Garnitur verbirgt sich eine aus den ex-614 080 + 914 037 + 614 065 bunt zusammengestellte Einheit. AUFNAHME: STEPHAN KARKOWSKI

TFC

- Farbgebung: Dunkelrot (vorne um die Dachfronten umlaufend) und Weiß. An den Stirnseiten zum Teil mit weißem Frontlatz-Dreieck versehen
- Im August 2009 Übernahme von 614 015 + 914 033 + 614 016 mit Aufarbeitung bei REMARUL 16 Februarie in Cluj-Napoca. Die Einheit verkehrt modernisiert, aber mit ursprünglicher Stirnfront als 76-1402-7 + 59-1401-5 + 76-1401-9. Die Tatsache, dass sich die niedrigere DB-Betriebsnummer nicht bei der Vergabe der neuen Betreiberbezeichnung widerspiegelt, hat seine Richtigkeit und wiederholt sich bei mehreren Fahrzeuggarnituren. Die Einheit 614 003 + 914 002 + 614 004 folgt dem Nummernschema als 76-1403-5 + 59-1403-1 + 76-1404-3 und trägt wie der erste Zug neben der NVR-Nummer das Halterkürzel RO-TFC.
- 76-1422-5 + 59-1422-1 + 76-1462-1 und 76-1424-1 + 59-1424-7 + 76-1464-7 sind modernisiert und haben neue Stirnfronten (ADH 11)
- Die übrigen Fahrzeuge besitzen ihre klassischen Stirnfronten und sind mit alten NVR-Nummern und dem Betreiberkürzel D-TFC im Einsatz. Es verkehren so aktuell (Stand: August 2020):

614 021 + 914 011 + 614 022
614 029 + 914 015 + 614 030
614 041 + 914 021 + 614 042
614 043 + 914 022 + 614 044
614 047 + 614 048 (zweiteilig)

Bild 375
Auf dem Weg nach Oradea ist der von 76-1402 geführte Triebzug aus Cluj-Napoca. Bei Aghireş passiert der ehemalige 614 015 am 8. August 2011 einen Kilometerstein, der die noch aus ungarischen Zeiten stammende Kilometrierung 535,5 erkennen lässt. Der Zug trägt die ursprüngliche Halterbezeichnung der Transferoviar Grup S.A. (TFG), der Muttergesellschaft von TFC und REMARUL. Inzwischen hat sich am Fahrzeugpark der Privatbahn das „TFC" durchgesetzt.

AUFNAHME: MALTE WERNING

Bild 376
Am 3. August 2016 wartet der ADH 11 76-1422-8 der TFC im Bukarester Nordbahnhof auf seine Fahrgäste. Der mit Seitenschürzen ausgestattete Triebzug wurde als Regionalzug zwischen Bucureşti und Buzău eingesetzt.

AUFNAHME: HORIA RADULESCU

Bild 377
Im Einsatz auf der Hauptbahn Oradea – Cluj-Napoca sind im Jahr 2011 vornehmlich ehemalige Triebzüge der Baureihen 614 und 624 der TFG/TFC. Am 7. August 2011 hat 76-1401 in Negreni schon knapp die Hälfte seiner 152 km langen Wegstrecke zurückgelegt.

Aufnahme:
Malte Werning

Bild 378
Als Regio 15219 (Cluj-Napoca – Oradea) zeigt sich 76-1403 der TFC am 28. August 2012 in Gârbău. Anfänglich war seine Fahrzeugnummer vorne im umlaufenden Zierstreifen unmittelbar unterhalb der dreieckigen weißen Kontrastfläche angebracht.

Aufnahme:
Alex Wouters

Bild 379
Der Bahnhof București Nord ist eigentlich der Bukarester Hauptbahnhof. Dort steht am 21. April 2019 mit dem 76-1424 einer der beiden ADH 11-Triebzüge der TFC zur Abfahrt bereit. Fast wie in alten DB-Zeiten ist der frühere 614 080 mit dem TFC 76-2406, dem früheren 624 506, zur Doppeleinheit gekuppelt.

Aufnahme:
Stephan Karkowski

Abgang/ Verkauf DB	Fahrzeugnr. TFC	Fahrzeug-Registernr.	Status Stand: 08/2020	Modernisierung ADH 11	Stationierung Depot	Fahrzeugnr. ex DB BR 614/914
14.08.2009	76-1401-9	95 53 9761 401-2 RO-TFC	im Einsatz	./.	Cluj-Napoca	614 016-4
14.08.2009	59-1401-5	95 53 5591 401-6 RO-TFC	im Einsatz	./.	Cluj-Napoca	914 033-6
14.08.2009	76-1402-7	95 53 9761 402-0 RO-TFC	im Einsatz	./.	Cluj-Napoca	614 015-6
30.09.2011	76-1403-5	95 53 9761 403-8 RO-TFC	im Einsatz	./.	?	614 003-2
30.09.2011	59-1403-1	95 53 5591 403-2 RO-TFC	im Einsatz	./.	?	914 002-1
30.09.2011	76-1404-3	95 53 9761 404-6 RO-TFC	im Einsatz	./.	?	614 004-0
06.04.2018	nicht belegt	95 80 0614 021-3 D-TFC	im Einsatz	./.	?	614 021-4
01.01.2018	nicht belegt	95 80 0914 011-1 D-TFC	im Einsatz	./.	?	914 011-2
06.04.2018	nicht belegt	95 80 0614 022-1 D-TFC	im Einsatz	./.	?	614 022-2
06.04.2018	nicht belegt	95 80 0614 029-6 D-TFC	im Einsatz	./.	?	614 029-7
01.01.2018	nicht belegt	95 80 0914 015-2 D-TFC	im Einsatz	./.	?	914 015-3
06.04.2018	nicht belegt	95 80 0614 030-4 D-TFC	im Einsatz	./.	?	614 030-5
06.04.2018	nicht belegt	95 80 0614 041-1 D-TFC	im Einsatz	./.	?	614 041-2
01.01.2018	nicht belegt	95 80 0914 021-0 D-TFC	im Einsatz	./.	?	914 021-1
06.04.2018	nicht belegt	95 80 0614 042-9 D-TFC	im Einsatz	./.	?	614 042-0
06.04.2018	nicht belegt	95 80 0614 043-7 D-TFC	im Einsatz	./.	?	614 043-8
01.01.2018	nicht belegt	95 80 0914 022-1 D-TFC	im Einsatz	./.	?	914 022-9
06.04.2018	nicht belegt	95 80 0614 044-5 D-TFC	im Einsatz	./.	?	614 044-6
06.04.2018	nicht belegt	95 80 0614 047-8 D-TFC	im Eins. ohne VM	./.	?	614 047-9
01.01.2018	nicht belegt	95 80 0914 034-3 D-TFC	nicht im Einsatz	./.	?	914 034-4
06.04.2018	nicht belegt	95 80 0614 048-6 D-TFC	im Eins. ohne VM	./.	?	614 048-7
11.10.2011	76-1422-5	95 53 9761 422-8 RO-TFC	im Einsatz	x	?	614 066-9
30.09.2011	59-1422-1	95 53 5591 422-2 RO-TFC	im Einsatz	x	?	914 027-8
11.10.2011	76-1462-1	95 53 9761 462-4 RO-TFC	im Einsatz	x	?	614 049-5
30.09.2011	76-1424-1	95 53 9761 424-4 RO-TFC	im Einsatz	x	?	614 080-0
30.09.2011	59-1424-7	95 53 5591 424-8 RO-TFC	im Einsatz	x	?	914 037-7
11.10.2011	76-1464-7	95 53 9761 464-0 RO-TFC	im Einsatz	x	?	614 065-1
01.01.2018	nicht belegt			?	?	614 011-5 *
01.01.2018	nicht belegt			?	?	914 006-2 *
01.01.2018	nicht belegt			?	?	614 012-3 *
01.01.2018	nicht belegt			?	?	614 073-5 *
01.01.2018	nicht belegt			?	?	914 029-4 *
01.01.2018	nicht belegt			?	?	614 074-3 *
06.04.2018	nicht belegt			?	?	614 036-2 *
01.01.2018	nicht belegt			?	?	914 004-7 *
06.04.2018	nicht belegt			?	?	614 052-9 *
06.04.2018	nicht belegt			?	?	614 077-6 *
06.04.2018				?	?	614 013-8 *
06.04.2018	nicht belegt			?	?	614 082-6 *

* Die Konfiguration der Garnitur ist in dieser Zusammenstellung nicht verbindlich überliefert, Aktualisierungen bzw. Ergänzungen gerne erbeten.

- Beheimatung bekannt im Depot Cluj Napoca (deutsch: Klausenburg) in Siebenbürgen.
- Einsatzstrecken TFC u. a.: Oradea – Cluj-Napoca, Barlad – Calati, Bucuresti – Buzau – Galati
- Triebköpfe: 26
  Mittelwagen: 13

Bild 380
Mit seiner auffälligen, über die gesamte Fahrzeugbreite laufenden Fahrzeugnummer bedient 76-1403 der TFC am 28. Juli als IR die Strecke Cluj-Napoca – Oradea und zurück. Bei Bratca ist dem ehemaligen 614 003 eindeutig seine Abstammung aus DB-Zeiten anzusehen.

Aufnahme:
Jonas Briest

Bild 381
Als einer der jüngsten Neuzugänge ist der 95 80 0614 030-4 D-TFC am 27. April 2019 auf der Strecke Barlad – Galați im Einsatz. Die erst am 31. Mai 2017 bei der DB AG ausgemusterte Einheit wurde am 6. April 2018 verkauft und befindet sich hier kurz vor Galați. Vielfach verbreitet ist bei den ex-614 der TFC die Anbringung einer kleinen rumänischen Landesflagge im rechten oberen Teil des Führerstandsfenster, bisweilen ergänzt durch eine EU-Flagge auf der linken Seite. Im Fall der hier sichtbaren Trikolore aus den Farben Blau, Gelb und Rot müsste diese allerdings richtigerweise senkrecht und nicht waagrecht ausgerichtet sein …

Aufnahme:
Stephan Karkowski

Bild 382
Auf der Fahrt von Mangalia nach Buzău hat der Triebzug 95 80 0614 029-6 der D-TFC am 29. Juni 2021 den kleinen Bahnhof von Eforie Nord erreicht. Am Triebkopf fällt die neueste Logo-Variante der TFC ins Auge.

Aufnahme:
Mircea Dorobanțu

17 Ableger – Schienenprüfzüge der Baureihe 719

719 001 + 720 001 + 719 501

Für die frühzeitige Erkennung von Schäden am Oberbau ihres Streckennetzes setzt die Deutsche Bahn AG sogenannte Schienenprüfzüge ein. Im klassischen Verfahren der Ultraschallprüfung werden Materialfehler (zum Beispiel wegen Materialermüdung) bis zum Schienenfuß erkannt. Mit der neueren Technik der Wirbelstromprüfung können die Schienenköpfe genau untersucht werden.

Seit 1958 besaß die Deutsche Bundesbahn einen aus den ehemaligen Schienenbusfahrzeugen VT 98 552 und VS 98 022 umgebauten speziellen „Ultraschall-Schienenprüfzug". Bis zur Computer-gerechten Umzeichnung zehn Jahre später in 721 001-6 (Trieb- und Mannschaftswagen) und 722 001-5 (Steuerwagen mit Prüfeinrichtung) liefen sie unter der Bezeichnung „5087 Hannover" und „5088 Hannover" ausschließlich auf den Gleisen der DB.

Die Fahrzeuge wurden in beide Fahrtrichtungen stets festgekuppelt im Verband gefahren, gemessen werden konnte jedoch nur mit dem vorausfahrendem Steuerwagen. Bei einer Messgeschwindigkeit von 30 km/h waren arbeitstäglich rund 150 Streckenkilometer messtechnisch zu bewältigen, die Überführung zum Einsatzort war mit maximal 90 km/h möglich.

Anfang der siebziger Jahre wurden insbesondere die niedrigen Geschwindigkeiten zu kritischen Rahmenbedingungen für den Einsatz des 721/722, auch die Messeinrichtungen erschienen nicht mehr zeitgemäß. Das verantwortliche BZA Minden beantragte daraufhin den Bau eines Ultraschall-Messzuges auf Drehgestellbasis, denn ausmusterungsreife – für einen Umbau zum Schienenprüfzug geeignete – Fahrzeuge standen zu diesem Zeitpunkt nicht zur Verfügung.

Auf Basis der seit 1973 in Serie gebauten Triebwagen der Baureihe 614/914 entstand 1974 das moderne Neubaufahrzeug in dreiteiliger Konfiguration als Nachfolger des zweiteiligen Schienenbusses. Dabei ging der Bauauftrag für den wagenbaulichen Teil der Triebköpfe an die MAN in Nürnberg. Mit der Herstellung des antriebslosen Mittelwagens wurde die MBB in Donauwörth beauftragt. Diese wiederum bestellte – um Entwicklungskosten zu sparen – auch bei der MAN einen 914er-Wagenkasten, der dann bei MBB die entsprechende Messausstattung erhielt.

Zum Jahresende 1974 wurde der erste Schienenprüfzug auf Drehgestellbasis von der Messerschmidt-Bölkow-Blohm GmbH in Donauwörth (MBB) an die Deutsche Bundesbahn geliefert, am 31. Dezember 1974 abgenommen, unter den Betriebsnummern 719 001 + 720 001 + 719 501 im Jahr 1975 in den Fahrzeugbestand eingereiht und beim Bw Braunschweig beheimatet. Die Wagenkästen und Laufwerke der Baureihe $719^0/720^0/719^5$ entsprachen denen der Baureihe 614/914.

Im Triebwagen 719 001 befanden sich im Ablieferungszustand ein Aufenthaltsraum, die Küche, ein Wasch- und Duschraum sowie drei Schlafabteile. Der 719 501 (später: 719 002) enthielt einen Wasch- und einen Duschraum sowie fünf Schlafabteile. Im Mittelwagen 720 001 wurden die gesamte Messtechnik und große Behälter für das Koppelwasser untergebracht. Unter dem Boden des Fahrzeugs war ein absenkbarer Prüfträgerwagen montiert, der eine maximale Prüfgeschwindigkeit von 50 km/h erlaubte. Zwei zu beiden Seiten des Registriersitzes eingebaute Sichtfenster im Fahrzeugboden ermöglichten die Beobachtung der Messeinrichtung während der Prüffahrt. Bei Überführungen konnte die rein gelb lackierte Einheit je nach Streckenklasse ihre Höchstgeschwindigkeit von bis zu 140 km/h ausfahren. Auch die beiden Triebköpfe waren mit Zusatzbehältern für Koppelwasser ausgerüstet. Der Zug setzte mit seiner Ausstattung neue Standards und bewährte sich schnell. Nach den sehr guten Erfahrungen des ersten Betriebsjahres konnte der alte Schienenprüfzug am 23. März 1976 von der Ausbesserung zurückgestellt und schließlich am 21. Juli 1976 auch ausgemustert werden.

In den weiteren Jahren kam der als „Bundesbahn-Versuchsanstalt Minden SCHIENENPRÜFZUG" beschriftete Triebzug (samt seinem Personal) auch zu zahlreichen Auslandsmessfahr-

Bild 383
Blick in den Wagenkastenrohbau des 720 001.

Aufnahme:
MAN-Archiv im DB Museum

ten, die sich zum Teil über mehrere Wochen erstreckten. Bekannt sind unter anderem solche Mieteinsätze auf den Strecken der Schwedischen Staatsbahn (SJ) 1979 und bei der Norwegischen Staatsbahn (NSB).

Die zeitintensiven Vermietungen von 719 001 + 720 001 + 719 501 mussten allerdings entfallen, als die Erweiterung des planmäßigen Einsatzgebietes um die Strecken der Deutschen Reichsbahn anstand. Immerhin noch möglich waren einzelne mehrtägige Messfahrten im Netz der Eisenbahnen Luxemburgs (CFL), der Schweiz (SBB) und Norditaliens (FS). Es zeigte sich aber auch die Notwendigkeit für die Beschaffung eines weiteren, neuen Schienenprüfzuges, der im März 1996 auch in Form des 719 101 + 720 101 + 719 102 an die DB AG ausgeliefert wurde und ab 17. Juni 1997 seinen Prüfbetrieb zunächst als SPE 140 aufnahm, hier aber nicht Gegenstand ausführlicher Betrachtung ist.

Erwähnt bzw. vorweggenommen seien in diesem Zusammenhang aber zwei andere Punkte:

1. Die Messgeschwindigkeit konnte beim neuen Zug auf nunmehr 70 km/h gesteigert werden.
2. Mit der ab 2003 erfolgten Nachrüstung des Wirbelstromprüfverfahrens auch in diesem Zug einher ging die Umbenennung in „SPZ 1". Der zu diesem Zeitpunkt bereits modernisierte 719 001 + 720 001 + 719 501 wurde in Folge als „SPZ 2" bezeichnet.

Aber kurz zurück zur Chronologie: Nach Ablauf der Revisionsfrist wurde die dreiteilige Einheit 719 001 + 720 001 + 719 501 Ende 1998 zunächst im Werk Kassel abgestellt. Ab 2001 erfolgte die wagenbauliche Umgestaltung mit geringfügigen Änderungen bei Fenster- und Türanordnung, aber mit grundlegend modernisierter Messtechnik und der Ausrüstung mit zeitgemäßer Wirbelstromtechnik am Messrahmen. Der von der Firma Speno International entwickelte und gebaute Prüfkopfträgerwagen (PKTW) ermöglichte die schwingungsfreie Führung der Prüfköpfe über die Schiene. Auch kamen, zum Teil bedingt wegen der schwieriger werdenden Ersatzteilbeschaffung für die alten MAN-Motoren, die neuen Cummins-Motoren QSK 19R mit Abgasturbolader und Ladeluftkühlung zum Einbau. Die letztlich doch sehr umfassenden Arbeiten zur Wiederinbetriebnahme des „SPZ 2" konnten mit der Zulassungsfahrt am 5. März 2003 erfolgreich abgeschlossen werden. Waren bis zur Modernisierung die Betreiberbezeichnungen noch vergleichsweise groß an den Fahrzeugfronten als 719 001 und 719 501 – jeweils ohne Kontrollziffer - angebracht, fehlten diese nunmehr. Stattdessen wurden sowohl die für Bahndienstfahrzeuge

Bild 384 – Auf dem Schild des „Schweren Nebenfahrzeugs Nr. 99 80 9529 001-6" finden sich zahlreiche aufschlussreiche Informationen. Leider ist es auch hier wie mit allem Kleingedruckten: Man muss schon ganz genau hinschauen …

AUFNAHME: STEPHAN KARKOWSKI

typischen quadratischen weißen Aufkleber mit der Kategorisierung als „Schweres Nebenfahrzeug" angebracht, als auch die neuen UIC-Nummern für die Kennzeichnung von Sonderfahrzeugen.

Demnach trägt die Triebwageneinheit seit 1. Juli 2007 im deutschen Fahrzeugeinstellungsregister die nachfolgenden Nummern:

99 80 9429 001-7 D-DB (719 001-0)
99 80 9529 001-6 D-DB (720 001-7)
99 80 9429 002-5 D-DB (719 002-8, ex 719 501-9).

Um auch Aufgaben der als Diagnose-Turmtriebwagen eingesetzten Baureihen 701/702 wahrnehmen zu können, erfolgte 2008 im Werk Cottbus zusätzlich der Einbau eines Messstromabnehmers vom Typ WBL 85. Um das Lichtraumprofil einzuhalten, musste der vordere Dachbereich des 719 001 abgesenkt werden. Der Ein-

weiter Seite 193

Bild 385

Der Mittelwagen 720 001 des Schienenprüfzuges war mit einem sogenannten PKTW (Prüfkopfträgerwagen) ausgerüstet, der für eine möglichst schwingungsfreie Führung der Prüfköpfe über die Schienen sorgte. In dieser Aufnahme vom 27. Juni 1980 gut zu sehen ist das Laufwerk. Dessen Spurführung bestand aus vier quer verschiebbaren Radsätzen mit außen angebrachten Leiträdern und innen liegenden Trag- bzw. Laufrädern. Dazwischen waren die zentrisch zur Schienenmitte geführten Ultraschall-Prüfköpfe zur Erkennung von Materialschäden am Gleis.

AUFNAHME: ANDREAS GOLDSCHMIDT-ROKITA

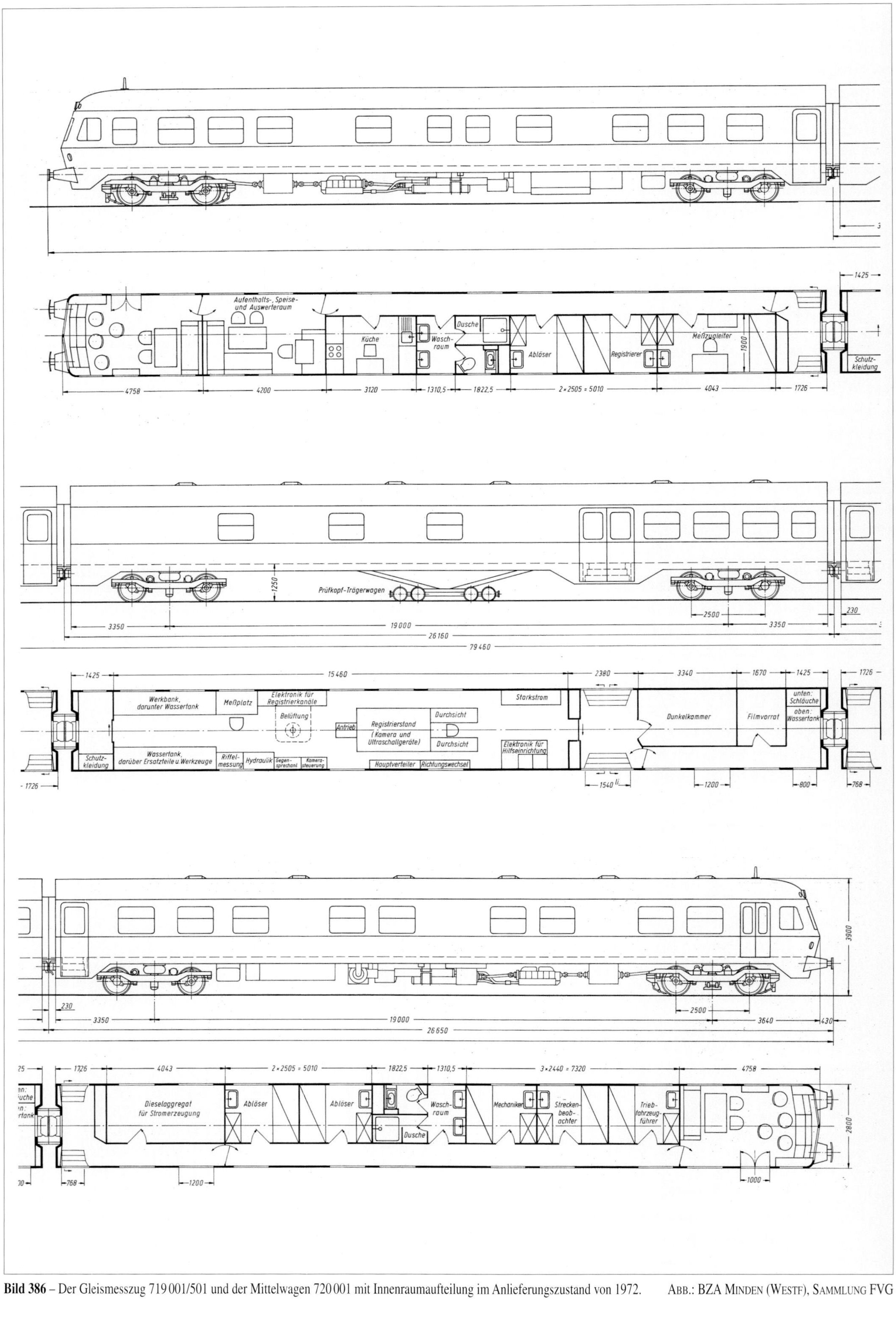

Bild 386 – Der Gleismesszug 719 001/501 und der Mittelwagen 720 001 mit Innenraumaufteilung im Anlieferungszustand von 1972. ABB.: BZA MINDEN (WESTF), SAMMLUNG FVG

Bild 387
Betriebsamkeit herrscht am 27. Juni 1980 in Hamburg-Harburg mit der ausfahrenden 112 487 Richtung Lüneburg und Wendezugsteuerwagen nach Hamburg Hbf. Unter der Schlachthofbrücke pausiert unterdessen der Gleismesstriebzug 719 001 + 720 001 + 719 501, der prinzipiell auf dem Dieseltriebzug der Baureihe 614/914 basiert. Die dreiteilige Garnitur mit ihrer damals richtungsweisenden Messtechnik entstand 1974 in Zusammenarbeit von Bundesbahn-Versuchsanstalt Minden und der MAN Nürnberg bei MBB (Messerschmidt Bölkow Blohm) in Donauwörth. Die Erstbeheimatung erfolgte beim Bw Braunschweig.

Aufnahme:
Andreas Goldschmidt-Rokita

Bild 388
Auf Dienstfahrt in Richtung Hanau ist der Schienenprüfzug am 27. März 1982 mit dem führenden 719 501. Das Foto entstand bei der Durchfahrt im Bahnhof Frankfurt (M) Ost, der bis heute eher ein seltenes Ziel von Fotografen ist.

Aufnahme:
Peter Bäuchle

Bild 389
Dieser dienstliche Ausflug führte den Schienenprüfzug in den Norden der Republik. Mit dem am Zugschluss laufenden 719 501 passiert der Dsts am 13. Mai 1982 bei Lindaunis die damals schon betagte Brücke über die Schlei. Bei Zugverkehr über das bisweilen störanfällige Bauwerk müssen alle anderen Verkehrsteilnehmer an den heruntergelassenen Schrankenbäumen warten.

Aufnahme:
Peter Bäuchle

Bild 390
An einem der mit Post- und Gepäckkarren gut belegten und heute in dieser Funktion nicht mehr genutzten Gepäckbahnsteige außerhalb der Hallen im Frankfurter Hauptbahnhof werden am 4. Mai 1983 die großen Koppelwasservorräte des Schienenprüfzuges ergänzt. Am 719 501 sehr gut zu erkennen ist zudem der in der Pufferbohle integrierte Zusatzscheinwerfer zur besseren Gleisausleuchtung.

AUFNAHME:
PETER BÄUCHLE

Bild 391
Noch mit der Seitenaufschrift „Schienenprüfzug Versuchsanstalt Minden“ zeigt sich 719 001 neben 614 040 in dessen Heimatbetriebswerk Nürnberg 1 am 17. Mai 1996.

AUFNAHME:
FERDINAND VON RÜDEN

Bild 392
Seit dem 1. Januar 1994 sind Deutsche Bundesbahn und Deutsche Reichsbahn zur Deutsche Bahn AG verschmolzen. Äußerlich repräsentiert wird das durch ein neues DB-Logo, das natürlich auch längst 719 001 + 720 001 + 719 501 bei ihrem Besuch in München Hbf tragen. Zur Mittagszeit des 27. November 1996 wechselt der SPZ auf Gleis 23 seine Fahrtrichtung für einen neuerlichen Prüfeinsatz.

AUFNAHME:
HANS SÖLCH

Bild 393 – Mit einem umfangreichen Messfahrtenprogramm auf der Neubaustrecke Nürnberg – Ingolstadt kam erstes Leben auf die künftige Hochgeschwindigkeitstrasse. 719 001 + 720 001 + 719 501 (am Zugschluss) haben beim Abzweig Reichswald ihre Prüffahrt begonnen und sind hier am 15. Juli 2005 wenige Kilometer später in der Gemarkung Feucht unterwegs. Gut zu erkennen ist, dass die Messköpfe des Mittelwagens auf den Schienen anliegen. AUFNAHME: FERDINAND VON RÜDEN

Bild 394 – Für viele Generationen nicht wegzudenken war der Einsatz von Schiebeloks auf der Spessartrampe zwischen Laufach und Heigenbrücken. Als 719 501 am 17. August 2007 die abgebügelte 151 148 im Laufacher Wartestutzen passierte, war hier noch gar nichts von einem perspektivischen Verzicht auf Schubdienste zu sehen. Dieser wurde aber hier knapp zehn Jahre später mit der Inbetriebnahme einer Neubautrasse am 15. Juni 2017 zur Realität. AUFNAHME: FERDINAND VON RÜDEN

Bild 395
Fahrwegmessung als Aufgabe des „Schienenprüfzug 2“ der DB Netz Instandhaltung lässt sich dank der großflächigen Aufschriften am Fahrzeug auch für den interessierten Laien am Bahnsteig gut erkennen. Im Karlsruher Hauptbahnhof war für 719 01 und seine Mannschaft am 15. Juni 2006 allerdings schon Feierabend.

AUFNAHME:
FERDINAND VON RÜDEN

Bild 396
In schönstem Nachmittagslicht rollt der SPZ II am 20. März 2006 zwischen Fürth (Bay) und Nürnberg parallel zum Franken-Schnellweg. Bei Nürnberg-Neusündersbühl ist im Herbst des Vorjahres erst der Baum-Kahlschlag für den viergleisigen Ausbau beendet worden. Im Führerstand des Schlussläufers 719 501 erwartet ein Mitarbeiter der Fahrwegmessung ganz entspannt den absehbaren und wohlverdienten Feierabend.

AUFNAHME:
FERDINAND VON RÜDEN

Bild 397
Auf Messfahrt befinden sich 719 501 + 720 001 + 719 001 bei Haitz-Höchst, zwischen Gelnhausen und Wächtersbach gelegen. Am 5. April 2017 strebt der SPZ 2 Richtung Fulda.

AUFNAHME:
STEPHAN KARKOWSKI

Bild 398 – Ein Mitarbeiter des Schienenprüfzuges 2 ist am 15. Juli 2005 mit letzten Vorbereitungen anlässlich einer ersten Prüffahrt auf der künftigen Neubaustrecke Nürnberg – Ingolstadt beschäftigt. Kurz danach startet 719 001 + 720 001 + 719 501 am Abzweig Reichswald in Höhe der hier querenden Autobahn A6 seine Fahrwegmessung.

Aufnahme: Ferdinand von Rüden

bau der damit einhergehenden zusätzlichen Messtechnik konnte 2009 abgeschlossen werden, und die Triebköpfe erhielten ihre bekannte Frontbeschriftung als 719 001 und 719 501 (erst ab ca. 2017: 719 002) zurück. Allerdings wurde der Pantograph nach fünf Jahren demontiert und prägte somit nur zwischen 2009 und 2014 das Äußere des Zuges. Geblieben ist der ausgesparte Dachbereich.

Aktuell (Stand: August 2020) steht der Schienenprüfzug 2 mit abgelaufenen Fristen auf dem Gelände der Werkstatt des DB-Maschinenpools in Berlin-Grunewald und erwartet sein weiteres Schicksal. Das fällt möglicherweise nicht so rosig aus, wie nach seiner ersten Abstellung 1998. Denn mit insgesamt zwei auf multifunktionaler Basis von der Firma Plasser gebauten zweiteiligen Messfahrzeugen steht seit 2015 Ersatz für den „SPZ II“ zur Verfügung. Die als „SPZ III“ (nunmehr mit römischen Ziffern durchnummerierten) 719 301 + 720 301 und 719 302 + 720 302 nehmen aktuell auch Aufgaben des abgestellten „SPZ II“ wahr. Gleichwohl wäre diesem eine Wiederbelebung zu wünschen, wenngleich eine neuerliche Anpassung an den heutigen Stand der Technik sicherlich schon wieder opportun wäre und erhebliche Neuinvestitionen erfordern würde. Aber vielleicht könnte sich ja auch auf ausländischen Gleisen wieder ein neues Einsatzgebiet erschließen?

Bild 399
Inzwischen heißt 720 001 offiziell 99 80 9529 001-6 und verfügt über allerneueste Prüfkopftechnik (hier im angehobenen Zustand). Die Detailaufnahme vom 1. Juli 2017 lädt zum Vergleich mit der Aufnahme vom 27. Juni 1980 in diesem Kapitel ein.

Aufnahme: Stephan Karkowski

MBB

Schienenprüfzug VT 719/720 (Ultraschall)

Zur Bearbeitung des Filmmaterials ist eine Dunkelkammer mit Säure-, Spülbecken und Wasserversorgung vorhanden. Das Filmmaterial wird in einer Filmvorratskammer gelagert.
Kernstück der Meßeinrichtung ist der Prüfkopfträgerwagen, der die Ultraschall-Prüfköpfe exakt im Spurkanal führt. Der Prüfkopfträgerwagen ist querbeweglich unter dem Wagenkasten des Mittelwagens angelenkt, so daß die bei der Kurvenfahrt auftretenden Querbewegungen aufgefangen werden können. In Fahrtrichtung ist die Aufhängung spielfrei. Für Überführungsfahrten wird der Prüfkopfträgerwagen hydraulisch angehoben und mit vier Fanghaken arretiert. Der Prüfkopfträgerwagen ist mit elastisch gelagerten Teleskopachsen ausgerüstet, die ein ständiges, spurspielfreies Anliegen der Spurkränze an den Schienenwangen gewährleisten. Die beiden Prüfkopfträger sind unmittelbar an den Teleskopachsen angelenkt und ermöglichen dadurch eine exakte Führung der Prüfköpfe über der Mitte der Schienenlauffläche.
Zusätzliche Leiträder sorgen für ein störungsfreies Überfahren der Weichen.
Vom Registriersitz aus können die Prüfköpfe über Pneumatik eingestellt und ausgeschwenkt werden. Bei Meßfahrt ist der Prüfkopfträgerwagen zusätzlich über Federbeine zur Erhöhung der Entgleisungssicherheit federbelastet. Gegenüber dem alten Schienenprüfzug konnte die Meßgeschwindigkeit von 30 km/h auf 50 km/h erhöht werden. Durch die Auswertung der mit dem ersten Schienenprüfzug gesammelten Erfahrungen entwickelte MBB eine wesentlich leistungsfähigere Prüfeinheit. Gleichzeitig wurde die Unterbringung und Versorgung der Besatzung verbessert.

Im Unternehmensbereich Verkehr, Donauwörth, realisiert MBB moderne Schienenfahrzeuge für den Nah- und Fernverkehr, in Aluminium- und Stahl-Leichtbauweise, zur Lösung der Verkehrsprobleme von heute und morgen.
Als Hauptbeauftragter oder in Zusammenarbeit mit anderen Unternehmen entwickelte und baute MBB den Intercity ET 403/404, die S-Bahn ET 420/421, S-Bahn ET 472/473, U-Bahn München, Reisezugwagen, Speisewagen, Schlafwagen, Liegewagen, Regelturmtriebwagen, Meßwagen und Dieseltriebzüge für die Deutsche Bundesbahn, städtische Verkehrsbetriebe und ausländische Bahngesellschaften.
Mit maßgeblicher Beteiligung an der Rad/Schiene-Forschung und Eigenentwicklungen von internationaler Bedeutung unterstützt MBB die Zukunftssicherung des schienengebundenen Verkehrs.

MBB Messerschmitt-Bölkow-Blohm GmbH
Unternehmensbereich Verkehr

8850 Donauwörth
Industriestraße 4
Telefon 09 06 / 7 11
Telex 5 1843 mbbvd

Bilder 400a und 400b – Werksprospekt des Unternehmensbereiches Verkehr der MBB Messerschmitt-Bölkow-Blohm GmbH in Donauwörth für den Schienenprüfzug VT 719/720 (Ultraschall).

Abbildungen (2): MAN-Archiv im DB Museum

Schienenprüfzug VT 719/720 (Ultraschall)

Als Hauptauftragnehmer und in enger Zusammenarbeit mit der Deutschen Bundesbahn entwickelte und baute MBB den dreiteiligen Schienenprüfzug VT 719/720. Dieser neue Prüfzug löste den ebenfalls im Donauwörther Werk gebauten und seit 1958 in Betrieb befindlichen ersten Schienenprüfzug ab.
Der VT 719/720 wird zur Überprüfung der Schienen auf innere Fehler, Anrisse und sonstige äußere Schäden eingesetzt. Die Untersuchung erfolgt mit der Impuls-Echomethode, bei der das Ergebnis aufgezeichnet wird und somit als Prüfdokument der Strecke in Form eines Registrierstreifens vorliegt.
Der Schienenprüfzug besteht aus zwei Kopfwagen mit Führerstand und einem Mittelwagen. Die beiden Kopfwagen werden von je einem 500-PS-MAN-Unterflurdieselmotor angetrieben, die dem Zug eine Höchstgeschwindigkeit von 140 km/h verleihen. Die Kraftübertragung erfolgt über je ein hydraulisches 2-Wandlergetriebe.
Der Wagenkastenrohbau ist in geschweißter Stahlleichtbauweise unter Verwendung von möglichst gewichtssparenden Leichtwalzprofilen und abgekanteten Blechen hergestellt.
Der Wagenkasten entspricht den Belastungsvorschriften nach UIC-Merkblatt 625-7.
Die luftgefederten Trieb- und Lauf-Drehgestelle sind mit einer selbsttätigen geschwindigkeitsabhängigen Umschaltung auf 3-Punkt- bzw. 4-Punkt-Abstützung ausgestattet.
Der Prüfzug hat eine lastabhängige Druckluftbremse mit elektronischer Gleitschutzeinrichtung.

Die Warmwasserheizung wird mit Heizöl befeuert. In den beiden Triebwagen ist der Kühlkreislauf der Antriebsmotoren über einen Wärmetauscher mit dem Heizkreislauf verbunden, so daß die Motorwärme zur Wagenbeheizung herangezogen und die Wagenheizung zur Motorvorwärmung bzw. Warmhaltung benutzt werden kann.
Im Mittelwagen des Zuges befinden sich die Meßeinrichtungen mit den dazugehörigen Arbeits- und Lagerräumen. Die Besatzung ist in den beiden Triebwagen untergebracht. Für jedes Besatzungsmitglied steht eine Einzelschlafkabine mit Waschgelegenheit zur Verfügung. Außerdem ist jeder Triebwagen mit einem Waschraum, einer Duschkabine und einem WC ausgestattet. Für die Versorgung der Besatzung ist eine Küche, ein Speise- und Aufenthaltsraum im Triebwagen 1 vorhanden. Ebenfalls im Triebwagen 1 befinden sich in einem besonders schallisolierten Raum zwei Diesel-Stromerzeugungsaggregate von je 24 kVA für die Drehstromversorgung der Meßeinrichtung und sonstiger Großverbraucher.
Der größte Teil des Mittelwagens nimmt der Meßraum ein. Hier ist die gesamte Meßelektronik einschließlich Registrierkamera installiert, die von der Deutschen Bundesbahn Versuchsanstalt Minden entwickelt und beigestellt wurde. Die Bauteile für die einzelnen Meßgruppen, der Hauptverteiler, die Starkstromversorgung und die Hilfseinrichtungen sind in Norm-Einschubschränken untergebracht. Zur leichteren Verlegung der umfangreichen Verkabelung ist der Fußboden des Meßraumes als Doppelboden ausgeführt und kann über die ganze Länge geöffnet werden. Im Unterschrank der für die laufenden Wartungsarbeiten eingerichteten Werkbank ist ein Pumpenaggregat für das hydraulische Heben und Senken des Prüfkopfträgerwagens eingebaut.
Hinter Verkleidungen befinden sich zwei Tanks mit insgesamt 5000 l Fassungsvermögen zur Aufnahme des Koppelwassers, das für die Benetzung der Schienen während des Meßvorganges erforderlich ist. Zu beiden Seiten ist ein Durchblickschacht mit unzerbrechlicher Scheibe in den Wagenboden eingelassen. Durch diese Schächte kann der Prüfkopfträgerwagen während der Prüffahrt beobachtet werden. Ein Schreibtisch und ein Ersatzteilschrank vervollständigen die Ausstattung des Meßraumes.

Kopfwagen

Mittelwagen

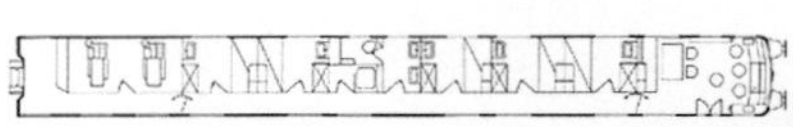

Kopfwagen

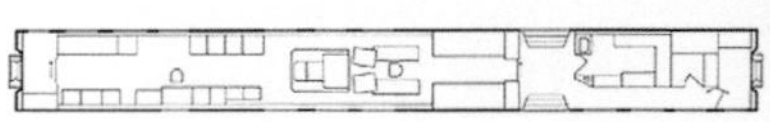

Mittelwagen

Kopfwagen

Technische Daten

Begrenzung der Fahrzeuge	UIC 505-1V
Radsatzanordnung	B'2' + 2'2' + 2'B'
Spurweite	1.435 mm
Kleinster befahrbarer Gleisbogenhalbmesser	125 m
Fährfähig für Knickwinkel	2°30'
Gesamtlänge des dreiteiligen Zuges	79.460 mm
Länge des Triebwagens über Puffer	26.650 mm
Länge des Triebwagens über Wagenkasten	25.990 mm
Länge des Mittelwagens über Puffer	26.160 mm
Länge des Mittelwagens über Wagenkasten	25.700 mm
Wagenkastenbreite	2.800 mm
Wagenkastenhöhe über SO	3.900 mm
Größte Höhe über SO (mit ZBF-Antenne)	4.250 mm
Fußbodenhöhe über SO	1.250 mm
Drehgestell-Mittenabstand	19.000 mm
Drehgestell-Achsabstand	2.500 mm
Laufkreisdurchmesser am Triebdrehgestell	950 mm
Laufkreisdurchmesser am Laufdrehgestell	900 mm
Dienstgewicht des dreiteiligen Triebzuges	139,6 t

Motor:
MAN-Dieselmotor D 3650 HM 12 U

Motorleistung	2 x 368 kW (500 PS)
Kraftübertragung durch hydraulisches Zweiwandlergetriebe (Voith)	
Höchstgeschwindigkeit	140 km/h
Meßgeschwindigkeit	50 km/h ± 2 km/h
Kraftstoffvorrat für Antrieb und Heizung	1.760 l
Brauchwasservorrat	1.200 l
Koppelwasservorrat für Meßeinrichtung	5.000 l

Bremse:
KE Druckluft-Scheibenbremse (Knorr)
Heizung:
Warmwasserheizung (Hagenuk)

Stromversorgung für Steuerung	24 V Gleichstrom
Stromversorgung für Beleuchtung	110 V Gleichstrom
Stromversorgung für Großverbraucher	220 V Wechselstrom
Stromversorgung für Meßeinrichtung	380 V Drehstrom
Batterien:	3 x 110 V, 110 Ah 2 x 24 V, 180 Ah

Bild 401 – Detailansicht des abgesenkten vorderen Dachbereiches am 719 001 mit dem 2008 im AW Cottbus eingebauten Messstromabnehmer des Typs WBL 85. Die Aufnahme vom 21. August 2011 entstand in Höhe der S-Bahnstation in Nürnberg-Dürrenhof. AUFNAHME: FERDINAND VON RÜDEN

Bild 402 – Am 25. April 2013 war der Messzug auch auf der Höllental- und der Dreiseenbahn im Einsatz. Wegen der Steilstrecke durfte der Triebzug hier nur zusammen mit der Ellok 143 316 auf dieser Strecke verkehren. Der Messpanthograf ist nicht angelegt. Die Aufnahme entstand kurz vor dem Bahnhof Freiburg-Wiehre. AUFNAHME: ERNST ANDREAS WEIGERT

719 045 + 719 046

Aus dem Umbau und der Umrüstung von 614 045 und 614 046 (REV BCSX 23.02.2005) entstand nach Einbau modernster Messtechnik von Mitte 2005 bis Ende 2006 der zweiteilige Lichtraumprofil-Messzug „LIMEZ III", bestehend aus den Triebwagen 719 045 und 719 046.

Die feierliche Übergabe durch das ausführende Hersteller-Konsortium „THelix" an DB Netz erfolgte im Rahmen der InnoTrans am 20. September 2006. Die Entwicklung des neuen Messzuges war europaweit ausgeschrieben worden.

Das als Sieger dieser Ausschreibung von der DB AG beauftragte Travelling Helix Konsortium setzte sich wie folgt zusammen:

- „FTI Engineering Network GmbH", verantwortlich für das Projektmanagement, die Systemintegration und die Verortungssysteme
- „METRONOM Automation GmbH", zuständig für die Videomessung, das Kontrollsystem und die Software zur Messauswertung
- „IPM Fraunhofer Institut Physikalische Messtechnik", federführend für die Lasertechnik.

Mit der Inbetriebnahme des „LIMEZ III" stand der Deutschen Bahn AG nunmehr ein leistungsfähiges Fahrzeug zur Verfügung, mit dem nicht nur zum Teil recht kurzlebige Episoden von Vorgängermodellen beendet, sondern auch eine völlig neue Generation von Messtechnik eingeführt werden konnte, die ein hohes Maß an Einsatzeffizienz und Messgenauigkeit garantierte.

So hatte der vergleichsweise einfach konstruierte und am 16. Februar 1994 zugelassene „LIMEZ I" vornehmlich die Aufgabe, Lichtraumprofil-Messungen für Lademaß überschreitende Sendungen vorzunehmen. Er entstand aus zwei ehemaligen DR-Mehrzweckfahrzeugen und war als 97 86 2 110 110-1 unterwegs.

Auch dem als 712 002-5 eingereihten Profil-Messtriebwagen „PROM" war von seiner Indienststellung am 17. Juni 1993 bis zur Stilllegung am 19. Januar 2001 nur eine kurze Lebensdauer beschert. Er stand erfolglos zum Verkauf, wurde im Werk Cottbus noch ausgeschlachtet und im Juli desselben Jahres nach Minden überführt, wo sich seine Spur verliert.

Das unmittelbare Vorgängerfahrzeug des neuen Lichtraummesszuges, der „LIMEZ II", kam im Januar 1997 als Neubau in Dienst und wurde ebenfalls nach nur acht Jahren am 31. Januar 2005 mit Fristablauf ausgemustert. Der aus dem Messtriebwagen 712 101-5 und dem Messanhänger 713 001-6 bestehende Zug sollte als weiteres Fahrzeug die Vermessung von Lichtraumprofilen übernehmen. Allerdings trug seine geringe Messgeschwindigkeit in der Bandbreite von lediglich 20 km/h bis 30 km/h bei manueller Auslösung der Bildaufnahme nicht zur rationellen Betriebsabwicklung bei. Technische Basis waren photogrammetrische Stereobildaufnahmen mit analogen Kameras, die halbautomatisch ausgewertet wurden.

Ganz anders stellten sich die Grund-Anforderungen an den „LIMEZ III" dar:

- Befahrung des gesamten DB AG Streckennetzes (ca. 40.000 km) innerhalb eines Jahres. Die Kenntnis des „lichten Raums" für das Gesamtnetz ist zum Beispiel erforderlich für die Durchführung übergroßer Transporte (Transformatoren, Schrägbleche, Panzer u. a.). Ein weiterer Aspekt ist die Öffnung der Gleisnetze für andere nationale sowie internationale Bahnen (Interoperabilität)
- Messgeschwindigkeit: 100 km/h
- Einsatz bei Tag und Nacht
- Messtauglichkeit im Sommer und Winter
- Ermittlung aller relevanten Gleisparameter (Spurweite, Überhöhung, Gradient, Kurvenradius sowie dreidimensionale Koordinaten der Gleisgeometrie)
- Zahlreiche exakt definierte Parameter zur Genauigkeit der Messungen, des Erfassungsbereiches

Das Grundkonzept der Messtechnik für den neuen Messzug sah die Installation nachfolgender Bestandteile vor:

- Zwei bzw. optional drei Rotationsscanner
- Videosystem zur Dokumentation und Unterstützung der Messung
- Gleisreferenzierungssystem
- Verortungssystem (GPS/INS, Odometer/Kilometerzähler)

Diese Messeinrichtungen sind auf einem speziellen, gedämpft aufgehängten Trägerrahmen an der Stirnseite des 719 046 installiert und geben diesem Triebkopf sein unverwechselbares und durchaus auch gewöhnungsbedürftiges Aussehen. Sie bestehen unter anderem aus:

- Videomess- und -dokumentationssystem oberhalb der Frontscheibe
- Verortungssystem (GPS/INS)
- Wegsynchronisierung (Odometer)
- Profilerfassung (Rotationsscanner, Weitsichtscanner)
- Schienenerkennung (Profilscanner)

Eingereiht ist der Lichtraummesszug neuester Bauart als
99 80 9 160 001-0 D-DB (719 045-7) ex 614 045-3
99 80 9 160 002-8 D-DB (719 046-5) ex 614 046-1

Die Aufteilung im Inneren der beiden Wagen ist wie folgt: Beim 719 045 folgt im Anschluss an den Führerstand jeweils ein Raum für Auswertungen, Werkstatt, Kompressor, Waschgelegenheit samt

Bild 403
Begegnung des z-gestellten 614 050 am 17. Januar 2009 mit dem LIMEZ-III-Triebkopf 719 045 am 17. Januar 2009 im Bw Braunschweig.

AUFNAHME: GERALD GROSS

Bild 404
Fotografenglück ist, wenn Motiv, Wetter und ein nicht ganz alltägliches Fahrzeug eine überraschende Einheit bilden. Am Stellwerk des seinerzeit noch mit Flügelsignalen gesicherten Bahnhofs Hirschaid hat der LIMEZ III am 23. April 2010 freie Fahrt in Richtung Bamberg. Vornehmlich am 719 046 ist der Detailreichtum seiner aufwändigen technischen Messtechnik-Ausstattung zu sehen.

AUFNAHME: FERDINAND VON RÜDEN

Bild 405
Portrait des LIMEZ III am 18. April 2011 im Westkopf des Nürnberger Hauptbahnhofes während einer Einsatzpause. Mit seinem markanten Messrahmen und der farblich deutlich abgesetzten Beschriftung „Lichtraummesszug“ fällt der Zug sofort auf.

AUFNAHME: FERDINAND VON RÜDEN

geschlossenem WC-System sowie eine Küche. Die Ausstiegstüren in Wagenmitte und am Übergang zum Triebwagen 719 046 sind in der Anordnung der BR 614 geblieben. Hier finden sich neben einem Seitengang zwei Abteile, es folgen ein Sozial- bzw. Besprechungsraum, Klimagerät und Rechnerraum. Ihm folgt der Führerstand und außen der bereits beschriebene Messrahmen.

Das am Zug angebrachte UIC-Raster weist neben den Zulassungen für den Einsatz auf den Gleisen Deutschlands, Österreichs und der Schweiz inzwischen auch solche für Belgien, Dänemark, Frankreich, Italien, Niederlande, Norwegen, Schweden sowie Tschechien aus und erinnert damit auch wieder an die Glanzzeiten des alten Schienenprüfzuges.

Bei einer letzten Sichtung des LIMEZ III war gut das Datum der nächsten, inzwischen fälligen Revision zu erkennen: 29. April 2020. Inzwischen gab es eine erste Fristverlängerung (BSCX 20.04.2021) sowie eine zweite (BSCX 26.01.2022). Es bleibt zu hoffen, dass die 2022 fällige Hauptuntersuchung ausgeführt wird und der jüngste Lichtraummesszug der DB AG mit der kurzlebigen Vergangenheit seiner Vorgänger bricht.

Als Ersatzteilspender für den LIMEZ III stehen in Berlin-Grunewald jedenfalls noch die Fahrzeuge 614 083 + 914 035 + 614 084 bereit. Sie fanden nach ihrem Ausscheiden in Nürnberg und weiteren Zwischenstationen in Cottbus sowie Hamm erst 2013 den Weg zum Maschinenpool in der Bundeshauptstadt.

Fahrzeugnr. BR 719	Hersteller	Fabriknr.	Abnahme	Erstbeheimatung als BR 719	Fahrzeugnr. ursprünglich	Anmerkung	Betreiber-Bezeichnung	Fahrzeugnr. seit 01.01.2007
719 001-0	MAN, Nürnberg	155 875	31.12.1974	Bw Braunschweig	./.	seit 1996: SPZ 2	719 001	99 80 9429 001-7 D-DB
720 001-7	MBB, Donauwörth	09032	31.12.1974	Bw Braunschweig	./.	seit 1996: SPZ 2	720 001	99 80 9529 001-6 D-DB
719 002-8	MAN, Nürnberg	155 874	31.12.1974	Bw Braunschweig	719 501-9 **	seit 1996: SPZ 2	719 002	99 80 9429 002-5 D-DB
719 045-7 *	WFU, Krefeld	79913	07.03.1975	DB Systemt. Minden	614 045-7 ***	LIMEZ III	719 201	99 80 9160 001-0 D-DB
719 046-5 *	WFU, Krefeld	79914	14.03.1975	DB Systemt. Minden	614 046-1 ***	LIMEZ III	719 202	99 80 9160 002-8 D-DB

* 23.12.2005 - 31.12.2006; ** bis 31.12.2006; *** bis 31.05.2005;

Bild 406 – Vor kurzem sind 719 046 + 719 045 in Worms als NBZ 91702 zur Messfahrt über Alzey nach Mainz gestartet. Am 18. März 2016 erwartet der Fotograf den LIMEZ III kurz hinter Pfeddersheim. AUFNAHME: JONAS BRIEST

Bild 407 – Der LIMEZ III kommt seit Anfang 2006 im gesamten deutschen Schienennetz zum Einsatz. Mit dem führenden 719 045 passiert der zweiteilige Lichtraummesszug auf dem Weg ins Rhein-Main-Gebiet am 19. September 2019 die klassische Kulisse von Rüdesheim am Rhein. AUFNAHME: STEPHAN KARKOWSKI

Bild 408 – Unmittelbar nach seiner Fertigstellung präsentiert sich 614 001 von vorne. Gut erkennbar sind die parallel auf selber Höhe angebrachten Luftschläuche und die Richtung Fenstermitte ausgerichteten Scheibenwaschdüsen. AUFN.: SLG. FERDINAND VON RÜDEN

Bild 409 – 614 074 repräsentiert am 2. Juli 1982 in Kreiensen die ozeanblau/beige Variante der Baureihe, wie sie beginnend mit 614 055 allein dem Bw Braunschweig zugewiesen wurde und in diesem Farbkleid auch dort verblieb.

18 Kopfsache – Frontansichten von 1971 bis 2020

Bild 410 – Nach einer erst wenige Tage zurückliegenden Hauptuntersuchung mit Neulackierung zeigt sich 614 052 nunmehr im aktuellen mintgrünen Anstrich und rotem DB-Keks am 16. August 1987 in Fürth (Bay) Hbf.

Bild 411 – 614 032 als Vertreter der verkehrsroten DB-AG-Ära zeigt seine Fahrzeugfront am 14. September 2005 am Haltepunkt „Alte Veste“ im Verlauf der KBS 808, einer seiner „ewigen Stammstrecken“. AUFNAHMEN (3): FERDINAND VON RÜDEN

Bild 412 – Frontansicht des 719 501 im August 1985 in Freiburg (Brsg) Hbf. Noch zeigt sich die Front ohne die später angebrachten Messeinrichtungen.
AUFNAHME: DR. RAINER HUMBACH

Bild 413 – Frontansicht des 719 501 am 1. Juli 2017. Als Schweres Nebenfahrzeug mit der Nummer 99 80 9429 002-5 ist er im Maschinenpool der DB Netz AG eingereiht. Der Ultraschall-Schienenprüfzug heißt im Bahnjargon schlicht SPZ II. AUFN.: STEPHAN KARKOWSKI

Bild 414 – Nur zwischen 2009 und 2014 war 719 001 mit einem Messstromabnehmer vom Typ WBL 85 ausgestattet. Am 12. Juli 2011 wurde der SPZ II mit angelegtem Stromabnehmer in Berlin-Friedrichshagen gesehen. AUFNAHME: SEBASTIAN SCHRADER

Bild 415 – Außergewöhnlich mutet die Frontpartie des LIMEZ III an, vornehmlich wegen des hochkomplexen Messrahmens am 719 046. Der Lichtraummesszug 99 80 9160 001-0 stellte sich am 20. Mai 2017 in Hanau dem Fotografen. AUFNAHME: STEPHAN KARKOWSKI

Bild 416 – Frisch aufgearbeitet in den Farben der Koleje Slaskie (KS) präsentiert sich der frühere 614 070 am 8. Juni 2013 auf dem Werksgelände der VIS Halberstadt.
AUFNAHME: MAIK NEVERMANN

Bild 417 – Der SKPL-Triebkopf SN84-003 „ZUCZEK", fotografiert am 22. Mai 2020 in Nowosielce, erhielt durch die neue Spitzenbeleuchtung ein neues Gesicht.
AUFNAHME: ALBERT MIKOLAJCZYK

Bild 418 – 76-1411-8 der CFR Călători am 22. September 2011 in Mediaş. Der Triebwagen hat einen neuen Kopf des Typs ADH 11 bekommen, durch den er nicht mehr an einen 614 erinnert.
AUFNAHME: MIRCEA DOROBANȚU

Bild 419 – 614 021 hat zwischenzeitlich in Rumänien eine neue Heimat gefunden. Bei der TFC fährt er als 95 80 0614 021-3 D-TFC am 27. April 2019 in gefälligem Neulack, aber mit deutscher NVR-Nummer und rumänischer Halterzuordnung.
AUFN.: ST. KARKOWSKI

19 Anhang

19.1 Statistik

Die hier für die 84 Trieb- und 42 Mittelwagen in zwei umfassenden Statistiken zusammengestellten Daten wurden aufwändig recherchiert und in dieser Form erstmals zusammengestellt. Die Auswertung eigener Aufzeichnungen sowie Prüfung unterschiedlichster Datenquellen und Fotos erfolgte nach bestem Wissen und mit größter Sorgfalt. Dabei zeigten sich speziell bei den rumänischen Fahrzeugen im Abgleich von Fabrik- und zugeordneter neuer Fahrzeugnummer gewisse Ungenauigkeiten in der „offiziellen“ Erfassung.

Fahrzeugnr. BR 614	Hersteller	Fabrik nummer	Abnahme datum	Beheimatung Trier	Beheimatung Nürnberg	Beheimatung Braunschweig	Beheimatung Cottbus
Vorserie							
614 001-6	W.F. Uerdingen	77416	08.06.1971	08.06.1971 - 20.05.1974	21.05.1974 - 14.09.1995	15.09.1995 - 08.12.2007	./.
614 002-4	W.F. Uerdingen	77417	12.08.1971	12.08.1971 - 20.05.1974	21.05.1974 - 14.09.1995	15.09.1995 - 08.12.2007	./.
614 003-2	W.F. Uerdingen	77418	03.02.1972	03.02.1972 - 20.05.1974	21.05.1974 - 17.05.2007	./.	./.
614 004-0	W.F. Uerdingen	77419	03.02.1972	03.02.1972 - 20.05.1974	21.05.1974 - 17.05.2007	./.	./.
1. Serie							
614 005-7	W.F. Uerdingen	78892	10.08.1973	./.	10.08.1973 - 28.06.2011	./.	./.
614 006-5	W.F. Uerdingen	78893	28.09.1973	./.	28.09.1973 - 28.06.2011	./.	./.
614 007-3	W.F. Uerdingen	78894	05.10.1973	./.	05.10.1973 - 15.04.2007	./.	./.
614 008-1	W.F. Uerdingen	78895	15.10.1973	./.	15.10.1973 - 15.04.2007	./.	./.
614 009-9	W.F. Uerdingen	78896	29.10.1973	./.	29.10.1973 - 01.09.2009	./.	02.09.2009 - 21.06.2011
614 010-7	W.F. Uerdingen	78897	12.11.1973	./.	12.11.1973 - 01.09.2009	./.	02.09.2009 - 21.06.2011
614 011-5	W.F. Uerdingen	78898	16.11.1973	./.	16.11.1973 - 20.03.2008	./.	./.
614 012-3	W.F. Uerdingen	78899	07.12.1973	./.	07.12.1973 - 20.03.2008	./.	./.
614 013-1	W.F. Uerdingen	78900	07.12.1973	./.	07.12.1973 - 08.06.2009	./.	09.06.2009 - 28.06.2011
614 014-9	W.F. Uerdingen	78901	20.12.1973	./.	20.12.1973 - 08.06.2009	./.	09.06.2009 - 28.06.2011
614 015-6	W.F. Uerdingen	78902	20.12.1973	./.	20.12.1973 - 02.12.2004	03.12.2004 - 22.12.2008	./.
614 016-4	W.F. Uerdingen	78903	11.01.1974	./.	11.01.1974 - 02.12.2004	03.12.2004 - 22.12.2008	./.
614 017-2	W.F. Uerdingen	78904	11.01.1974	./.	11.01.1974 - 29.09.2008	./.	./.
614 018-0	W.F. Uerdingen	78905	25.01.1974	./.	25.01.1974 - 29.09.2008	./.	./.
614 019-8	W.F. Uerdingen	78906	25.01.1974	./.	25.01.1974 - 21.01.2005	22.01.2005 - 17.10.2007	./.
614 020-6	W.F. Uerdingen	78907	15.02.1974	./.	15.02.1974 - 21.01.2005	22.01.2005 - 12.04.2006	./.
614 021-4	W.F. Uerdingen	78908	15.02.1974	./.	15.02.1974 - 27.01.2010	./.	28.01.2010 - 28.06.2011
614 022-2	W.F. Uerdingen	78909	01.03.1974	./.	01.03.1974 - 27.01.2010	./.	28.01.2010 - 28.06.2011
614 023-0	W.F. Uerdingen	78910	01.03.1974	./.	01.03.1974 - 26.01.2007	./.	./.
614 024-8	W.F. Uerdingen	78911	15.03.1974	./.	15.03.1974 - 26.01.2007	./.	./.
614 025-5	W.F. Uerdingen	78912	03.04.1974	./.	03.04.1974 - 13.12.2003	14.12.2003 - 28.12.2008	./.
614 026-3	W.F. Uerdingen	78913	03.04.1974	./.	03.04.1974 - 13.12.2003	14.12.2003 - 28.12.2008	./.
614 027-1	W.F. Uerdingen	78914	26.04.1974	./.	26.04.1974 - 18.12.2007	./.	./.
614 028-9	W.F. Uerdingen	78915	09.05.1974	./.	09.05.1974 - 14.01.2008	./.	./.
614 029-7	W.F. Uerdingen	78916	12.05.1974	./.	12.05.1974 - 08.06.2009	./.	09.06.2009 - 21.06.2011
614 030-5	W.F. Uerdingen	78917	25.06.1974	./.	25.06.1974 - 08.06.2009	./.	09.06.2009 - 21.06.2011
614 031-3	W.F. Uerdingen	78918	02.07.1974	./.	02.07.1974 - 08.12.2007	./.	./.
614 032-1	W.F. Uerdingen	78919	12.07.1974	./.	12.07.1974 - 08.12.2007	./.	./.
614 033-9	W.F. Uerdingen	78920	22.07.1974	./.	22.07.1974 - 03.01.2007	./.	./.
614 034-7	W.F. Uerdingen	78921	14.08.1974	./.	14.08.1974 - 03.01.2007	./.	./.
614 035-4	W.F. Uerdingen	79903	29.08.1974	./.	29.08.1974 - 07.09.2008	./.	./.
614 036-2	W.F. Uerdingen	79904	10.09.1974	./.	10.09.1974 - 08.06.2009	./.	09.06.2009 - 28.06.2011
614 037-0	W.F. Uerdingen	79905	04.10.1974	./.	04.10.1974 - 21.01.2005	22.01.2005 - 25.11.2006	./.
614 038-8	W.F. Uerdingen	79906	11.10.1974	./.	12.10.1974 - 21.01.2005	22.01.2005 - 21.03.2007	./.
614 039-6	W.F. Uerdingen	79907	25.10.1974	./.	25.10.1974 - 02.12.2010	./.	./.
614 040-4	W.F. Uerdingen	79908	13.11.1974	./.	13.11.1974 - 02.12.2010	./.	./.
614 041-2	W.F. Uerdingen	79909	16.12.1974	./.	16.12.1974 - 01.09.2009	./.	02.09.2009 - 28.06.2011
614 042-0	W.F. Uerdingen	79910	10.12.1974	./.	12.12.1974 - 01.09.2009	./.	02.09.2009 - 28.06.2011
614 043-8	W.F. Uerdingen	79911	14.01.1975	./.	14.01.1975 - 08.06.2009	./.	09.06.2009 - 22.06.2011
614 044-6	W.F. Uerdingen	79912	30.01.1975	./.	30.01.1975 - 08.06.2009	./.	09.06.2009 - 22.06.2011
614 045-3	W.F. Uerdingen	79913	07.03.1975	./.	07.03.1975 - 16.12.2004	17.12.2004 - 15.06.2005	./.
614 046-1	W.F. Uerdingen	79914	14.03.1975	./.	14.03.1975 - 16.12.2004	17.12.2004 - 15.06.2005	./.
614 047-9	W.F. Uerdingen	79915	24.03.1975	./.	24.03.1975 - 07.03.1993 22.01.2005 - 01.09.2009	08.03.1993 - 21.01.2005	02.09.2009 - 28.06.2011

Im Ergebnis sind aber an dieser Stelle alle Nachforschungen seriös zusammengefasst, auch wenn sie in ganz seltenen Einzelfällen von bisher im Internet hinterlegten Angaben abweichen. Nur bei wenigen Fahrzeugen war der aktuelle Verbleib (oder ihre neue Nummer) leider nicht zu recherchieren. Dies gilt zum Beispiel für die beiden Triebwagen 614 017 und 614 018, die im Jahr 2011 noch in gutem Zustand bei REMARUL im rumänischen Cluj-Napoca gesichtet und dokumentiert wurden. Auch die Spenderfahrzeuge der nachweislich als ADH-11 eingesetzten CFR-Garnitur 76-1417/57 konnten nicht verlässlich ermittelt werden. Für die durchaus naheliegende Vermutung, dass es sich hierbei um die beiden oben genannten 614er handeln könnte, fanden sich gleichwohl keine Belege.

Hingegen konnten glücklicherweise seriöse offizielle, zum Teil aber nicht genannt werden wollende Quellen aufgetan werden, die bereit waren, die selbst ermittelten Angaben zur Zerlegung in Espenhain verbindlich zu bestätigen und mit konkretem Verschrottungsdatum aufzuwerten. Besten Dank hierfür!

Der Autor ist für weitere Belege und Ergänzungen dankbar, die ggf. helfen, die Statistiken zu erweitern oder bedarfsweise zu korrigieren.

Z-Stellung 1./2.	**Ausmusterung**	**Abgang / Verkauf**	**Verbleib bzw. ++ Datum**	**Status Stand: 09/2020**	**Betreiberbezeichnung neu**	**Fahrzeugnummer BR 614**
						Vorserie
29.07.2009	31.12.2009	25.05.2011	CFR	im Einsatz	76-1413-4	614 001-6
29.07.2009	31.12.2009	25.05.2011	CFR	im Einsatz	76-1453-0	614 002-4
18.05.2007	30.09.2011	30.09.2011	TFC	im Einsatz	76-1403-5	614 003-2
18.05.2007	30.09.2011	30.09.2011	TFC	im Einsatz	76-1404-3	614 004-0
						1. Serie
01.02.2011	24.08.2011	24.08.2011	DB-Museum	Ausstellungsfahrzeug		614 005-7
01.02.2011	24.08.2011	24.08.2011	DB-Museum	Ausstellungsfahrzeug		614 006-5
16.04.2007	25.11.2010	03.12.2010	CFR	im Einsatz	76-1451-4	614 007-3
16.04.2007	25.11.2010	03.12.2010	CFR	im Einsatz	76-1411-8	614 008-1
14.12.2008 / 21.06.2011	01.11.2012	01.11.2012	SKPL	im Einsatz	SN84-001A	614 009-9
14.12.2008 / 21.06.2011	01.11.2012	01.11.2012	SKPL	im Einsatz	SN84-001B	614 010-7
21.03.2008	31.05.2017	01.01.2018	TFC			614 011-5
21.03.2008	31.05.2017	01.01.2018	TFC			614 012-3
14.12.2008 / 21.06.2011	06.04.2018	03.05.2019	03.05.2019	zerlegt Espenhain		614 013-1
14.12.2008 / 21.06.2011	06.04.2018	03.05.2019	03.05.2019	zerlegt Espenhain		614 014-9
18.10.2007 / 23.12.2008	01.12.2009	14.08.2009	TFC	im Einsatz	76-1402-7	614 015-6
18.10.2007 / 23.12.2008	01.12.2009	14.08.2009	TFC	im Einsatz	76-1401-9	614 016-4
30.12.2008	04.07.2011	04.07.2011	HEROS			614 017-2
30.12.2008	04.07.2011	04.07.2011	HEROS			614 018-0
13.04.2006 / 18.10.2007	31.12.2011	20.10.2011	HEROS			614 019-8
13.04.2006	31.12.2011	20.10.2011	HEROS			614 020-6
21.06.2011	31.05.2017	06.04.2018	TFC	im Einsatz	95 80 0614 021-3 D-TFC	614 021-4
21.06.2011	31.05.2017	06.04.2018	TFC	im Einsatz	95 80 0614 022-1 D-TFC	614 022-2
16.04.2007	10.12.2007	06.12.2017	10.12.2007	zerlegt Bh Nürnberg		614 023-0
16.04.2007	30.11.2007	2911.2007	30.11.2007	zerlegt Bh Nürnberg		614 024-8
15.01.2009	31.12.2012	01.11.2012	SKPL	im Einsatz	SN84-002A	614 025-5
15.01.2009	31.12.2012	01.11.2012	SKPL	im Einsatz	SN84-002B	614 026-3
14.01.2008	20.04.2019	16.05.2019	16.05.2019	zerlegt Espenhain		614 027-1
14.01.2008	20.04.2019	16.05.2019	16.05.2019	zerlegt Espenhain		614 028-9
31.03.2009 / 21.06.2011	31.05.2017	06.04.2018	TFC	im Einsatz	95 80 0614 029-6 D-TFC	614 029-7
31.03.2009 / 21.06.2011	31.05.2017	06.04.2018	TFC	im Einsatz	95 80 0614 030-4 D-TFC	614 030-5
15.01.2008	31.12.2009	16.05.2011	CFR	im Einsatz	76-1414-2	614 031-3
19.12.2007	31.12.2009	16.05.2011	CFR	im Einsatz	76-1454-8	614 032-1
04.01.2007	30.09.2011	30.09.2011	CFR	im Einsatz	76-1455-5	614 033-9
04.01.2007	30.09.2011	30.09.2011	CFR	im Einsatz	76-1415-9	614 034-7
25.11.2008	30.09.2011	30.09.2011	CFR	im Einsatz	76-1419-1	614 035-4
02.01.2009 / 21.06.2011	31.05.2017	06.04.2018	TFC			614 036-2
16.04.2007	17.12.2012	17.12.2012	HEROS	Sichtung VIS 12/2015		614 037-0
08.08.2007	17.12.2012	17.12.2012	HEROS	Sichtung VIS 12/2015		614 038-8
03.12.2010	20.04.2019	09.05.2019	09.05.2019	zerlegt Espenhain		614 039-6
03.12.2010	20.04.2019	09.05.2019	09.05.2019	zerlegt Espenhain		614 040-4
14.12.2008 / 21.06.2011	31.05.2017	06.04.2018	TFC	im Einsatz	95 80 0614 041-1 D-TFC	614 041-2
14.12.2008 / 21.06.2011	31.05.2017	06.04.2018	TFC	im Einsatz	95 80 0614 042-9 D-TFC	614 042-0
31.03.2009 / 22.06.2011	31.05.2017	06.04.2018	TFC	im Einsatz	95 80 0614 043-7 D-TFC	614 043-8
31.03.2009 / 22.06.2011	31.05.2017	06.04.2018	TFC	im Einsatz	95 80 0614 044-5 D-TFC	614 044-6
16.06.2005	23.12.2005	23.12.2005	DB Netz AG	i. D. 23.12.2005	719 045 / LIMEZ III	614 045-3
16.06.2005	23.12.2005	23.12.2005	DB Netz AG	i. D. 23.12.2005	719 046 / LIMEZ III	614 046-1
14.12.2008 / 22.06.2011	31.05.2017	06.04.2018	TFC	im Einsatz	95 80 0614 047-8 D-TFC	614 047-9

Fahrzeugnr. BR 614	Hersteller	Fabrik nummer	Abnahme datum	Beheimatung Trier	Beheimatung Nürnberg	Beheimatung Braunschweig	Beheimatung Cottbus
614 048-7	W.F. Uerdingen	79916	07.04.1975	./.	07.04.1975 - 07.03.1993 22.01.2005 - 01.09.2009	08.03.1993 - 21.01.2005	02.09.2009 - 28.06.2011
614 049-5	W.F. Uerdingen	79917	16.04.1975	./.	16.04.1975 - 05.04.1993	06.04.1993 - 15.12.2008	./.
614 050-3	W.F. Uerdingen	79918	24.04.1975	./.	24.04.1975 - 05.04.1993	06.04.1993 - 28.12.2008	./.
614 051-1	W.F. Uerdingen	79919	14.05.1975	./.	14.05.1975 - 07.09.2008	./.	./.
614 052-9	W.F. Uerdingen	79920	26.05.1975	./.	26.05.1975 - 08.06.2009	./.	09.06.2009 - 21.06.2011
614 053-7	W.F. Uerdingen	79921	10.06.1975	./.	10.06.1975 - 31.05.1993 02.02.2008 - 10.09.2008	01.06.1993 - 01.02.2008	./.
614 054-5	W.F. Uerdingen	79922	07.07.1975	./.	07.07.1975 - 31.05.1993 15.09.1995 - 30.06.2008	01.06.1993 - 14.09.1995	./.
2. Serie							
614 055-2	MAN, Nürnberg	156718	10.10.1975	./.	./.	10.10.1975 - 19.12.2007	./.
614 056-0	MAN, Nürnberg	156719	10.10.1975	./.	./.	10.10.1975 - 19.12.2007	./.
614 057-8	MAN, Nürnberg	156720	23.10.1975	./.	./.	23.10.1975 - 10.12.2007	./.
614 058-6	MAN, Nürnberg	156721	31.10.1975	./.	02.02.2008 - 10.09.2008	31.10.1975 - 01.02.2008	./.
614 059-4	MAN, Nürnberg	156722	24.11.1975	./.	./.	24.11.1975 - 08.12.2007	./.
614 060-2	MAN, Nürnberg	156723	02.12.1975	./.	15.09.1995 - 30.06.2008	02.12.1975 - 14.09.1995	./.
614 061-0	MAN, Nürnberg	156724	24.12.1975	./.	./.	24.12.1975 - 08.12.2007	./.
614 062-8	MAN, Nürnberg	156725	13.01.1976	./.	./.	13.01.1976 - 08.12.2007	./.
614 063-6	MAN, Nürnberg	156726	27.01.1976	./.	02.02.2008 - 02.07.2008	28.01.1976 - 01.02.2008	./.
614 064-4	MAN, Nürnberg	156727	03.02.1976	./.	02.02.2008 - 01.07.2008	03.02.1976 - 01.02.2008	./.
614 065-1	MAN, Nürnberg	156728	13.02.1976	./.	./.	13.02.1976 - 28.12.2008	./.
614 066-9	MAN, Nürnberg	156729	20.02.1976	./.	./.	20.12.1976 - 15.12.2008	./.
614 067-7	MAN, Nürnberg	156730	11.03.1976	./.	22.01.2005 - 08.06.2009	11.03.1976 - 21.01.2005	09.06.2009 - 28.06.2011
614 068-5	MAN, Nürnberg	156731	08.03.1976	./.	22.01.2005 - 08.06.2009	08.03.1976 - 21.01.2005	09.06.2009 - 28.06.2011
614 069-3	MAN, Nürnberg	156732	19.03.1976	./.	22.01.2005 - 08.06.2009	21.03.1976 - 21.01.2005	09.06.2009 - 28.06.2011
614 070-1	MAN, Nürnberg	156733	30.03.1976	./.	22.01.2005 - 08.06.2009	30.03.1976 - 21.01.2005	09.06.2009 - 28.06.2011
614 071-9	MAN, Nürnberg	156734	06.04.1976	./.	19.05.1993 - 01.07.2008	06.04.1976 - 18.05.1993	./.
614 072-7	MAN, Nürnberg	156735	15.04.1976	./.	19.05.1993 - 02.07.2008	15.04.1976 - 18.05.1993	./.
614 073-5	MAN, Nürnberg	156736	06.05.1976	./.	./.	06.05.1976 - 07.01.2008	./.
614 074-3	MAN, Nürnberg	156737	06.05.1976	./.	./.	06.05.1976 - 07.01.2008	./.
614 075-0	MAN, Nürnberg	156738	18.05.1976	./.	04.03.1993 - 21.01.2005	18.05.1976 - 03.03.1993 22.01.2005 - 31.05.2006	./.
614 076-8	MAN, Nürnberg	156739	25.05.1976	./.	04.03.1993 - 21.01.2005	25.05.1976 - 03.03.1993 22.01.2005 - 31.05.2006	./.
614 077-6	MAN, Nürnberg	156740	10.06.1976	./.	./.	10.06.1976 - 10.10.2009	11.10.2009 - 28.06.2011
614 078-4	MAN, Nürnberg	156741	16.06.1976	./.	./.	16.06.1976 - 02.04.2008	./.
614 079-2	MAN, Nürnberg	156742	23.07.1976	./.	./.	23.07.1976 - 02.04.2008	./.
614 080-0	MAN, Nürnberg	156743	19.07.1976	./.	./.	19.07.1976 - 28.12.2008	./.
614 081-8	MAN, Nürnberg	156744	03.08.1976	./.	./.	03.08.1976 - 16.12.2008	./.
614 082-6	MAN, Nürnberg	156745	12.08.1976	./.	./.	12.08.1976 - 10.10.2009	11.10.2009 - 28.06.2011
614 083-4	MAN, Nürnberg	156746	26.08.1976	./.	06.04.1993 - 12.12.2009	26.08.1976 - 05.04.1993	13.12.2009 - 22.06.2011
614 084-2	MAN, Nürnberg	156747	10.09.1976	./.	06.04.1993 - 12.12.2009	10.09.1976 - 05.04.1993	13.12.2009 - 22.06.2011

Fahrzeugnr. BR 914	Hersteller	Fabrik nummer	Abnahme datum	Beheimatung Trier	Beheimatung Nürnberg	Beheimatung Braunschweig	Beheimatung Cottbus
Vorserie							
914 001-3	W.F. Uerdingen	77 420	13.08.1971	13.08.1971 - 20.05.1974	21.05.1974 - 09.12.2003	./.	./.
914 002-1	W.F. Uerdingen	77 421	03.02.1972	03.02.1972 - 20.05.1974	21.05.1974 - 17.05.2007	./.	./.
1. Bauserie							
914 003-9	MAN, Nürnberg	154 808	14.08.1973	./.	14.08.1973 - 28.06.2011	./.	./.
914 004-7	MAN, Nürnberg	154 809	28.09.1973	./.	28.09.1973 - 08.06.2009	./.	09.06.2009 - 28.06.2011
914 005-4	MAN, Nürnberg	154 810	11.10.1973	./.	11.10.1973 - 01.09.2009	./.	02.09.2009 - 28.06.2011
914 006-2	MAN, Nürnberg	154 811	02.11.1973	./.	02.11.1973 - 20.03.2008	./.	./.
914 007-0	MAN, Nürnberg	154 812	19.11.1973	./.	19.11.1973 - 08.06.2009	./.	09.06.2009 - 28.06.2011
914 008-8	MAN, Nürnberg	154 813	21.12.1973	./.	21.12.1973 - 02.12.2004	./.	./.
914 009-6	MAN, Nürnberg	154 814	11.01.1974	./.	11.01.1974 - 02.12.2008	./.	./.

Z-Stellung 1./ 2.	Ausmusterung	Abgang / Verkauf	Verbleib bzw. ++ Datum	Status Stand: 09/2020	Betreiberbezeichnung neu	Fahrzeugnummer BR 614
14.12.2008 / 22.06.2011	31.05.2017	06.04.2018	TFC	im Einsatz	95 80 0614 048-6 D-TFC	614 048-7
16.12.2008	11.10.2011	11.10.2011	TFC	im Einsatz	76-1462-1	614 049-5
01.10.2008	20.10.2011	20.10.2011	HEROS			614 050-3
08.09.2008	30.09.2011	30.09.2011	CFR	im Einsatz	76-1459-7	614 051-1
21.06.2011	31.05.2017	06.04.2018	TFC			614 052-9
09.12.2007 / 11.09.2008	20.04.2019	14.05.2019	14.05.2019 Test PKP 09-10/2008	zerlegt Espenhain		614 053-7
02.07.2008	30.06.2014	30.06.2014	SKPL	Aufarbeitung geplant	95 80 0614 054-4 D-SKPL	614 054-5
						2. Serie
30.01.2008	11.08.2010	11.08.2010	CFR	im Einsatz	76-1412-6	614 055-2
30.01.2008	11.08.2010	11.08.2010	CFR	im Einsatz	76-1452-2	614 056-0
30.01.2008	20.04.2019	07.05.2019	07.05.2019	zerlegt Espenhain		614 057-8
11.09.2008	20.04.2019	18.03.2019	18.03.2019 Test PKP 09-10/2008	zerlegt Espenhain		614 058-6
30.01.2008	20.04.2019	07.05.2019	07.05.2019	zerlegt Espenhain		614 059-4
02.07.2008	30.06.2014	30.06.2014	SKPL	Aufarbeitung geplant	95 80 0614 060-1 D-SKPL	614 060-2
30.01.2008	30.09.2011	30.09.2011	CFR	im Einsatz	76-1420-9	614 061-0
30.01.2008	30.09.2011	30.09.2011	CFR	im Einsatz	76-1460-5	614 062-8
02.07.2008	30.09.2011	30.09.2011	CFR	im Einsatz	76-1456-3	614 063-6
02.07.2008	21.09.2011	21.09.2011	CFR	im Einsatz	76-1416-7	614 064-4
15.01.2009	11.10.2011	11.10.2011	TFC	im Einsatz	76-1464-7	614 065-1
14.01.2009	11.10.2011	11.10.2011	TFC	im Einsatz	76-1422-5	614 066-9
14.12.2008 / 22.06.2011	12.12.2012	20.12.2012	SKPL	zerlegt Ostrów	95 80 0614 067-6 D-SKPL	614 067-7
14.12.2008 / 22.06.2011	12.12.2012	20.12.2012	SKPL	zerlegt Ostrów	95 80 0614 068-4 D-SKPL	614 068-5
14.12.2008 / 22.06.2011	07.11.2012	07.11.2012	SKPL	im Einsatz	SN84-004A	614 069-3
14.12.2008 / 22.06.2011	07.11.2012	07.11.2012	SKPL	im Einsatz	SN84-004B	614 070-1
02.07.2008	30.09.2011	30.09.2011	CFR	im Einsatz	76-1461-3	614 071-9
02.07.2008	30.09.2011	30.09.2011	CFR	im Einsatz	76-1421-7	614 072-7
01.04.2008	31.05.2017	01.01.2018	TFC			614 073-5
01.04.2008	31.05.2017	01.01.2018	TFC			614 074-3
16.04.2007	30.09.2011	30.09.2011	CFR	im Einsatz	76-1418-3	614 075-0
16.04.2007	30.09.2011	30.09.2011	CFR	im Einsatz	76-1458-9	614 076-8
29.12.2008 / 01.03.2017	31.05.2017	06.04.2018	TFC			614 077-6
03.04.2008	31.12.2012	01.11.2012	SKPL	im Einsatz	SN84-003A	614 078-4
03.04.2008	31.12.2012	01.11.2012	SKPL	im Einsatz	SN84-003B	614 079-2
04.03.2009	30.09.2011	30.09.2011	TFC	im Einsatz	76-1424-1	614 080-0
04.03.2009	31.12.2011	20.10.2011	HEROS			614 081-8
17.12.2008 / 22.06.2011	31.05.2017	06.04.2018	TFC			614 082-6
22.06.2011	. / .	23.10.2013	DB Netz AG	Ersatzteilspender		614 083-4
22.06.2011	. / .	23.10.2013	DB Netz AG	Ersatzteilspender		614 084-2

Z-Stellung 1./ 2.	Ausmusterung	Abgang / Verkauf	Verbleib bzw. ++ Datum	Status Stand: 09/2020	Betreiberbezeichnung neu	Fahrzeugnummer BR 914
						Vorserie
10.12.2003	30.06.2004	15.06.2004	15.06.2004	zerlegt Saalfeld	. / .	914 001-3
18.05.2007	30.09.2011	30.09.2011	TFC	im Einsatz	59-1403-1	914 002-1
						1. Bauserie
29.06.2011	24.08.2011	24.08.2011	DB-Museum	Austellungsfahrzeug	. / .	914 003-9
01.03.2017	31.05.2017	01.01.2018	TFC			914 004-7
14.12.2008 / 01.07.11.2011	01.11.2012	01.11.2012	SKPL	im Einsatz	SN84-001-C	914 005-4
01.03.2017	31.05.2017	01.01.2018	TFC			914 006-2
14.12.2008 / 21.06.2011	20.04.2019	03.05.2019	03.05.2019	zerlegt Espenhain		914 007-0
08.08.2017	17.12.2012	17.12.2012	HEROS			914 008-8
30.12.2008	04.07.2011	04.07.2011	HEROS			914 009-6

Fahrzeugnr. BR 914	Hersteller	Fabrik nummer	Abnahme datum	Beheimatung Trier	Beheimatung Nürnberg	Beheimatung Braunschweig	Beheimatung Cottbus
914 010-4	MAN, Nürnberg	154 815	25.01.1974	./.	25.01.1974 - 21.01.2005	22.01.2005 - 12.04.2006	./.
914 011-2	MAN, Nürnberg	154 816	15.02.1974	./.	15.02.1974 - 27.01.2010	./.	28.01.2010 - 28.06.2011
914 012-0	MAN, Nürnberg	154 817	01.03.1974	./.	01.03.1974 - 26.01.2007	./.	./.
914 013-8	MAN, Nürnberg	154 818	03.04.1974	./.	03.04.1974 - 13.12.2003	14.12.2003 - ?	./.
914 014-6	MAN, Nürnberg	154 819	05.04.1974	./.	05.04.1974 - 18.12.2007	./.	./.
914 015-3	MAN, Nürnberg	154 820	09.05.1974	./.	09.05.1974 - 15.06.2009	./.	16.06.2009 - 28.06.2011
914 016-1	MAN, Nürnberg	154 821	12.06.1974	./.	12.06.1974 - 08.12.2007	./.	./.
914 017-9	MAN, Nürnberg	154 822	02.07.1974	./.	02.07.1974 - 03.01.2007	./.	./.
914 018-7	MAN, Nürnberg	155 818	07.08.1974	./.	07.08.1974 - 15.04.2007	./.	./.
914 019-5	MAN, Nürnberg	155 819	29.08.1974	./.	29.08.1974 - 30.06.2008	./.	./.
914 020-3	MAN, Nürnberg	155 820	10.09.1974	./.	10.09.1974 - 02.12.2010	./.	./.
914 021-1	MAN, Nürnberg	155 821	07.10.1974	./.	07.10.1974 - 01.09.2009	./.	02.09.2009 - 28.06.2011
914 022-9	MAN, Nürnberg	155 822	25.10.1974	./.	25.10.1974 - 15.06.2009	./.	16.06.2009 - 28.06.2011
914 023-7	MAN, Nürnberg	155 823	13.11.1974	./. ./.	13.11.1974 - 16.12.2004 20.01.2006 - 07.01.2008	17.12.2004 - 19.01.2006	./.
914 024-5	MAN, Nürnberg	155 824	10.12.1974	./.	10.12.1974 - 07.03.1993	08.03.1993 - 19.12.2007	./.
914 025-2	MAN, Nürnberg	155 825	12.02.1975	./.	12.02.1975 - 05.04.1993	06.04.1993 - 08.12.2007	./.
914 026-0	MAN, Nürnberg	155 826	14.03.1975	./.	14.03.1975 - 07.09.2008	./.	./.
914 027-8	MAN, Nürnberg	155 827	18.04.1975	./.	18.04.1975 - 31.05.1993	01.06.1993 - 15.12.2008	./.
2. Bauserie							
914 028-6	O & K Berlin	302.3005.1	04.09.1975	./.	./.	04.09.1975 - 08.12.2007	./.
914 029-4	O & K Berlin	302.3005.2	10.10.1975	./.	./.	10.10.1975 - 10.10.2009	11.10.2009 - 28.06.2011
914 030-2	O & K Berlin	302.3005.3	18.11.1975	./.	02.02.2008 - 02.07.2008	18.11.1975 - 01.02.2008	./.
914 031-0	O & K Berlin	302.3005.4	07.11.1975	./.	22.01.2005 - 08.06.2009	07.11.1975 - 21.01.2005	09.06.2009 - 22.06.2011
914 032-8	O & K Berlin	302.3005.5	10.12.1975	./.	04.03.1993 - 01.07.2008	10.12.1975 - 03.03.1993	./.
914 033-6	O & K Berlin	302.3005.6	24.12.1975	./.	./.	24.12.1975 - 22.12.2008	./.
914 034-4	O & K Berlin	302.3005.7	27.01.1976	./.	22.01.2005 - 01.09.2009	27.01.1976 - 21.01.2005	29.09.2009 - 28.06.2011
914 035-1	O & K Berlin	302.3005.8	01.03.1976	./.	06.04.1993 - 12.12.2009	01.03.1976 - 05.04.1993	13.12.2009 - 22.06.2011
914 036-9	O & K Berlin	302.3005.9	08.03.1976	./.	./.	08.03.1976 - 10.12.2007	./.
914 037-7	O & K Berlin	302.3005.10	11.03.1976	./.	./.	11.03.1976 - 28.12.2008	./.
914 038-5	O & K Berlin	302.3005.11	19.03.1976	./.	19.06.1993 - 21.01.2005	19.03.1976 - 18.06.1993 22.01.2005 - 31.05.2006	./.
914 039-3	O & K Berlin	302.3005.12	30.03.1976	./.	./.	30.03.1976 - 28.12.2008	./.
914 040-1	O & K Berlin	302.3005.13	09.04.1976	./.	02.02.2008 - 01.07.2008	09.04.1976 - 01.02.2008	./.
914 041-9	O & K Berlin	302.3005.14	06.05.1976	./.	22.01.2005 - 15.06.2009	06.05.1976 - 21.01.2005	16.06.2009 - 26.06.2011
914 042-7	O & K Berlin	302.3005.15	18.05.1976	./.	./.	18.05.1976 - 02.04.2008	./.

19.2 Literatur und Quellen

Literatur

- Alteneder, Wolfram/Kufahl, Andreas; Die Nebenbahnen der BD Nürnberg. Bonn 1986
- Bahls, Michael; Die Hannover-Altenbeker Eisenbahn. Nordhorn 2006
- Bank, Gerhard; Deutschlands Nebenbahnen – Abseits der Magistralen, Stuttgart 1997
- Beck, Dieter; Vom Moggerla zur Rangaubahn, Zirndorf 1990
- Benoist, Gregor/Wilczek, Otto; Das Bundesbahn-Ausbesserungswerk Nürnberg, Freiburg 1980
- Boldt, Arend; Bahndienstfahrzeuge – Technik und Aufgaben der Baureihen 701 bis 740. Gülzow 2009
- Diverse; Handbuch für Dieseltriebfahrzeuge der Deutschen Bundesbahn, 3. Auflage. Frankfurt am Main 1975
- Fritzsch, Robert; Eisenbahnen im Pegnitztal. Freiburg 2003
- Herz, Ulrich/Martsch, Werner; Die Deutsche Bundesbahn im Harz und Harzvorland – Plandienst 1969 bis 1994. Goslar 2019
- Hieke, Herbert; Die Nürnberger Ringbahn. Erfurt 2017
- Högemann, Josef; Eisenbahnchronik Harz – Die Geschichte der Eisenbahnen im Harz. Freiburg 2007
- Högemann, Josef; Eisenbahn Altenbeken – Nordhausen, Geschichte eines Ost-West-Schienenwegs. Nordhorn 1991
- Klein, Horst; Deutsche in Transsylvanien. In: Der Schienenbus 2/2011, Rotenburg 2011
- Kottenhahn, Volker; Der Dieseltriebzug Baureihe 614. In: ETR Eisenbahntechnische Rundschau 5/1975. Hamburg 1975
- Lauerwald, Paul; Bahnknoten Nordhausen. Quedlinburg 1998
- Lawrenz, Dierk/Eichmann, Lothar; Die Heidebahn – Von Buchholz über Schneverdingen nach Soltau. Freiburg 1997
- Löttgers, Dr. Rolf; Flott, modern und einfach gut – Die Baureihe 624/634, in: LOK Magazin 3/2003
- Lüdecke, Steffen; Die „Schiefe Ebene" bei Neuenmarkt-Wirsberg. Bilder – Berichte – Dokumente. Ulm 1980
- N. N.; Dreiteiliger Dieseltriebzug 614 mit gleisbogenabhängiger Wagenkastensteuerung. M A N Schienenfahrzeuge – Werksprospekt, Nürnberg ohne Datumsangabe
- N. N.; Maschinenanlage des Dieseltriebzuges 614. M A N Schienenfahrzeuge – Werksprospekt, Nürnberg ohne Datumsangabe

Z-Stellung 1./ 2.	Ausmusterung	Abgang / Verkauf	Verbleib bzw. ++ Datum	Status Stand: 09/2020	Betreiberbezeichnung neu	Fahrzeugnummer BR 914
01.07.2011	19.10.2011	20.10.2011	HEROS			914 010-4
01.03.2017	31.05.2017	01.01.2018	TFC	im Einsatz	95 80 0914 011-1 D-TFC	914 011-2
16.04.2007	06.12.2007	06.12.2007	05.12.2007	zerlegt Bh Nürnberg		914 012-0
01.03.2017	31.05.2017	06.04.2018	TFC			914 013-8
14.01.2008	20.04.2019	16.05.2019	16.05.2019	zerlegt Espenhain		914 014-6
01.03.2017	31.05.2017	01.01.2018	TFC	im Einsatz	95 80 0914 015-2 D-TFC	914 015-3
29.07.2009	31.12.2009	16.05.2011	CFR	im Einsatz	59-1414-8	914 016-1
18.05.2007	30.09.2011	30.09.2011	CFR	im Einsatz	59-1415-5	914 017-9
16.04.2007	25.11.2010	03.12.2010	CFR	im Einsatz	59-1411-4	914 018-7
02.07.2008	30.06.2014	30.06.2014	SKPL	Vorrat / Aufarbeitung geplant	95 80 0914 019-4 D-SKPL	914 019-5
13.04.2006 / 03.12.2010	20.04.2019	09.05.2019	09.05.2019	zerlegt Espenhain		914 020-3
01.03.2017	31.05.2017	01.01.2018	TFC	im Einsatz	95 80 0914 021-0 D-TFC	914 021-1
01.03.2017	31.05.2017	01.01.2018	TFC	im Einsatz	95 80 0914 022-1 D-TFC	914 022-9
15.01.2009	31.12.2012	01.11.2012	SKPL	im Einsatz	SN84-002-C	914 023-7
30.01.2008	11.08.2010	11.08.2010	CFR	im Einsatz	59-1412-2	914 024-5
29.07.2009	31.12.2009	25.05.2011	HEROS	im Einsatz	59-1413-0	914 025-2
25.11.2008	30.09.2011	30.09.2011	HEROS	im Einsatz	59-1419-7	914 026-0
04.03.2009	30.09.2011	30.09.2011	TFC	im Einsatz	59-1422-1	914 027-8
						2. Bauserie
30.01.2008	30.09.2011	30.09.2011	CFR	im Einsatz	59-1421-3	914 028-6
01.03.2017	31.05.2017	01.01.2018	TFC			914 029-4
30.01.2008	30.09.2011	30.09.2011	CFR	im Einsatz	59-1416-3	914 030-2
22.06.2011	07.11.2012	07.11.2012	SKPL	im Einsatz	SN84-004-C	914 031-0
02.07.2008	21.09.2011	21.09.2011	HEROS	im Einsatz	59-1420-5	914 032-8
23.12.2008	01.12.2009	14.08.2009	TFC	im Einsatz	59-1401-5	914 033-6
14.12.2008 / 01.03.2017	31.05.2017	01.01.2018	TFC	im Einsatz	95 80 0914 034-3 D-TFC	914 034-4
22.06.2011	./.	23.10.2013	DB Netz AG	Ersatzteilspender LIMEZ III		914 035-1
30.01.2008	06.04.2018	07.05.2019	07.05.2019	zerlegt Espenhain		914 036-9
14.03.2009	30.09.2011	30.09.2011	TFC	im Einsatz	59-1424-7	914 037-7
16.04.2007	30.09.2011	30.09.2011	CFR	im Einsatz	59-1418-9	914 038-5
01.07.2011	20.10.2011	20.10.2011	HEROS			914 039-3
11.09.2008	20.04.2019	14.05.2019	14.05.2019 Test PKP 09-10/2008	zerlegt Espenhain		914 040-1
26.06.2011	12.12.2012	20.12.2012	SKPL	zerlegt Ostrów	95 80 0914 041-8 D-SKPL	914 041-9
03.04.2008	12.12.2012	01.11.2012	SKPL	im Einsatz	SN84-003 C	914 042-7

- N. N.; Trieb- und Laufdrehgestelle mit Luftfederung für Dieseltriebzug 614. M A N Schienenfahrzeuge – Werksprospekt, Nürnberg ohne Datumsangabe
- Naumann, Thomas/von Rüden, Ferdinand; Verkehrsknoten Würzburg. Freiburg 2017
- Nolte, Julian; Mit „Quadratschädel", „Ferkeltaxi" und Co. durch Rumänien. In: Bahn-Report 2/2012, Rohr 2012
- Oeftering, Heinz Maria/Laemmerhold, Friedrich; Jahrbuch des Eisenbahnwesens 1973. Darmstadt 1973
- Schäfer, Lehrlokführer; Führerstandsanordnung und Bedienung der VT 614/914 – Anhang 3a zur DB-Niederschrift über die 34. Beratung des FA Brennkraft, Frankfurt 1970
- Schweers, Hanns/Wall, Henning; Eisenbahnatlas Deutschland. Aachen 2005
- Sölch, Hans; Lok-Vogel Sonderausgabe „Farbgebung deutscher Triebfahrzeuge", Teil 2: DB 1949 – 1994. Rosenheim 2010
- Strüber, Oliver; Abschied im Dezember. In: LOK Magazin 12/2009, München 2009
- Strüber, Oliver; Baureihe 614: Regionalverkehrs-Spezialisten. In: LOK Magazin 6/2019, München 2019
- Thielmann, Dr. Georg/Schmidt, Markus; Von Erfurt nach Schweinfurt – Die wechselvolle Geschichte der Hauptbahn … Freiburg 1999
- Uebel, Lutz/Richter, Wolfgang-D. (Hrsg.); MAN – 150 Jahre Schienenfahrzeuge aus Nürnberg. Freiburg 1994
- von Rüden, Ferdinand; Verkehrsknoten Nürnberg. Freiburg 2010

Internet:
www.bahnstatistik.de
www.cfr.ro
www.drehscheibe-online.de
www.nahverkehr-franken.de
www.remarul.eu
www.revisionsdaten.de
www.shortlines.pl
www.transferoviarcalatori.ro
www.wikipedia.org

Zeitschriften / diverse Ausgaben von:
Bahn-Report
Blickpunkt DB – Zeitung der Deutschen Bundesbahn
Blickpunkt Bahn – Zeitung der DB und der DR
Der Schienenbus
Eisenbahn-Kurier
Lok-Magazin
Lok-Report
Lok-Rundschau
Rad und Schiene – Zeitung für alle Freunde der Eisenbahn

19.3 Abkürzungsverzeichnis

ADH 11	Bezeichnung für die von REMARUL / RO modernisierte BR 614 / BR 914	Auto Motor Diesel-Hydraulic Multiple Unit; Umbau ab 2011
Adtranz	ABB Daimler-Benz Transportation, gegründet 01.01.1996	Komplettanbieter von Bahnsystemen nach Fusion ABB/AEG Daimler Benz AG
AFB	Automatische Fahr- und Bremssteuerung	Unterstützt den Triebfahrzeugführer beim Beschleunigen, Halten der Geschwindigkeit, Abbremsen
AiZ	Automation im Zug	
BD	Bundesbahndirektion	Betriebsführende Leitung bzw. Verwaltungsbezirk innerhalb der Deutsche Bundesbahn
BEG	Bayerische Eisenbahngesellschaft	Plant, finanziert und kontrolliert den SPNV in Bayern im Auftrag des Freistaates
C.F.R.	Rumänische Staatbahn	Caile Ferate Romane
DB	Deutsche Bundesbahn	Staatsbahn der Bundesrepublik Deutschland bis 31.12.1993
DBAG	Deutsche Bahn AG	Gemeinsamer Rechtsnachfolger von DB und DR seit 01.01.1994
DR	Deutsche Reichsbahn	Staatsbahn der Deutschen Demokratischen Republik bis 31.12.1993
EVU	Eisenbahnverkehrsunternehmen	EVU verkehren auf Schienenwegen von Eisenbahninfrastrukturunternehmen, sofern sie nicht selbst auch deren Funktion haben
FKX	Bahnamtliche Abkürzung für das Ausbesserungswerk Kassel	F steht für den Direktionsbereich Frankfurt, K für Kassel und X für Ausbesserungswerk
GB	Geschäftsbereich	Betriebsführende Leitung bzw. Verwaltungsbezirk innerhalb der Deutschen Bahn AG
GPS	Global Positioning System	Globales Positionsbestimmungssystem (Satelliten gestützt)
GSt	Gleisbogenabhängige Wagenkastenteuerung	Druckluft reguliert die Höhe der Luftfederbälge jedes Drehgestells (abgestützt am Wagenkasten)
HEROS	Vermarktung und Verkauf gebrauchter Schienenfahrzeuge innerhalb Europas	Helvetic Rolling Stock GmbH mit Sitz in Rheinfelden/CH
INS	Intertial Navigation System	3D-gestütztes Trägheitsnavigationssystem, unabhängig von Ortungssignalen aus der Umgebung
KBS	Kursbuchstrecke (numerische Angabe mit allen zugeh. Streckenabschnitten)	Erleichtert(e) mit der Streckenkarte im Kursbuch das Auffinden der relevanten Fahrplantabellen
KS	Schlesische Eisenbahn	Koleje Slaskie mit Sitz in Katowice/PL
LHB	Linke-Hofmann-Busch GmbH	Fahrzeughersteller, seit 2009 Teil der Alstom Transport Deutschland GmbH
LINT	Leichter Innovativer Nahverkehrstriebwagen	Entwicklung von LHB Linke-Hofmann-Busch, Salzgitter
MAN	Maschinenfabrik Augsburg Nürnberg AG	Standort Nürnberg
MBB	Messerschmidt-Bölkow-Blohm GmbH	Standort Donauwörth
NVR	National Vehicle Register	Nationales Fahrzeugeinstellungsregister für Schienenfahrzeuge
O & K	Orenstein & Koppel AG	Standort Berlin
PKP	Polnische Staatsbahn	Polskie Koleje Panstwowe
Rbd	Reichsbahndirektion	Betriebsführende Leitung bzw. Verwaltungsbezirk innerhalb der Deutsche Reichsbahn (der DDR)
REV	Revision	Rasterfeld am Fahrzeug, das Auskunft über Ort und Datum der letzten Revision gibt
RIC	Vereinbarung über den Austausch und die Benutzung von Reisezugwagen im internationalen Verkehr	Regolamento Internazionale delle Carrozze
SKPL	Verband polnischer Lokalbahnbetriebe	Stowarzyszenie Kolejowych Przewozów Lokalnych
SPNV	Schienenpersonennahverkehr	Verkehrsleistungen der Eisenbahnverkehrsunternehmen (EVU) im öffentlichen Personennahverkehr
TAV	Technikbasiertes Abfertigungsverfahren	System zur Türsteuerung, um bei Abfertigung eines Personenzuges den Zugbegleiter zu ersetzen
TFC	Privatanbieter von Personenverkehrsleistungen in Rumänien	Transferoviar Calatori; Tochterunternehmen der TFG
TFG	Anbieter div. Bahndienstleist.; Muttergesellschaft u.a. von TFC u. REMARUL	Transferoviar Grup S.A.
UIC	Internationaler Eisenbahnverband	Union internationale des chemins de Fer
VIS	Verkehrs Industrie Systeme GmbH	Standort Halberstadt
VM	Abkürzung für unmotorisierte Mittelwagen eines Verbrennungstriebwagens VT	Oberbegriff für die antriebslosen Mittelwagen eines Dieseltriebwagens
VT	Abk. für Verbrennungstriebwagen (DB-intern auch über 1968 hinaus geltend)	Oberbegriff für dieselbetriebene Triebwagen. Ab 1968 z. B. statt VT 98 auch VT 798 gebräuchlich
W.F.U.	Waggonfabrik Uerdingen AG	Standort Krefeld-Uerdingen

20 Farbteil – Eleganz in allen Lackierungen

Bilder 420 und 421 – Skizzen, Modelle und Designentwürfe sind unverzichtbare Entwicklungsstufen vor dem Bau eines neuen Fahrzeugs. Aber wie so oft erweist sich auch bei Betrachtung dieser beiden Farbstudien, dass sich mit dem letztlich realisierten VT 614 die gefälligere Bauform und die besser gelungenen Farbschemata durchgesetzt haben. Insbesondere im Hinblick auf Zeitlosigkeit und Gestaltung des äußeren Erscheinungsbildes geraten diese beiden Farbstudien in Blau und Orange ins Hintertreffen.

Abbildungen (2): Sammlung Norman Kampmann

Bild 422
Als gemischte, durchgängig luftgefederte Doppelgarnitur ist am 28. Juni 1973 ein aus zwei dreiteiligen Triebwagen der Baureihen 634 und Vorserien-614 gekuppelter Zug auf der bekannten Moselbrücke in Bullay zu sehen. Während ihrer vergleichsweise kurzen Erstbeheimatung beim Bw Trier wurden die neuen 614 vornehmlich von Trier aus nach Koblenz und Saarbrücken eingesetzt, kamen aber auch über die Eifelbahn bis nach Köln.

AUFNAHME:
PETER SCHIFFER/EISENBAHNSTIFTUNG

Bild 423
Bei seiner Ankunft im Bahnhof Hengelo/NL begegnet der in grenzüberschreitenden Diensten aktive Braunschweiger 614 059 am 20. April 1977 der NS-1141, einer Vertreterin der seinerzeit bei Lokführern nicht wirklich beliebten Reihe 1100. Die Loks kamen zwischen 1950 und 1956 in einer Stückzahl von 60 Maschinen zur Nederlandse Spoorwegen (NS). Ab 1978 erhielten sie eine Crash-optimierte Lokfront im französischen „Nez Cassé"-Design.

AUFNAHME:
SAMMLUNG FERDINAND VON RÜDEN

Bild 424
Reizvolle Begegnung der letztgebauten Vorserien-E 10 mit dem letzten im Farbschema Kieselgrau/Orange abgelieferten Triebzug der Baureihe 614, beide beheimatet beim Bw Nürnberg Hbf. Am 7. Februar 1976 warten in Lichtenfels 110 005 mit N 5705 und 614 053 als Nt 5827 auf ihre Ausfahrt in Richtung Nürnberg bzw. Neuenmarkt-Wirsberg.

AUFNAHME:
PETER BÄUCHLE

Bild 425 – 614 030 nähert sich in unmittelbarer Umgebung des kleinen Weilers Rothof (bei Streckenkilometer 88,5 zwischen Seligenstadt und Rottendorf gelegen) um 1975 absehbar seinem Ziel Würzburg Hbf. Diese frühere 624er-Leistung wird komplett unter Fahrdraht erbracht, nachdem seit Mai 1972 auch der Abschnitt Waigolshausen – Rottendorf elektrifiziert ist.
AUFNAHME: THOMAS NAUMANN

Bild 426 – Eine Zugzusammenstellung der besonderen Art war die planmäßige Komposition des E 3540, wie hier in Leiferde am 5. August 1981 dokumentiert. Hinter der von 216 175 gezogenen, allein schon sehenswerten Drei-Wagen-Garnitur, laufen noch die beiden ozeanblau/beigen 614 069 und 614 070 und der rote 934 561. AUFNAHME: PROF. DR. DIETMAR BÖNKE

Bild 427 – Von einer Sonderfahrt kehrt am 10. Juni 1984 ein 614 am späten Nachmittag nach Nürnberg zurück. Die Aufnahme entstand in Andernach. Im Hintergrund ist der im Jahr 2019 abgerissene Kühlturm des Kernkraftwerks Mühlheim-Kärlich zu sehen. AUFNAHME: ZENO PILLMANN

Bild 428 – Fahrt frei für 614 055, der am 5. Oktober 1986 auf dem Weg nach Kreiensen die Blockstelle Orxhausen passiert. Zu dieser Zeit mag sicherlich noch der ein oder andere Fotograf den Zeiten der „Eierköpfe" und der Baureihe 220 an dieser schönen Fotostelle nachgetrauert haben. AUFNAHME: DR. JÜRGEN HÖRSTEL

Bild 429 – Bundesbahn-Alltag der achtziger Jahre spiegelt diese Aufnahme vom 13. August 1987 aus Cham (Oberpf) wider. Während 614 043 als Et 3572 (Furth im Wald – Nürnberg) auf Gleis 3 den Abschluss der Gepäckzuladung im hinteren Triebkopf 614 044 abwarten muss, setzt 333 030 am Hausbahnsteig einen Behelfspackwagen des Typs MDyg^{986} an die zweiteilige Schienenbusgarnitur. Als Nt 6517 werden 798 683 und 998 831 samt Anhang später nach Furth i. W. brummen. AUFNAHME: FERDINAND VON RÜDEN

Bild 430 – Vor der Kulisse des Deutschen Dampflokmuseums DDM, einer noch vollständigen Gleisinfrastruktur und dem auf Gleis 2 wartenden 614 032 verlassen 614 011 + 914 006 + 614 012 am 2. Juli 1988 den Bahnhof Neuenmarkt-Wirsberg mit Fahrtziel Bayreuth. AUFNAHME: FERDINAND VON RÜDEN

Bild 431 – Auch wenn die zuständige Bundesbahndirektion Hannover zunächst nur zögerlich auf die plötzliche Grenzöffnung zur damaligen DDR reagieren wollte, so kam doch in der Anfangsphase ein erstes Fahrtenangebot im sogenannten kleinen Grenzverkehr mit der Baureihe 614 zustande, das auch sehr rege nachgefragt wurde. Davon kündet der für örtliche Verhältnisse ungewohnt frequentierte Bahnsteig in Walkenried. Die grenznahe Bevölkerung wartet am 18. November 1989 mit gut gefüllten Einkaufstüten – nicht zuletzt auch dank des Begrüßungsgeldes – auf den einfahrenden 614 059, der sie über Ellrich gen Heimatort in Nordthüringen bringen wird. AUFNAHME: JOSEF HÖGEMANN

Bild 432 – Die „Ortspassage“ am Ausgang des Zirndorfer Bahnhofs in Richtung Cadolzburg sei an dieser Stelle nochmals aus einem anderen Blickwinkel, diesmal am 7. August 1990 mit 614 051 ins Bild gesetzt. Gut zu erkennen ist, wie die Flaggensicherung der Bahnhofsstraße durch örtliches Personal erfolgt. Erahnen lässt sich anhand der Wagenschlange auch, welche Geduld die Autofahrer stets für diese aufwändige Prozedur aufbringen mussten. AUFNAHME: ALEX WOUTERS

Bild 433
Am 24. September 1994 erwartet der Aufsichtsbeamte mit zwei Reisenden am Bahnsteig von Oberhof (Thür.) die Einfahrt des E 3987 nach Schweinfurt. Nur wenige Jahre zuvor hätte es wohl niemand für möglich gehalten, dass der mit 639 m über NN hoch gelegene Bahnhof an einer Hauptstrecke der damaligen Deutschen Reichsbahn einmal planmäßig von Nürnberger Dieseltriebzügen bedient werden würde. Im Einsatz war mit 614 017 + 914 009 + 614 018 eine der noch nicht modernisierten Einheiten in Ursprungslackierung.

AUFNAHME:
ROLF KÖSTNER

Bild 434
In den neuen Produktfarben, aber noch nicht modernisiert, zeigt sich der aus Richtung (Erfurt –) Arnstadt kommende 614 071 im Februar 1994 an der bekannten Ausfahrt des Bahnhofs im thüringischen Plaue. Das Stellwerk „Ps“ und der Wasserturm dienten vermutlich als Hauptmotiv für einen zu erwartenden Dampfzug, aber der Fotograf nutzte das schöne Ensemble auch für diesen netten „Beifang“.

AUFNAHME:
HELMUT SCHEIBA

Bild 435
Das allseits bekannte Motiv mit der charakteristischen Signalbrücke in Bad Harzburg diente am 13. September 1994 als fotogene Kulisse für den RE 3531 (Göttingen – Braunschweig Hbf) mit dem einfahrenden 614 050. Im Tausch mit Braunschweiger Garnituren kamen im Jahr zuvor drei Nürnberger Züge in diese Region und stellten mit ihrem Farbkleid eine willkommene Abwechslung zum hier verbreiteten Ozeanblau/Beige dar.

AUFNAHME:
ALEX WOUTERS

Bild 436 – In bemerkenswertem Farb- und Formenkontrast zeigt sich am 19. Juni 1995 diese Kombination aus der 232 268 im DR-Ursprungsansrich und einer nicht dokumentierten ozeanblau/beigen 614er-Garnitur. Auf der Strecke Braunschweig – Wolfsburg wurde die „Ludmilla“ gerne der RB 3495 bis Fallersleben vorgespannt, um eine Leerfahrt auf der recht stark belegten Trasse zu umgehen. Die Lok-Zuführung erfolgte für die dort anstehende Übernahme eines Güterzuges aus dem dortigen VW-Werk. AUFNAHME: CHRISTIAN ERNST

Bild 437 – Lange Jahre kamen die Nürnberger 614 nach Bad Kissingen im Tal der fränkischen Saale, gelegen am südöstlichen Rand der Rhön. Am 21. April 1997 erwartet 614 031 auf Gleis 1 die Ausfahrt als RE 3656 nach Schweinfurt. 212 264 hingegen verlässt in Kürze mit RB 8108 als geschobene Wendezugeinheit die Kurstadt zur Rückfahrt nach Gemünden (Main). AUFNAHME: RAINER NENNINGER

Bild 438 – Zwischen Scharzfeld und Bad Lauterberg passiert 614 062 bei Streckenkilometer 2,9 die markante Fußgängerbrücke im Ortsteil Aue, die zum Aufnahmezeitpunkt am 22. April 1995 noch Schule und Sportplatz verband. Der klassische Telegrafenmast rundet das Motiv-Ensemble ab. Mit der Einstellung des Personenverkehrs am 12. Dezember 2004 war das vorletzte Kapitel der Odertalbahn geschrieben, nach dem Streckenrückbau ist sie seit November 2007 endgültig Geschichte. Aufnahme: Josef Högemann

Bild 439 – 614 008 hat am 7. Mai 2002 den Fürther Hauptbahnhof verlassen und passiert auf seiner Fahrt nach Markt Erlbach den Bahnübergang Ottostraße. Das schöne Stellwerk wurde im Februar/März 2010 abgetragen, die beliebte Überquerungsmöglichkeit musste einer hohen Schallschutzwand weichen, und der Triebwagen steht inzwischen mit neuem Kopf als 76-1411 in Diensten der rumänischen Staatsbahn CFR. Aufnahme: Ferdinand von Rüden

Bild 440 – Als RB 20866 ist am 25. August 2003 der Vorserientriebwagen 614 004 im Wiesental bei Kirchehrenbach unterwegs nach Forchheim (Oberfr). Er ist auf diesem Foto auch gut als Träger eines Wappens auszumachen. Aber bezeichnenderweise fehlt an dem Fahrzeug der dazu gehörige Schriftzug der „Gemeinde Berg". Auf dem Bergrücken über dem Triebzug thront die Vexierkapelle St. Nikolaus Reifenberg, die auf eine schon 1460 erstmals erwähnte Burgkapelle zurückgeht. Auf deren Reste entstand ab 1607 in mehreren Bauabschnitten das heutige Gotteshaus. AUFNAHME: RAINER NENNINGER

Bild 441 – Für die Relation Nieuweschans/NL – Leer (Ostfriesl) ist 614 080 am 17. Juli 2006 eingeteilt. Als Zug 8455 hat die Garnitur soeben den niederländischen Bahnhof verlassen und überquert kurz nach Fahrtbeginn die Brücke über die Westerwoldse Aa (niederländisch: Westerwoldsche Aa), die hier den Grenzfluss zwischen der Bundesrepublik und den Niederlanden bildet. AUFNAHME: ALEX WOUTERS

Bild 442 – Auf dem Weg von Nürnberg nach Neuhaus (Pegnitz) hat 614 070 als RB 35687 am 10. Mai 2008 den 218 m langen Rothenfels-Tunnel verlassen. Noch steht die kleine Fernsprechbude aus Wellblech an der Strecke, aber das typische „F"-Schild wurde ihr schon genommen. AUFNAHME: FELIX SERAPHIN

Bild 443 – In prominenter Umgebung von E 03 001 zeigt sich der museal erhaltene 614 005 in Höhe des Stellwerkes im Freigelände des Verkehrsmuseums Nürnberg. Auch nach der nunmehr schon gut zwei Jahre zurückliegenden Überstellung des Triebwagens zum DB Museum halten sich am 1. April 2013 die Witterungsspuren am Fahrzeug noch in Grenzen. AUFNAHME: FERDINAND VON RÜDEN

Bild 444 – Auf Gleis 2 des Bahnhofs von Süderbrarup muss 719 501 am 13. Mai 1982 kurz seine Dienstfahrt für den am Hausbahnsteig überholenden Nt 4254 unterbrechen. 913 610 bildet den Zugschluss dieser komfortablen Garnitur, die aus Kiel kommend unterwegs nach Flensburg ist. Aufnahme: Peter Bäuchle

Bild 445 – Sehr selten sind Aufnahmen des 719 001 auf Fahrwegmessung mit angelegtem Pantographen. Bei einer Prüffahrt zwischen Berlin und Frankfurt (Oder) gelang am 12. Juli 2011 in Berlin-Friedrichshagen das Foto des SPZ II, der sich mit einem spurtstarken S-Bahn-Triebwagen der Baureihen 481/482 auf der S3 nur augenscheinlich ein Wettrennen liefert. Zwischenzeitlich wurde der Stromabnehmer am Triebwagen wieder abgebaut. Aufnahme: Sebastian Schrader

Bild 446 – Die tief stehende Nachmittagssonne ermöglichte am 27. Oktober 2017 diese schöne Spiegelung des 719 001 im Frankfurter Hauptbahnhof. Nach einer Messfahrt rückt der SPZ II von Gleis 17 aus in die Feierabend-Abstellung.
AUFNAHME: STEPHAN KARKOWSKI

Bild 447 – Nicht alltäglich sind die Begegnungen mit dem Lichtraummesszug „LIMEZ III" im Einsatz. Der vorausfahrende 719 046 und sein charakteristischer Messrahmen fallen durch ein außergewöhnliches Äußeres besonders auf. Gemeinsam mit 719 045 hat der Triebwagen am 27. Mai 2009 im Zuge der Güterumgehung Hannover die westliche Eisenbahnbrücke über den Stichkanal Linden in Hannover-Ahlem überquert.
AUFNAHME: DR. JÜRGEN HÖRSTEL

Bild 448
Seit wenigen Wochen in Betrieb war am 22. September 2011 der ADH 11 76-1411-8, hier aufgenommen in Bahnhof Şeica Mare (Marktschelken, Strecke Sibiu – Copşa Mică) als Regionalzug nach Sighişoara.

Aufnahme:
Mircea Dorobanţu

Bild 449
Auffällig für die in Rumänien eingesetzten Triebwagen der TFC ist eine über nahezu die gesamte Wagenbreite laufende Fahrzeugkennung. Am 28. Juli 2017 ist der frühere 614 003 nunmehr als 95 53 976 1403-8 RO-TFC zwischen Oradea und Cluj-Napoca bei Butani in Interregio-Diensten unterwegs.

Aufnahme:
Jonas Briest

Bild 450
Im modernen, gleichwohl gewöhnungsbedürftigen Aussehen mit neuen Frontpartien steht 76-1424 (ex DB 614 080) am 21. April 2019 im Bukarester Nordbahnhof. Bei der TFC sind nur zwei ADH-11-Triebzüge im Einsatz, ganz im Gegensatz zur CFR Călători, der Reisezugsparte der früheren rumänischen Staatsbahn C.F.R., die ausschließlich derart umgebaute 76-14 betreibt.

Aufnahme:
Stephan Karkowski

Bild 451 – Die erste bei der VIS in Halberstadt für die „Koleje Slaskie“ (KS) hauptuntersuchte und umlackierte Einheit SN84-001-A + C + B (ex 614 009 + 914 005 + 614 010) ist bereits nach Kattowice/PL überführt und konnte dort am 30. September 2013 auf dem Gelände der Schlesischen Eisenbahn angetroffen werden. Hier erwartet der Zug auf (zunächst) unbestimmte Zeit sein weiteres Schicksal, denn der geplante Einsatz in Schlesien kommt letztlich nicht zum Tragen. AUFNAHME: GRZEGOR KOCLEGA

Bild 452 – Die schöne Portraitaufnahme des SN84-001 vom 6. August 2018 zeigt das aktuelle Erscheinungsbild der ehemaligen Baureihe 614. Es belegt zugleich, wie attraktiv und auch zeitlos die zu diesem Zeitpunkt bereits 45 Jahre alte Triebzug-Garnitur in ihrer ursprünglichen Zusammenstellung als 614 009 + 914 005 + 614 010 auch heute noch ist. Das Foto eines Sonderzuges Tarnów – Zagórz entstand beim Halt in Nowy Zagórz. AUFNAHME: ALBERT MIKOLAJCZYK

Bild 453a – Farbaufteilung der Baureihe 614 in der Nürnberger Ursprungslackierung: Dach: RAL 7022 (Umbragrau); Wagenkasten: RAL 7032 (Kieselgrau); Fensterband, Zierlinien: RAL 2002 (Blutorange); Schürze: RAL 7021 (Schwarzgrau); Drehgestelle: RAL 9002 (Tiefschwarz). ZEICHNUNG: HANS SÖLCH

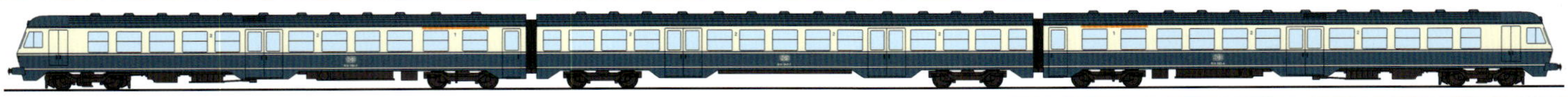

Bild 453b – Farbaufteilung der Baureihe 614 in der Braunschweiger Ursprungslackierung: Dach, Wagenkasten, Schürze: RAL 5020 (Ozeanblau); Fensterband, Zierlinien: RAL 1014 (Elfenbein); Drehgestelle: RAL 8019 (Graubraun). ZEICHNUNG: HANS SÖLCH

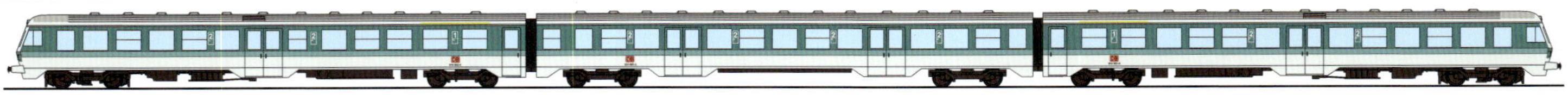

Bild 453c – Farbaufteilung der Baureihe 614 in den sogenannten „Produktfarben“: Dach: RAL 7040 (Fenstergrau); Wagenkasten (untere Seitenwand): RAL 7035 (Lichtgrau); Fensterband: RAL 6033 (Minttürkis);Begleitstreifen: RAL 6034 (Pastelltürkis); Schürze, Drehgestelle: RAL 8019 (Graubraun). ZEICHNUNG: HANS SÖLCH

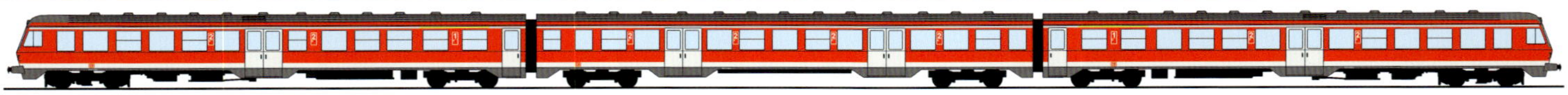

Bild 453d – Farbaufteilung der Baureihe 614 in Verkehrsrot von DB Regio: Dach, Längsträger: RAL 7012 (Basaltgrau); Wagenkasten: RAL 3020 (Verkehrsrot); Drehgestelle: RAL 9005 (Tiefschwarz). ZEICHNUNG: HANS SÖLCH

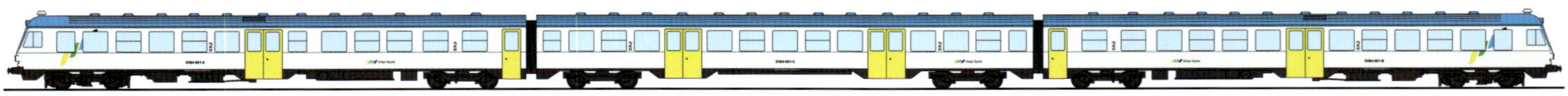

Bild 453e – Farbaufteilung der Reihe SN84 in den Farben der Schlesischen Eisenbahn (KS): Dach, Stirnfront (Fensterbereich): RAL 5015 (Himmelblau); Wagenkasten: RAL 9014 (Verkehrsweiß); Türen: RAL 1023 (Verkehrsgelb); Drehgestelle: RAL 9005 (Tiefschwarz). ZEICHNUNG: HANS SÖLCH

Bild 453f – Farbaufteilung der Reihe SN84 in den Farben der SKPL (ohne RAL-Angabe): Dach, Schürze, Pufferbohle: tiefschwarz; Wagenkasten: feuerrot; Türen: gelb; SKPL-Logo an den Fahrzeugseiten: auf tiefschwarzem Grund; Anschriften: weiß; Drehgestelle: graubraun. ZEICHNUNG: HANS SÖLCH

Bild 453g – Farbaufteilung der ADH-11-Umbauten (Reihe 76-14xx) in den Farben der CFR Călători (ohne RAL-Angabe): Dachmitte, Aufbauten: hellgrau; Dachkante, Türen, Absetzstreifen: rot; Wagenkasten: weiß; Fensterband: dunkelgrau; Längsträger: hellgrau; Drehgestelle: schwarz. ZEICHNUNG: HANS SÖLCH

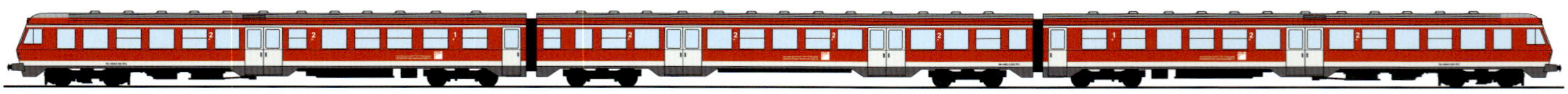

Bild 453h – Farbaufteilung der Reihe 76-14xx in den Farben der TFC (ohne RAL-Angabe): Dach: hellgrau; Dachkante, Wagenkasten: rot; Längsträger, Türen, Pufferbohle: hellgrau; Absetzstreifen: weiß; Drehgestelle: schwarz. ZEICHNUNG: HANS SÖLCH

Bild 453i – Farbaufteilung des 719 001 + 720 001 + 719 501 im Zustand der Ablieferung: Dach, Längsträger: RAL 7012 (Basaltgrau); Wagenkasten: RAL 1004 (Goldgelb); Drehgestelle: RAL 9005 (Tiefschwarz). ZEICHNUNG: HANS SÖLCH

Bild 453j – Farbaufteilung des 719 001 + 720 001 + 719 501 mit Stromabnehmer: Dach, Längsträger: RAL 7012 (Basaltgrau); Wagenkasten: RAL 7023 (Verkehrsgelb); Drehgestelle: RAL 9005 (Tiefschwarz). ZEICHNUNG: HANS SÖLCH

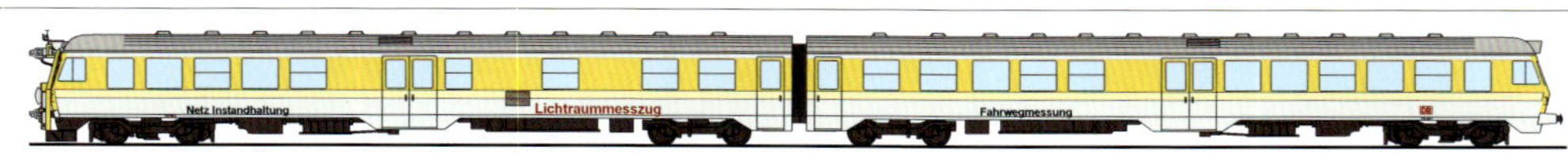

Bild 453k – Farbaufteilung des 719 045 + 719 046 (LIMEZ III) in Ursprungsausführung: Dach: RAL 7012 (Basaltgrau); Wagenkasten, Absetzstreifen zwischen Dach und Fensterband: RAL 7035 (Lichtgrau); Stirnseite, Fensterband: RAL 1004 (Goldgelb); Begleitstreifen: RAL 1018 (Zinkgelb); Schürze, Drehgestelle: RAL 9005 (Tiefschwarz). ZEICHNUNG: HANS SÖLCH

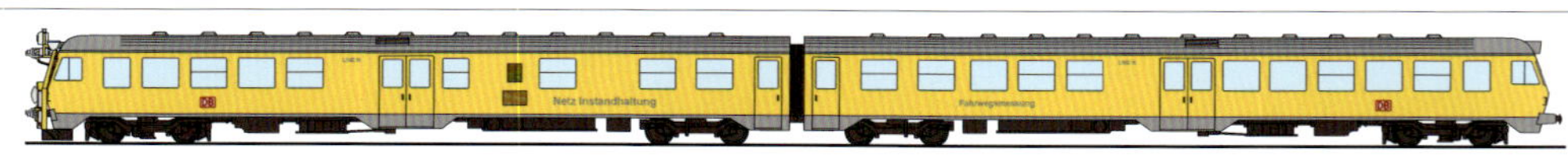

Bild 453l – Farbaufteilung des 719 045 + 719 046 (LIMEZ III) in aktueller Lackierung: Dach, Längsträger: RAL 7012 (Basaltgrau); Wagenkasten: RAL 7023 (Verkehrsgelb); Drehgestelle: RAL 9005 (Tiefschwarz). ZEICHNUNG: HANS SÖLCH